プロになる Java

著
きしだ なおき
山本 裕介
杉山 貴章

仕事で必要なプログラミングの知識が
ゼロから身につく最高の指南書

技術評論社

はじめに

プロになるJava

　Javaの勉強を始める人の多くが、エンジニアとして仕事がしたい、よりよい条件で仕事がしたいということで勉強を始めているのではないかと思います。つまり、プロになるということです。エンジニアとしてプロになるために大事なのは、プログラムが組めること、アプリケーションが作れることです。そのために、Javaについてある程度知っておく必要があります。「全部同じでは」と思うかもしれませんが、実際は少しずつ違います。

　「プログラムが組める」というのは、コンピュータでのデータの表現や操作を知って、そのような操作を並べて手続きを組めること、組んだ手続きを構成してまとめられることです。「アプリケーションが作れる」というのは、だれかがやりたいことをコンピュータで実現するために、入力を加工して出力するプログラムが作れることです。そして、プログラムを組んでアプリケーションを作ることをJavaを使ってできるのが、「Javaを知る」ということになります。

　Javaの入門書は多くありますが、多くの本では「Javaを知る」の部分に主眼が置かれて、「プログラムが組める」という部分はあまり書かれていません。またユーザーインタフェースの解説がないために、「アプリケーションを作る」というところまで到達しにくくなっています。そこでこの本では、プログラムを組むことを目的に、手続きの組み方や構成を解説して、そのために必要なJavaの文法を紹介するという形をとっています。また、アプリケーションに関しては、世の中のアプリケーションがWeb主体になっているため、Webの仕組みを説明したあとでフレームワークを使ったWebアプリケーションの解説を行います。

　プログラムを組んでアプリケーションを作る作業は頭を使う作業です。時間をかけて構築していく必要もあります。間違いの混入も防がないといけません。また、他の人が作ったプログラムを組み込んだり、一緒に作業したりということもあります。そのような中でも、機械的にできることは多く、そういったことはツールに任せることで、考える作業に集中することができます。プロとしてのプログラミングでは、ツールを活用して考えることに集中して間違いの少ないプログラムを作るということも大切です。この本では、プログラミングを助けるツールや考え方についても解説しています。

　入門書としては難しいことまで書いてあるかもしれませんが、必要な知識でもあります。がんばって勉強してください。

2022年2月吉日
著者一同

本書の読み方・動作環境

■ 本書の対象読者と本書の構成

　本書はJavaで初めてプログラム作成する方のために、Javaの基本および開発方法を紹介した入門書です。本書を読むにあたり事前知識は不要ですが、Windowsまたは macOS での基本的な操作は身につけていることを前提としています。また、HTMLの基本的な知識があるほうが望ましいです。

本書の構成

　本書は全6部で構成されています。

　第1部「Javaを始める準備」では、Javaの基礎知識および開発環境のインストール方法について解説します。

　第2部「Javaの基本」では、JShell を使って基本的な計算や変数、標準 API、GUI開発について解説します。

　第3部「Javaの文法」では、条件分岐と繰り返し、データ構造、メソッドについて解説します。

　第4部「高度なプログラミング」では、ファイルやネットワークでの入出力と例外、処理の難しさ、クラスとインタフェースを使ったプログラムの構成について解説します。

　第5部「ツールと開発技法」では、Maven、Javadoc、JUnit、IDE、バージョン管理、Git について解説します。

　第6部「Webアプリケーション開発」では、Spring Boot やデータベースを用いた Web アプリケーション開発について解説します。

本書の表記

　重要語（キーワード）は、太字で表記しています。

　コマンドやプログラムコード、ファイル／ディレクトリ名などは、等幅フォントで表記しています。

　　例：　文字列の文字数はlengthメソッドで取得できます。

　Windows環境では、設定によっては「\」が「¥」（あるいはその逆）と表示されることがあります。表示が異なるだけでどちらも同じものです。適宜置き換えてお読みください。macOS環境では区別されますので「\」をお使いください。

　本書はWindows/macOSの環境を対象としています。OS環境によってキーボードのキー表記が異なる場合は、Windows（macOS）という形で並記しています。

　　例：［Alt］＋［Enter］（［Option］＋［Return］）キー

MEMO

「MEMO」欄には、関連情報や補足説明について記載しています。

HINT

「HINT」欄には、知っておくと有益な情報について記載しています。

> **練習**
>
> 1.　【学んだ項目に関する練習問題を掲載しています。解答は本書サポートページをご覧ください。】

■ 本書サポートページ
　URL https://gihyo.jp/book/2022/978-4-297-12685-8

■ 本書公式Twitterアカウント
　URL https://twitter.com/projava17

本書のサンプルプログラムのダウンロード方法

　本書のサンプルプログラムは、次のURLからダウンロードできます。

　　URL https://github.com/projava17/examples

本書のサンプルの動作環境

本書のサンプルは**表0.1**の環境で動作することを確認しています。

表0.1 ● 本書のサンプルの動作環境

Windows環境	バージョン
Windows 10	21H2
macOS環境	**バージョン**
macOS	macOS Monterey 12.1 (Intel、Apple Silicon)
Windows/macOS共通	**バージョン**
Oracle JDK	17.0.2
IntelliJ IDEA	2021.3.1
Git	2.30.1
Spring Boot	2.6.3
H2 Database Engine	1.4.200

Javaのバージョンについて

この本ではJava 17を使って、新しい機能を積極的に使って、理解しやすい形でJavaの学習を進めています。一方で、実際に現場で使われているのはJava 8のような古いバージョンで、この本で書いてあるとおりのコードが使えないことも多いかと思います。しかし、大事なのはプログラミングやJavaの考え方で、考え方さえわかれば書き方は理解しやすくなります。Java 17の機能を使ってJavaのプログラムを理解しておけば、Java 8での書き方も理解しやすくなると思います。

わからないところは飛ばしましょう

プログラミングは、一部を理解するために全体の知識が必要という性質があります。ちょっと読んでわからないなというとき、悩みすぎるくらいであれば先に進むほうがいいです。後ろのページを読み進めていくことで、わからなかったことを理解するために必要な知識が得られるかもしれません。1回目はわからないことを飛ばして全体のイメージをつかみ、2回目に細かく理解していく、という読み方もおすすめです。最後まで進めてから最初から読み返すと、新しい発見もあると思います。この本以外でも試してみてください。

目次

第 **8** 章　データ構造　143

第 **9** 章　繰り返し　160

第 17 章　Javadocとドキュメンテーション　353

第 18 章　JUnitとテストの自動化　363

第 19 章　IntelliJ IDEAを使いこなす　379

第 20 章　バージョン管理とGit　389

第 6 部
Webアプリケーション開発　411

第21章　Spring BootでWebアプリケーションを作ってみる　412

第22章　Webアプリケーションにデータベースを組み込む ………… 454

第 **1** 部

Javaを始める準備

これからJavaの勉強をしていきますが、まずはJavaの基礎知識について説明します。Javaとはどういうものか、何ができるのか、Java自体がどのように作られていくか、そしてJavaの情報を得る方法を見ていきます。

1.1　Javaとは

　Javaはプログラミング言語であるJava言語と実行環境であるJVM（Java Virtual Machine：Java仮想マシン）を中心としたプログラミング技術です。JavaはSun Microsystems社によって開発が始められ、1996年に最初のバージョンがリリースされました。その後、2010年にOracle社がSun Microsystems社を買収し、そのままOracle社を中心としてJavaの開発が進められています。

　「Java」が正式な表記で、先頭の「J」だけが大文字、残りの「ava」は小文字になります。「JAVA」などとすべて大文字で書くと「この人はJavaに馴染んでないな」と見られてしまうかもしれません。

1.1.1　プログラミング言語とは

　プログラミング言語とはなんでしょうか？　プログラムはコンピュータを動かす命令やデータをまとめたもので、人間に読みやすいとは限りません。プログラムは人間が作るので、人間に読み書きできる形で作業できる必要があります。それがソースコードです。テレビのニュースでは「プログラムの設計書」ということもありますね。

　そのソースコードの文法などの決めごとを定めた言語がプログラミング言語です。

1.1.2 Javaはどんなプログラミング言語なの？

Javaはオブジェクト指向言語であるとよく言われます。オブジェクト指向というのは、クラスという単位でプログラムをまとめて全体を構築する手法です。実際にJavaはオブジェクト指向言語として生まれましたが、最近のバージョンでは関数を単位にプログラムをまとめる関数型プログラミングの手法を取り入れるようになってきています。

Javaのプログラム

次のソースコードは第13章「処理の難しさの段階」のサンプルプログラムの一部ですが、Javaのプログラムはこういった雰囲気になっています。

```java
public class RemoveDuplicate {
    public static void main(String[] args) {
        var data = "abcccbaabcc";

        var builder = new StringBuilder();
        for (int i = 0; i < data.length(); i++) {
            char ch = data.charAt(i);
            if (i > 0 && ch == data.charAt(i - 1)) {
                continue;
            }
```

今はよくわからないけど勉強したら読めるような雰囲気がありませんか？

バイトコード

ソースコードは人間には読みやすいですが、コンピュータにとってはムダが多く、読み解くのに時間がかかります。そこでJavaではコンパイルという操作を行って、コンピュータが読みこむためのバイトコードに変換します。上記のソースコードのforで始まる行からifの行の一部までがコンパイルされたバイトコードは次のようになっています。

```
11: iconst_0
12: istore_3
13: iload_3
14: aload_1
15: invokevirtual #12
18: if_icmpge     60
21: aload_1
22: iload_3
23: invokevirtual #18
26: istore         4
28: iload_3
29: ifle          47
```

バイトコードは人間が読むことを前提には作られていないので、勉強した人でも読み解くには時間がかかります。先ほどのソースコードで、読めるようになる気がしないなと思った人も、このバイトコードを読むことに比べれば希望が持てるのではないでしょうか。

JVM

　バイトコードは機械にとっては読み取りやすくできていて、JVM（Java仮想マシン）と呼ばれるプログラムが読み込んで、実行する仕組みになっています。

　JVMは動かす環境ごとに用意されているので、同じバイトコードをそのままいろいろな環境で動かすことができます。ここで「環境」と呼んでいるのは主にCPUの種類とOSのことです。対応CPUには、Intel社やAMD社が出しているx86系と、ARM社の仕様のもとに作られるARM系があります。OSはWindows、macOS、Linuxの3種類が主にサポートされています。

　実際にどのような環境に対応しているかはJavaのバージョンや、あとで説明するディストリビューションによって変わります。

1.1.3　Javaで何ができるの？

　Javaはプログラミング環境なのでプログラムを書いて実行することができます。理論上はどんな用途のプログラムでも作ることができるのですが、得意不得意はあって、どのようなプログラムであればJavaで作りやすいのかが問題になります。

　Javaが最も得意としていて、実際によく使われているのが、企業の業務を動かすためのシステムの開発です。銀行でお金を振り込む、宅配便で荷物を送るといったとき、情報を管理するプログラムが動きます。そういった業務システムにはJavaで書かれているものが多くあります。

　また、Webブラウザからアクセスするような、インターネット上のサービスの構築にJavaが使われることも多く、検索サイトやSNS、買い物サイトなどインターネットの向こうでは多くのJavaプログラムが動いています。

　この本ではIntelliJ IDEAという開発ツールを使ってプログラムを書いていきますが、このIntelliJ IDEA自体もJavaで書かれています。こういったデスクトップアプリケーションもJavaで作ることができます。

1.1.4　Javaの仕様とJDKディストリビューション

　Javaのプログラムを開発するにはJDK（Java Development Kit）というソフトウェアパッケージが必要です。Javaのソースコードをバイトコードに変換するコンパイラやバイトコードを実行するJVMもJDKに含まれています。それでは、JDKがどのように作られているかを見てみましょう。

Java SE

Java自体の開発は、Javaでどのようにプログラムを書けるか、そしてどのように動作するかといった仕様がまず決められ、その仕様に沿ってコンパイラやJVMを作るという流れになっています。その仕様のことをJava SE（Standard Edition）と呼びます。

「スタンダードエディション」ということは、それなら他のエディションもあるの？と思った方もいるのではないでしょうか。たしかに、以前はJava ME（Micro Edition）やJava EE（Enterprise Edition）など別のエディションもありました。しかし携帯電話などを想定して作られたJava MEは、携帯デバイスが発展したことでJava SEが問題なく動かせるようになり、現在では使われなくなっています。また、第21章「Spring BootでWebアプリケーションを作ってみる」で説明するように、Java EEは現在はJakarta EEというプロジェクトに移行しています。

こうして、いま残っているのはJava SEだけになったので区別の必要もなくなり、Java SEという言葉が使われることも少なくなっています。

MEMO　執筆時点での最新版はJava SE 17ですが、以降、この本では「Java 17」のように「SE」を省いて表記します。「Java 17」のようにJavaのバージョンを示すときには、「SE」が省略されていると考えてください。

OpenJDK

現在、Javaの開発はOpenJDKというプロジェクトでオープンソースで進められています。オープンソースは、簡単に言うと「みんなの見えるところで作られるプログラム」のことです。

■OpenJDKの公式サイト
URL http://openjdk.java.net/

JavaはJava SEという仕様が最初に決められて、それから開発が行われるという話をしました。しかし最近のOpenJDKプロジェクトでは、先に実装が行われてから仕様としてまとめていくという流れが主流になっています。

具体的には、各機能はまずJEP（JDK Enhancement Proposal）と呼ばれる提案をベースにして開発され、開発がリリースの期限に間に合ったものが次のバージョンに載るという手続きになっています。そうして次のバージョンに載ることが決まったJEPが、Java SEとして仕様にまとめられてリリースされるのです。

■JDK 17
URL http://openjdk.java.net/projects/jdk/17/

OpenJDKの開発には、Oracle社の他にもたくさんの会社や団体、個人が参加しています（図1.1）。

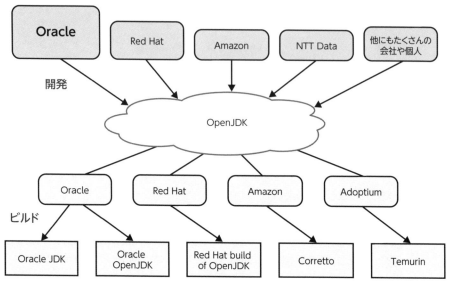

図1.1 ● OpenJDKを中心とした開発体制

■ ディストリビューション

OpenJDKとして開発されたJavaを使うときは、実行用のパッケージが必要です。ソースコードをコンパイルしてできたバイトコードなど、多数のファイルをまとめて実行用のパッケージを作ることをビルドと呼びます。OpenJDKのビルドの提供も多くの会社や団体が行っています（**表1.1**）。こうしてできた実行用の配布パッケージをディストリビューションと呼びます。

表1.1 ● 主なJDKディストリビューション

名前	提供	URL
Oracle JDK	Oracle	https://www.oracle.com/java/technologies/downloads/
Oracle OpenJDK	Oracle	https://jdk.java.net/
Temurin	Adoptium	https://adoptium.net/
Amazon Corretto	Amazon Web Services	https://docs.aws.amazon.com/corretto/
Red Hat build of OpenJDK	Red Hat	https://developers.redhat.com/products/openjdk/overview
Azul Zulu	Azul Systems	https://www.azul.com/downloads/

どのディストリビューションを選ぶかは悩ましいものがあります。基本的な機能は変わりませんが、セキュリティアップデートの期間や問い合わせサポートなどに違いがあります。Oracle

JDKやTemurinのように配布パッケージにインストーラーが付属するディストリビューションもあります。ほとんどのディストリビューションは無償で使えますが、有償で問い合わせサポートが付属するものもあります。

　手元のパソコンでの開発用であれば、どのディストリビューションを選んでもよいと思いますが、実際のサービスを運用するときには、アップデート期間や有償サポートの有無などを考える必要があります。クラウドで動かす場合にはそのクラウドの会社がディストリビューションを提供していることが多いので、環境に合わせたものを使いましょう。

バージョンアップ方針とLTS

　Javaは半年に一度、3月と9月に新しいバージョンがリリースされます。だいたい春分の日と秋分の日のあたりと覚えておくといいでしょう。執筆時点での最新版は2021年9月にリリースされたJava 17です。2022年3月22日にJava 18がリリースされる予定です。

　そして3年（6バージョン）ごとにLTS（Long Term Support）という、数年間メンテナンスが継続されるバージョンが設定されることになっています【MEMO】。LTSバージョンは数年間メンテナンスが継続されます。

> **LTSの期間**
> 執筆時点（2022年2月）では3年ごととなっていますが、Oracle社からは2年ごとに変更しようという提案が行われており、今後変更される可能性もあります。

　執筆時点で一番新しいLTSはJava 17です。1つ前のLTSは2018年にリリースされたJava 11で、その前のLTSは2014年リリースのJava 8です。LTSではないバージョンは次のバージョンが出るとメンテナンスが終わります。メンテナンス期間が半年しかないため、実際のシステムを動かすときに多く使われるのはLTSバージョンになります。

　ここで「メンテナンス」とは、バグ修正やセキュリティ対応したアップデートを行うことです。そういったアップデートは1月、4月、7月、10月にリリースされます。アップデートを含めた執筆時点の最新版は2022年1月にリリースされたJDK 17.0.2です。アップデートごとに3番目の数字が増えていきます（**図1.2**）。

　なお、アップデートされるのはソフトウェアパッケージであるJDKであって、Java SEの仕様が変更されるわけではないので、Java SE 17.0.2やJava 17.0.2といった書き方はしません。

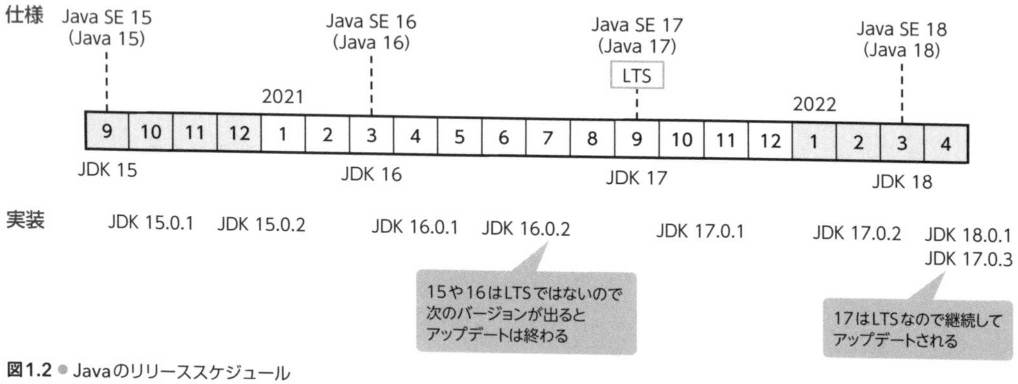

仕様

| Java SE 15 (Java 15) | | | | | | Java SE 16 (Java 16) | | | | | | | | Java SE 17 (Java 17) LTS | | | | | | | Java SE 18 (Java 18) | |

2021   2022

| 9 | 10 | 11 | 12 | 1 | 2 | 3 | 4 | 5 | 6 | 7 | 8 | 9 | 10 | 11 | 12 | 1 | 2 | 3 | 4 |

JDK 15   JDK 16   JDK 17   JDK 18

実装　　　JDK 15.0.1　JDK 15.0.2　　JDK 16.0.1　JDK 16.0.2　　JDK 17.0.1　　JDK 17.0.2　JDK 18.0.1
　　　JDK 17.0.3

> 15や16はLTSではないので次のバージョンが出るとアップデートは終わる

> 17はLTSなので継続してアップデートされる

図1.2 ● Javaのリリーススケジュール

　一方、2022年頭の執筆時点でも、世の中の多くのシステムがJava 8で動いています。Java 11で動いているシステムは3割もないのではないでしょうか。リリースから3年たっている割には移行が進んでいません。これは、Java 8からJava 11になるときに、移行が大変になる変更が多かった割には、開発が楽になる機能強化が少なかったためではないかと筆者は推測しています。

　Java 17では魅力的な新機能も導入されているので、次第に移行が進んでいくと予想されます。この本ではJava 17を対象として解説を進めていきます。

1.2　Javaの情報源

　Java 17の公式ドキュメントは次のサイトで公開されています。

■ **JDK 17ドキュメント**
　URL https://docs.oracle.com/javase/jp/17/

　公式ドキュメントはJavaをある程度わかっていることが前提に書かれていたり、英語で書かれていたりして初めのうちは取っつきづらいものです。また、機能を詳細に書いてあるドキュメントの中から必要になる部分を探すのも大変です。

　そのため、公式ドキュメントを読んだ人の解説を読んだり、実際に使ってみた人の経験を聞いたりすることがわかりやすく参考になることも多いです。検索で見つかったサイトを見るのもいいですが、コミュニティに参加してJavaを使っている人とつながってやりとりをしていくと、いろいろな情報を得やすくなります。

　日本のJavaコミュニティとして代表的なのが日本Javaユーザーグループ（JJUG）です。JJUGでは定期的にイベントを行ってJavaのいろいろな情報を発信しています。

■ **日本Javaユーザーグループ（Japan Java User Group：JJUG）**
　URL https://www.java-users.jp/

また、TwitterでJavaを使っている人をフォローして生の情報を得るというのも大切です。TwitterでJavaを使っている人を探すとき「Java」で検索するのもよいのですが、人数が多く大変です。そこでJJUGのアカウント（@jjug）の投稿を「いいね」あるいは「リツイート」している人の中から探していくのもひとつの方法です。

■**@JJUG　日本Javaユーザグループ（JJUG）の公式Twitterアカウント**
　`URL` https://twitter.com/JJUG

もちろんこの本の著者も、それぞれ@kis、@yusuke、@zinbeというアカウントでTwitterをやっています。Javaに関するツイートは少ないかもしれませんが、もしかしたら参考になるツイートをしているかもしれません。

Javaに関する質問をしたい場合は、LINEオープンチャット「Java」がお勧めです。

■**LINEオープンチャット「Java」**
　`URL` https://line.me/ti/g2/Q4ah7bD1l68r88P_lLA7oiukRm9cHyB3CsTL0w

図1.3 ● JavaオープンチャットのQRコード

このようなコミュニティに参加してJavaの情報を得て勉強しながら、ゆくゆくは情報を提供できる側になるようぜひ切磋琢磨してください。

 COLUMN　**Java公式マスコット Duke**

　Javaの公式マスコットが、本書カバーにも使われているDukeです。2006年にJavaと共にオープンソース化され、BSDライセンスで使えるようになっています。ちなみに、この本の各章のタイトル右上にいるDukeは、章で扱う内容をイメージしつつ著者らが描いたものです。

第**2**章

開発環境の準備と最初の一歩

Javaの学習を始める前に、この章ではJavaの学習・開発に必要なツールのインストールと最初の一歩となる使い方を説明します。

2.1　Oracle JDKのインストール

第1章でも説明しましたが、Javaアプリケーションを開発および実行するにはJDK（Java Development Kit）と呼ばれるツールが必要となります。JDKの種類やインストール方法はいくつかありますが、ここでは初心者にも迷いの少ないOracle JDKのJava 17のインストーラーを使う方法を紹介します。

2.1.1　Oracle JDKのダウンロード

Oracle JDKは次のURLからダウンロードします。

■ Java Downloads | Oracle
https://www.oracle.com/java/technologies/downloads/

このページは検索エンジンでは見つけづらいので注意してください。「Java」「ダウンロード」などのキーワードで検索すると、インストーラーのないOpenJDKや古いJava 8のインストーラーなどのページにたどりついてしまうことがあります。使用するインストーラーはOracle社のサイト（www.oracle.com）内のJava 17、またはそれ以降のバージョンのものを使ってください。

ダウンロードページ（**図2.1**）の中央付近にOS（Linux、macOS、Windows）を選択するリンクがあるので、使用中のOSを選択します。［Product/file description］列で「*** Installer」や「*** Package」が付いているものをダウンロードします。「*** Compressed Archive」というも

のがありますが、これはインストーラーが付属しない圧縮形式で、OSのパス設定などが必要になる上級者向けです。この形式のファイルはこの本では扱いません。

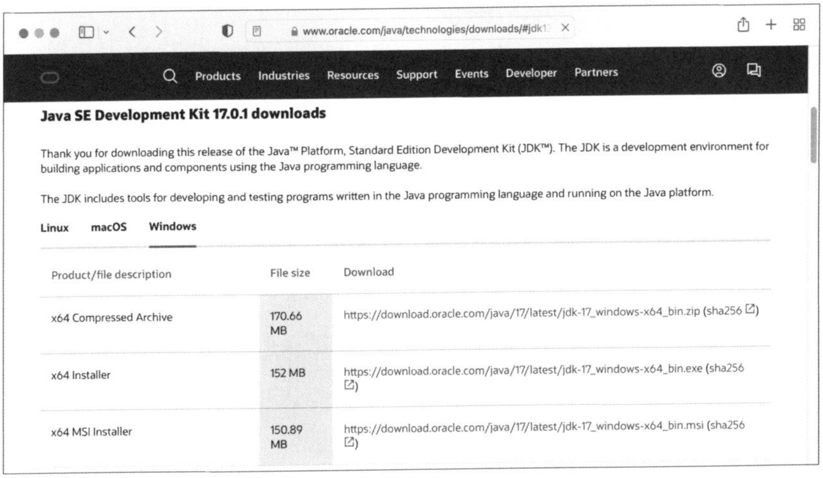

図2.1 ● Oracle JDKダウンロードページ

　もしOracle社のダウンロードサイトのURLが変更になっているなどして、Oracle JDKのインストーラーが見つけられない場合は、Adoptiumのサイト（`https://adoptium.net`、**図2.2**）からOpenJDK 17（またはそれ以降のバージョン）のビルドであるTemurinのインストーラーをダウンロードしてください。AdoptiumはEclipse財団が支援している、OpenJDKベースのJDKを配付するプロジェクトです。

図2.2 ● Temurin OpenJDK 17のダウンロードページ

2.1.2 ## Oracle JDKのインストール

WindowsとmacOSへのOracle JDKのインストール手順をそれぞれ説明します。

Windowsへのインストール

Windowsでは「x64 Installer」をダウンロードします（図2.3）。

	Product/file description	File size	Download
	x64 Compressed Archive	170.64 MB	https://down
	x64 Installer	151.99 MB	https://down
	x64 MSI Installer	150.88 MB	https://down

図2.3 ● Windows用の「x64 Installer」をダウンロード

　インストーラーを起動するとデバイスへの変更を確認するダイアログが表示されるので［このアプリがデバイスに変更を加えることを許可しますか？］には［はい］ボタンをクリックします（図2.4）。

図2.4 ● デバイスへの変更の許可

インストール開始のメッセージが表示されたら［Next］ボタンをクリックします（**図2.5**）。

図2.5 ● インストール開始

インストール先を確認するダイアログが表示されます。慣れないうちはそのままインストールすることをお勧めします。［Next］ボタンをクリックするとインストールが開始します（**図2.6**）。

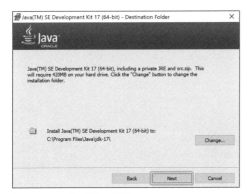

図2.6 ● インストール先の選択

インストールが進むので、数分待ちます（**図2.7**）。

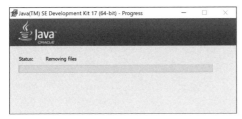

図2.7 ● インストール実行中

タイトルバーに［Complete］と表示されればインストールは完了です。［Close］ボタンをクリックしてください（図2.8）。

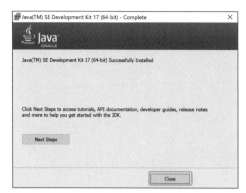

図2.8 ● Windowsへのインストール完了

macOSへのインストール

　macOSでは、CPUがIntelの場合は「x64 DMG Installer」を、Appleシリコン（M1やM2など）の場合は「Arm 64 DMG Installer」をダウンロードします（図2.9）。

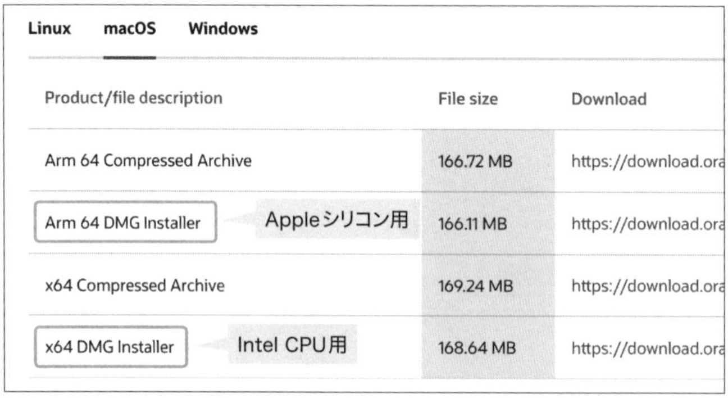

Linux	**macOS**	Windows		
Product/file description			File size	Download
Arm 64 Compressed Archive			166.72 MB	https://download.ora
Arm 64 DMG Installer		Appleシリコン用	166.11 MB	https://download.ora
x64 Compressed Archive			169.24 MB	https://download.ora
x64 DMG Installer		Intel CPU用	168.64 MB	https://download.ora

図2.9 ● macOSではCPUに合わせたDMG Installerを選択

　マシンのCPU種別がわからない場合は、Appleメニューの［このMacについて］を確認しましょう。［プロセッサ］または［チップ］欄に「Intel」の文字列があればIntel CPU（図2.10）、「Apple」の文字があればAppleシリコン（図2.11）です。

図2.10 ● Intel CPUの場合

図2.11 ● Appleシリコンの場合

　インストーラーをダウンロードして開くとJDK 17.pkgというファイルがあるのでダブルク
リックして開きます。

図2.12 ● macOSのJDKのインストーラー

1

Javaを始める準備

2

開発環境の準備と最初の一歩

インストーラーが起動するので［続ける］ボタンをクリックします（**図2.13**）。

図2.13 ● macOSのJDKのインストーラー初期画面

利用領域確認のダイアログが表示されたら［インストール］ボタンをクリックします（**図2.14**）。

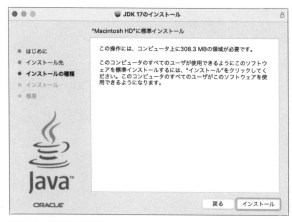

図2.14 ● 利用領域の確認

マシンのユーザ名とパスワードの入力を求められるので、それぞれ入力して［ソフトウェアをインストール］ボタンをクリックします（**図2.15**）。

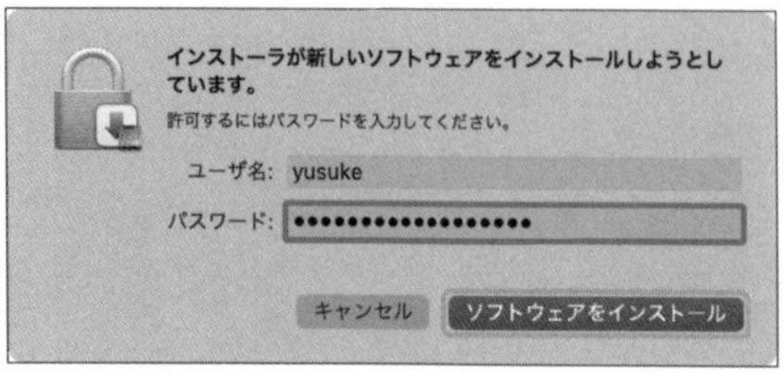

図2.15 ● ユーザ名とパスワードの入力

インストールが始まります（図2.16）。この処理は数分かかることがあります。

図2.16 ● インストール中

インストールが完了したら［閉じる］ボタンをクリックします（図2.17）。

図2.17 ● インストール完了

Oracle社はJavaを有償化した？

　長い間広い支持を得ているOracle JDKですが、本番利用向けのライセンスが原則有償での提供となった時期があります。これにより「Javaは有償化したので他の無料で使えるプログラミング言語に移行するべき」などと誤解をする人もいました。もともとJavaには、Oracle JDK以外にも無償／有償を含めた選択肢が複数あり、Oracle JDKが有償化された際にも無償の選択肢が多くありました。またOracle社は、以前よりOracle JDKの他に無償のOracle OpenJDKを提供しています。さらに、Oracle社はJDKの原則有償化と同時にサポートの価格を大幅に引き下げ、現在では個人でさえサポート契約を結ぶことが可能です。

　2021年にOracle JDKは再びデスクトップ用途では無償で利用できるようになりましたが、原則有償の時期を経たことで「JDKに選択肢がある」ことが広く認識され、現在はいまだかつてないほどさまざまなJDKビルド、サポートが提供されています。無償／有償を含めて開発・実行環境にこれほどまで選択肢のある言語は他にないと言えるでしょう。

　プログラミング言語やIDE、エディタなどでは、どれが優れている、どれを選ぶべきだなどという論争が起こりがちです。それぞれの好みを語ったり参考にしたりするのはよいのですが、「危険だ」「使うべきでない」といった極端に否定的な意見は誤解に基づくことが多いので気をつけましょう。

2.2　IntelliJ IDEAのインストールと設定

　この本では無償のIDE（Integrated Development Environment：統合開発環境）である IntelliJ IDEA Community Editionを利用する前提で説明していますが、高機能な有償版である IntelliJ IDEA Ultimateでも同様に操作していただけます。この本でIntelliJ IDEAと称する場合はIntelliJ IDEA Community Editionのことを指しています。

　ここからは、IntelliJ IDEAのインストールと設定を説明します。

2.2.1　初心者の段階からIDEを！

　Javaのプログラムはテキストファイル形式で記述するので、メモ帳などのエディタでプログラムを書くことも可能です。しかし、画面とにらめっこをして文法ミスやタイプミスを見つけたり、長い変数名やメソッド名などを1文字1文字打ち込んだりといった作業は、プログラミングにおいて本質的には必要のない苦労です。

　IDEを使うと、プログラムコードを1文字ずつ打ち込まなくても「補完」してくれたり、文法ミスをその場で指摘してくれたり、バグを未然に防ぐ警告を出してくれたりします。このため学

習、開発の効率が大変良くなります。この本では初心者も中上級者もIDEを使うことを前提としています。

2.2.2 IntelliJ IDEAとは

IntelliJ IDEA（図2.18）は海外では古くから名の知れたJava用のIDEで、世界ではナンバー1のシェアを誇ります。日本でも以前から大手Web系企業を皮切りに人気が上昇しており、2020年には公式のプラグインで日本語化できるようになったことで、保守的な現場でも採用が進んでいます。

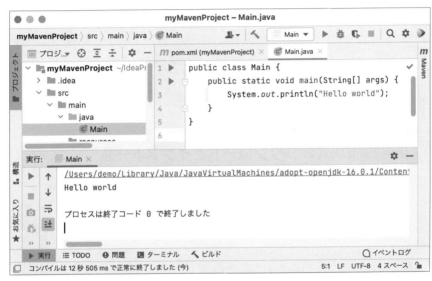

図2.18 ● IntelliJ IDEAの画面例

IntelliJ IDEAは、チェコ共和国のプラハに本社を置くJetBrains社が開発しています。JetBrains社はプログラミング言語向けのツールを多数リリースしており、IntelliJ IDEAは、同社の製品群の中で最も歴史が古い主力製品です。JetBrains社の主要IDE製品として表2.1に挙げているものがあります。

表2.1 ● JetBrains社IDE製品群（JetBrains IDE）の言語・プラットフォーム対応状況

IDE名	Java	Kotlin	Scala	Ruby	PHP	Python	Go	RDBMS	HTML/JS
IntelliJ IDEA Community Edition	○	○	○						
IntelliJ IDEA Ultimate	○	○	○	○	○	○	○	○	○
RubyMine				○				○	○
PhpStorm					○			○	○
PyCharm						○		○	○
GoLand							○	○	○

IDE名	Java	Kotlin	Python	Objective-C	Swift	C/C++	.NET	RDBMS	HTML/JS
AppCode			○	○	○	○		○	○
CLion		○	○		○	○		○	○
ReSharper、Rider						○	○	○	○
DataGrip								○	
WebStorm									○

2.2.3 IntelliJ IDEAのダウンロードとインストール

IntelliJ IDEAのインストールにはJetBrains Toolbox App（以下、Toolbox App）という
ツールを使います。単体のインストーラーもありますが、自動アップデートが行えなかったり、
バージョンの切り換えが面倒だったりといった点から、現在はToolbox Appの使用が推奨され
ています。

Toolbox Appをインストールするには、JetBrains社のダウンロードページ（**図2.19**）から、
使用しているOS・アーキテクチャ向けのインストーラーをダウンロードします。［Download］
ボタンの右にあるプルダウンメニューから、Windowsの場合は［.exe（Windows）］を選択し
ます。macOSの場合は、CPUがIntelの場合は［.dmg（macOS Intel）］、Appleシリコンの場合
は［.dmg（macOS Apple Silicon）］を選択し、ダウンロードします。

■ JetBrainsのダウンロードページ
URL https://www.jetbrains.com/toolbox-app/

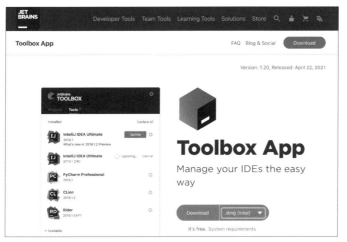

図2.19 ● JetBrainsのダウンロードページでインストーラーをダウンロード

Windowsへのインストール

インストーラーを実行すると、「JetBrains Toolbox セットアップウィザード」が表示されます。特に設定項目はなく、［インストール］ボタンをクリックして先に進めます（**図2.20**）。

図2.20 ● JetBrains Toolboxセットアップウィザード

インストール中を表すダイアログが表示されるので、しばらく待ちます（**図2.21**）。

図2.21 ● インストール中

インストールが終わったら［JetBrains Toolboxを実行］にチェックが入っていることを確認
し、［完了］ボタンをクリックするとインストール完了です（**図2.22**）。タスクトレイに箱形の
Toolbox Appのアイコンが表示されるようになります（**図2.23**）。

図2.22 ● インストール完了

図2.23 ● タスクトレイにToolbox Appのアイコンが表示される

macOSへのインストール

　macOSへのインストールは簡単です。ダウンロードした.dmg形式のファイルを開き、
JetBrains ToolboxのアイコンをApplications（アプリケーション）フォルダへドラッグ＆ドロッ
プすればインストールは完了です（**図2.24**）。

　初回のみApp Store以外からダウンロードしたアプリケーションである旨の確認を求められ
るので［開く］ボタンをクリックして起動してください（**図2.25**）。

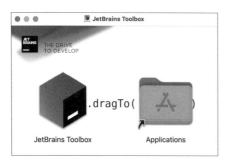

図2.24 ● JetBrains Toolboxを「アプリケーション」フォルダにインストール

図2.25 ● 初回起動時の確認

2.2.4 Toolbox Appの設定とIDEの起動

Toolbox Appは常駐型のアプリケーションで、実行するとタスクトレイやメニューバーに常駐します。Toolbox Appアイコンをクリックすると、初回は利用規約へ同意が必要となるので問題なければ［Accept］（許可）をクリックしてください（**図2.26**）。

起動が完了したらメニューバーやタスクトレイのアイコンをクリックするとJetBrains製のIDEが一覧表示されます。

Toolbox Appの起動が確認できたら［Toolbox App］画面のIDE一覧からIntelliJ IDEA Community Editionの［インストール（Install）］を選択してインストールを行います（**図2.27**）。

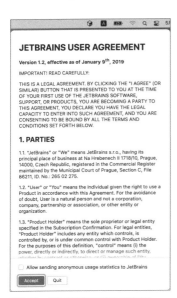

図2.27 ● IntelliJ IDEAインストール中

図2.26 ● 初回起動時の利用規約画面

Toolbox AppはIDEを次の場所にインストールします。

- **Windowsの場合**：`<HOME>\AppData\Local\JetBrains\Toolbox\apps\`
- **macOSの場合**：`<HOME>/Library/Application Support/JetBrains/Toolbox/apps/`

IDEがディレクトリの深い階層にインストールされるためアクセスしづらいですが、Toolbox Appから1クリックで起動できますので気にする必要はありません。

インストールが完了すると、［Toolbox App］画面にあった［インストール（Install）］のボタンは消え、リストからアプリケーションをクリックするとIDEを起動できるようになります（**図2.28**）。

図2.28 ● IntelliJ IDEA Community Editionのインストールが完了した画面

　Toolbox Appを一度起動すると、以降はOS起動時に自動的に起動し、常駐するようになります。大きくメモリを消費するものではありませんので通常はそのままでかまいません。自動起動させたくない場合は、右上の六角ナット型のアイコン（）をクリックして［Launch Toolbox App at system startup］のスイッチをオフにします。また、［Language］でToolbox Appの表示言語を日本語にすることもできるので好みに応じて設定してください。この言語設定はあくまでToolbox Appの表示言語の設定で、IDEには反映されません。

COLUMN

IntelliJ IDEAのエディション

　IntelliJ IDEAには有償の「Ultimate」と無償の「Community Edition」の2つのエディションがあります。

　IntelliJ IDEA UltimateはJavaの開発機能にとどまらず、Web開発やSpring、Jakarta EE（Java EE）のようなサーバーサイドフレームワーク、データベースおよびDockerサポート、さらにPHP、Ruby、Pythonといった多言語サポートなども含む高機能なIDEです。本格的なサーバーサイドJavaアプリケーション開発には有償版のIntelliJ IDEA Ultimateの利用も検討してみてください。

　Java専用のIDEであるIntelliJ IDEA Community Editionは、無償のオープンソースソフトウェア（OSS）として公開されています。Google社が提供しているAndroid開発用IDE「Android Studio」もこれをベースにしています。

2.2.5　IntelliJ IDEAの初期設定

　IntelliJ IDEAの初回起動時は利用規約の確認ダイアログが表示されます。内容を確認したら
［I confirm that …］チェックボックスにチェックを入れてから［Continue］ボタンをクリックし
て同意します（図2.29）。

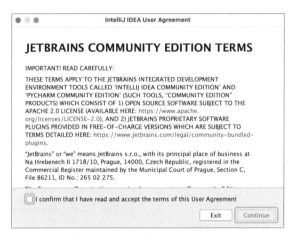

図2.29 ● 利用規約の確認ダイアログ

　次にデータ共有の確認ダイアログが開くので、利用状況を匿名で共有してよい場合は［Send
Anonymous Statistics］ボタンをクリックします。共有しない場合は［Don't Send］ボタンをク
リックします（図2.30）。

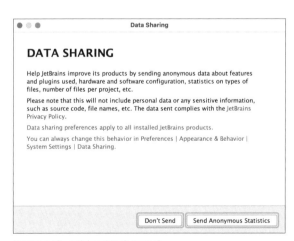

図2.30 ● データ共有の確認ダイアログ

ウェルカム画面が表示されます（図2.31）。

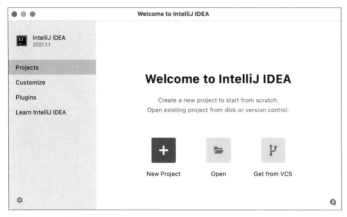

図2.31 ● ウェルカム画面

　これでIntelliJ IDEAの利用を開始できます。ユーザーインタフェースを日本語化したい場合は左側のメニューの［プラグイン（Plugins）］をクリックし、右側のパネルの［Marketplace］タブの検索欄に「japanese」と入力します。検索結果が表示されるので［Japanese Language Pack /日本語言語パック］の［Install］ボタンを押してインストールしてください（図2.32）。

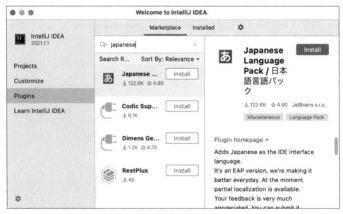

図2.32 ● 日本語化プラグインのインストール

　インストール後、IntelliJ IDEAを再起動すると日本語化が完了します（図2.33）。

MEMO この本では、以降は日本語化を行った状態のIntelliJ IDEAの画面を掲載しています。英語表記で困らない方や、スキルアップのため英語に慣れたい方は是非英語のままで利用してみてください。一周目を日本語で演習し、二周目は英語で演習することで英語に慣れていく方法もお勧めです。

図2.33 ● 日本語化されたウェルカム画面

　また、［カスタマイズ（Customize）］画面ではテーマカラーやフォントサイズ、色合いなどを好みに応じて設定できます（**図2.34**）。［カラースキーム（Color theme）］で画面を暗くも明るくもできますが、この本では書籍で見やすいよう明るいテーマ（IntelliJ Light）を選択しています。

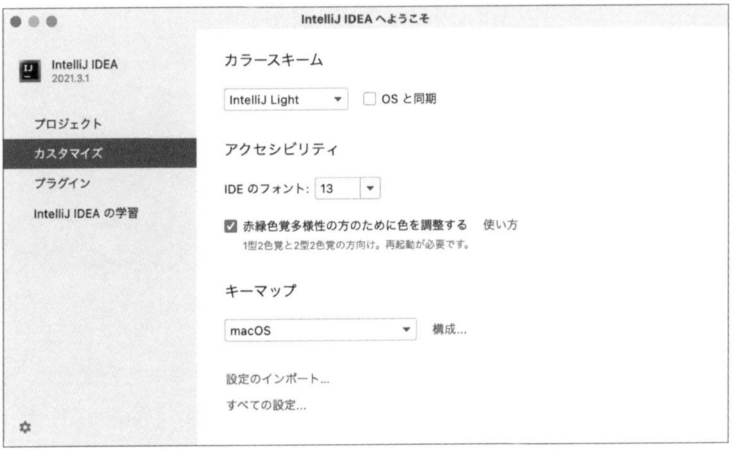

図2.34 ● IntelliJ IDEAのカスタマイズ画面

　［キーマップ（Keymap）］ではIntelliJ IDEA独自のものからEclipseやVisual Studioに似せたものまで、さまざまなショートカット設定を選択できます。使い慣れている他のIDEやエディタをベースにしたキーマップを使いたくなるかもしれませんが、この本でも採用しているデフォルトのキーマップ（Windowsは［Windows］、macOSは［macOS］）をお勧めします。IntelliJ IDEAはプラグインを追加したりキーマップをカスタマイズしたりしなくても、すぐさま活用できる便利なIDEです。Webや書籍の情報を活用したり、同僚・知人と情報共有したりするためにも、極力デフォルトの状態で利用するのがよいでしょう。

macOSの設定最適化

Windowsでは特に問題ありませんが、macOSではOSのデフォルトショートカットが一部IntelliJ IDEAと重複しています。そもそもmacOSでもあまり必要のないショートカットなのでオフにしておきましょう。

まずAppleメニューからシステム環境設定を開き、[キーボード] → [ショートカット] → [入力ソース] を開きます。[前の入力ソースを選択] にはデフォルトで [Control] + [スペース] が割り当てられていますが、これはIntelliJ IDEAを含む多くのIDE、エディタで補完を行うショートカットと重複しているのでチェックを外しておきましょう（**図2.35**）。

図2.35 ● [前の入力ソースを選択] をオフにする

英語と日本語の切り換えはJISキーボードであれば [英数][かな] キーで行えます。USキーボードの場合は「Karabiner-Elements」というツールを使って左右の [Command] キーを [英数][かな] キーと同等にする設定が定番です。

■Karabiner-Elements
URL https://karabiner-elements.pqrs.org

同じくシステム環境設定の [キーボード] → [ショートカット] 内の [サービス] → [ターミナルのmanページインデックスで検索] もチェックを外しておきましょう（**図2.36**）。これはターミナル名で選択したテキストのコマンドのマニュアル（manページ）を開くコマンドですが、グローバルショートカットである必要はありません。「ターミナル」アプリのショートカット [Control] + [Option] + [Command] + [/] キーが同等の機能を持っており、また単にターミナ

ルで「man ＜コマンド名＞」を入力すれば同じ情報を見られます。

図2.36 ● ［ターミナルのmanページインデックスで検索］をオフにする

　システム環境設定の［キーボード］→［入力ソース］を確認してください。日本語入力は、OS標準でもATOKでも、Google日本語入力でもかまいませんが、**図2.37**のように日本語入力の「英字」モードにチェックが入っていないか確認してください。

図2.37 ● 日本語入力の［英字］入力モード

IntelliJ IDEA利用時に限りませんが、日本語入力の英字モードを使っていると特定のショートカットがアプリケーションで使えません。入力ソース一覧左下の［＋］をクリックして［英語］→［Ａ ABC］を選択した状態で［追加］ボタンを押すことで、入力ソースを追加しておきます（図2.38）。

図2.38 ● 入力ソースに［英語］→［Ａ ABC］を追加

　そして、日本語入力の［英字］は無効にしておきます（図2.39）。

図2.39 ● 日本語入力の［英字］入力モードをオフにする

　Touch Barを搭載したMacBook Proを使っている場合はIntelliJ IDEAが最前面にある際に
ファンクションキー（[F1]〜[F12]）が表示されるようにしましょう。IntelliJ IDEAはTouch Bar
に対応しており、状況に応じたアクションアイコンを表示しますが、ファンクションキーを使
いこなしたほうが効率的に操作を行えるからです。

　システム環境設定の［キーボード］→［ショートカット］内の［ファンクションキー］に
IntelliJ IDEAを登録することでファンクションキーの常時表示が行えます（**図2.40**）。［ファン
クションキー］にアプリケーションを登録する場合はアプリケーションの位置を指定する必要
があります。IntelliJ IDEAの位置は起動中のIntelliJ IDEAのアプリケーションアイコンを右ク
リックして［オプション］→［Finderに表示］で確認できます（**図2.41**）。

　Touch Barを搭載していないキーボードを使っている場合は、fnキーを押さずにファンクショ
ンキーを使えるよう、「キーボード」→「キーボード」→「F1、F2などのキーを標準のファン
クションキーとして使用」にチェックを入れることを検討してください（**図2.42**）。これにチェッ
クが入っていない場合、ファンクションキーを押す操作を行う場合はfnキーを押すことを覚
えておいてください。

図2.40 ● アプリケーションを登録してファンクションキーを常時表示

図2.41 ●［Finderに表示］でIntelliJ IDEAの
位置を確認

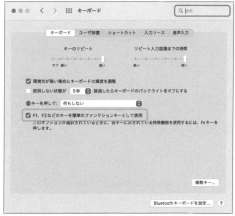

図2.42 ● fnキーを押さなくてもファンクションキーを使える
ようにする設定

2.3　最初のプログラムを書いてみよう

　ここではIntelliJ IDEAの操作に慣れるために簡単なプログラムを書いて実行します。この本でIntelliJ IDEAを本格的に使用するのは第6章からなので、先に第5章まで読み進めてからここに戻ってきてもかまいません。

2.3.1　プロジェクトの作成

　IntelliJ IDEAでは、プログラムをプロジェクトとして管理します。プロジェクトとは、アプリケーションを目的単位でまとめたもので、プロジェクトに関連するファイルは1つのディレクトリにまとめられます。IntelliJ IDEAでは、1つのプロジェクトにつき1つのウィンドウが割り当てられます。

プロジェクト形式の選択

　プロジェクトを作成するには、ウェルカム画面の［新規プロジェクト（New Project）］ボタンをクリックして表示される［新規プロジェクト（New Project）］ウィンドウの左側のメニューから［Maven］を選択した上で次へ（Next）を押してください（図2.43）。Mavenについて詳しくは第16章で説明しますが、Mavenは「ビルドツール」や「プロジェクト管理ツール」と呼ばれる種類のツールで、Javaではデファクトスタンダードとなっているものです。

　なお、［Javaモジュール（Java）］を選択してもJavaのプロジェクトを作成できますが、これはIntelliJ IDEAの独自プロジェクト形式です。他のIDEやエディタを利用する開発者との協調や、ライブラリの管理などが難しくなりますのでお勧めしません。

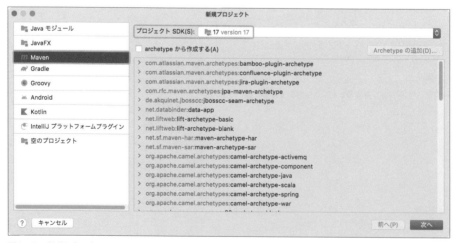

図2.43 ● ［新規プロジェクト］ダイアログ

※バージョン2022.1以降のIntelliJ IDEAでは上記と画面構成が異なります。
　最新の情報は https://gihyo.jp/book/2022/978-4-297-12685-8をご参照ください。

　右側の最上部の［プロジェクトSDK（Project SDK）］には、すでにインストール済みの［17］（またはそれ以降）が選択済みとなっているはずです。SDKとはSoftware Development Kitの略で、コンパイラなど開発に使うツールの総称です。JavaではJDKがSDKにあたります。

「SDKなし」と表示される場合はJDKをインストール

　もし［プロジェクトSDK］に［<SDKなし（No SDK）>］と表示されている場合は［キャンセル（Cancel）］ボタンをクリックしてください（図2.44）。その後、この章の2.1.2項「Oracle JDKのインストール」を確認の上、JDKをインストールしてください。

　JDKをインストールしてから再度［新規プロジェクト（New Project）］ダイアログを開くと、JDKが認識されます。［17］が自動的に選択されていない場合は、プルダウンリストから［検出されたSDK（Detected SDKs）］として表示されているJDKを選択してください（図2.45）。

図2.44 ● SDKなし

図2.45 ●［検出されたSDK］として表示されているJDKを選択

　［プロジェクトSDK］のプルダウンメニューから［JDKのダウンロード（Detected SDKs）…］を選択すると、IntelliJ IDEA内からJDKを直接ダウンロード、インストールすることができます。この機能は便利なのですが、この機能を使ってインストールした場合はOSの「パス」が設定されないため、あとで利用することになるjavacやjshellなどのコマンドが使えません。初心者のうちはインストーラーからJDKをインストールするようにしましょう。

プロジェクト作成の完了

　名前と場所を指定する画面では、必要に応じてプロジェクト名やプロジェクトの保存場所を指定し、［完了（Finish）］ボタンをクリックしてください（図2.46）。

図2.46 ● ウィザードの最後にプロジェクト名やプロジェクトの保存場所を指定

2.3.2 ┃ IntelliJ IDEAの初期画面

これでプロジェクトの作成が完了しました。［今日のヒント（Tips of the Day）］はIntelliJ IDEAを起動するたびに表示されます（**図2.47**）。表示しないように設定することもできますが、生産性を向上するためのコツが記載されているので参考にしてみてください。

図2.47 ● プロジェクト作成直後の画面

新しくJDKをインストールしたあとや、大きいプロジェクトを初めて開いた直後、IntelliJ IDEAのアップデート後などは［*** のインデックスを作成中（Indexing ***）］と表示され、CPU負荷がしばらく高くなります。IntelliJ IDEAはプロジェクトやJDKにどのようなファイルやクラス、メソッドなどが存在するかという情報をインデックスとして事前に作成しておき、コーディング中の補完処理やリファクタリングなどを素早く確実に行える仕組みになっています。インデックス作成中はパソコンの冷却ファンがうるさく回ることもありますが、しばらく待っていれば落ち着くので安心してください。

右下に［ビルド済みの共有インデックスをダウンロード（Download pre-built shared indexes）］というポップアップが表示されている場合は［常にダウンロード］をクリックしてください（**図2.47**）。共有インデックスは、JDKとライブラリについてJetBrainsがあらかじめ用意しているインデックスを使うことでインデックス作成負荷を下げる仕組みです。共有インデックスの利用は［Ctrl］＋［Alt］＋［S］（［Command］＋［,］）キーを押して［環境設定］を開き、左側のメニューから［ツール（Tools）］→［共有インデックス（Shared Indexes）］を選択し、右側の［公開共有インデックス（Public Shared Indexes）］で設定することもできます（**図2.48**）。

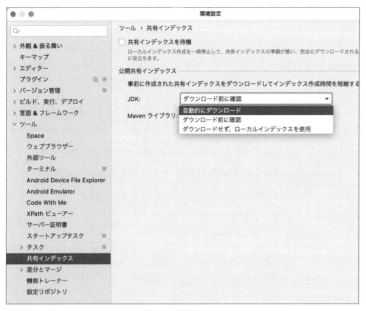

図2.48 ● 共有インデックスの自動ダウンロード設定

　これでプロジェクトの作成や基本的な設定は完了です。画面がプロジェクトのディレクトリ階層（左側）とエディタ（右側）で大きく2つに分かれているというレイアウトは他のエディタやIDEと同様です（**図2.49**）。

図2.49 ● IntelliJ IDEAの基本画面

2.3.3 クラスの作成

　ここでは「Hello World」という文字列を画面に表示するだけの簡単なプログラムを書きます。あくまでIDE操作の練習が目的ですので、プログラムの文法がわかっていなくても書き写すだけで大丈夫です。

　Javaでプログラムを書くときは最初にクラスを作成します。クラスはJavaプログラムを構成する1つの単位です（詳細については第3章「値と計算」で説明します）。クラスを作成するには、まず画面左のプロジェクト（Project）ツールウィンドウにフォーカスを移動します。プロジェクトツールウィンドウをマウスでクリックするだけでもフォーカスの移動は可能ですが、この操作は頻繁に行うのでキーボードショートカット［Alt］+［1］（［Command］+［1］）キーを使って素早く確実に移動できるようになっておきましょう。なお、プロジェクトツールウィンドウからエディタウィンドウへの移動は［Esc］キーで行えます。

　Maven形式のプロジェクトではソースコードはプロジェクトディレクトリ内のsrc/main/java以下に置きます。カーソルキー操作でsrc/main/javaディレクトリに移動したらショートカットキー［Alt］+［Insert］（［Command］+［N］）で新規ファイル作成のポップアップを表示します（図2.50）。

図2.50 ● 新規ファイルのポップアップ

　ここではJavaクラスを作成するのでそのまま［Enter］（［Return］）キーを押します。他の種類のファイルを作成する場合もマウス操作で項目をクリックしたり、カーソルキーで選択したりする必要はありません。例えばHTMLファイルであれば「ht」など、目的の項目名の一部分を入力すれば項目を絞り込むことができます（図2.51）。IntelliJ IDEAではあらゆるポップアップウィンドウで、このように入力して項目の絞り込みを行うことができるので覚えておいてください。

　なお、ここでの説明はあくまで操作例であり、実際にsrc/main/javaディレクトリに拡張子.java以外のファイルを配置することはあまりありません。

図2.51 ● 名前の一部を入力して絞り込み

　［新規Javaクラス（New Java Class）］ポップアップが表示されたらクラス名として「Hello」を入力し、［Enter］（［Return］）キーを押せばクラスの作成が完了します（**図2.52**）。ここではクラスを作成するためそのまま［Enter］（［Return］）キーを押すだけですが、第3章で説明するインタフェースやレコード、列挙型（enum）などを作成する場合は、名前を入力してカーソルの上下で種類を選択してから［Enter］（［Return］）キーを押します。

図2.52 ● Javaクラス作成のポップアップ

　「Helloクラス」はHello.javaというファイルに作られ、自動的にそのファイルをエディタで開いた状態になります（**図2.53**）。

図2.53 ● Helloクラス

2.3.4　mainメソッドの実装

　Helloクラスができたらプログラムを実行する起点であるmainメソッドを「{」と「}」の間に書きます。mainメソッドにはpublic static void...と呪文のような長い記述が必要なのですが、手ですべてを入力する必要はありません。まず、単に「main」と入力してみてください。すると、［main()メソッドの宣言（main() method declaration）］というタイトルのポップアップが現れます（**図2.54**）。ここで［Tab］キーを押すとpublic static void main(String[] args){}という長い文字列に展開されます（**図2.55**）。

```
m pom.xml (untitled) ×    © Hello.java ×
1    public class Hello {
2        main
3    }    main          main() メソッドの宣言
4        インポートされていないクラスを... 次のヒント  💡 ⋮
```

図2.54 ● mainメソッドの作成

```
m pom.xml (untitled) ×    © Hello.java ×
1  ▶  public class Hello {
2  ▶      public static void main(String[] args) {
3              |
4          }
5    }
```

図2.55 ● mainメソッドが展開された

　これはライブテンプレート（Live Template）と呼ばれる、頻繁に使われる構文を省略入力できる機能です。ライブテンプレートはほかにもたくさんあります。どのようなものがあるか確認しておくとよいでしょう。［Ctrl］＋［Alt］＋［S］（［Command］＋［,］）キーを押して［環境設定］を開き、左側のメニューから［エディター（Editor)］→［ライブテンプレート（Live Templates)］を選択してください。自分で独自のライブテンプレートを定義することも可能です。

　mainメソッドが書けたら、String[] args)に続く「{」と「}」の間に、文字列を画面に表示する命令を書きます。Javaで文字列を表示するにはSystem.out.println()という、mainメソッドにも負けず劣らず長い構文が必要となります。まず「sout」と書いてみてください（図2.56）。

```
public class Hello {
    public static void main(String[] args) {
        sout
    }   sout                文字列を System.out に出力します
}       soutm  現在のクラスとメソッドの名前を System.out に出力...
        soutp  メソッドのパラメーター名と値を System.out に出力...
        soutv               値を System.out に出力します
        ↵ を押すと挿入、→ を押すと置換します 次のヒント    💡 ⋮
```

図2.56 ● System.out.println();の補完：「sout」と入力

　ここで［Tab］キーを押すとLive Template機能でSystem.out.println()に展開されます（図2.57）。

```
public class Hello {
    public static void main(String[] args) {
        System.out.println();
    }
}
```

図2.57 ● soutがSystem.out.println();に展開された

続いて文字列として（ダブルクォーテーションも含めて）「"Hello World"」と入力すればプログラムは完成です（**図2.58**）。

```
public class Hello {
    public static void main(String[] args) {
        System.out.println("Hello World");
    }
}
```

図2.58 ● "Hello World"を入力して完成

これで「Hello World」を画面に表示するプログラムが書き終わりました。

IDEの機能を使いこなすことで正確に、素早くコードを書けたという実感があるのではないでしょうか。以降の章に掲載されたコードを書く際も是非IntelliJ IDEAを活用してください。

最後に、書いたプログラムを実行するには［Ctrl］＋［Shift］＋［F10］（［Control］＋［Shift］＋［R］）キーを押します。これは現在開いているファイルを実行できる便利なショートカットです。

うまく実行できない場合は入力内容を次の画面と見比べて確認してください。特にダブルクォーテーションで囲まれた部分以外に全角文字列が混入していないかチェックしてください（**図2.59**）。

図2.59 ●「Hello World」プログラムの実行

「Hello World」と表示されている行の前には長々と呪文のように文字があります。これはJavaの起動に使われたコマンドです。コマンドプロンプトやターミナルでこのコマンドを打てば同様に実行することができますが、そのような面倒を省くことができるのもIDEの利点です。

また、「Hello World」の少し下に「プロセスは終了コード0で終了しました（Process finished with exit code 0）」と表示されています。どのようなアプリケーションも終了時に「終了コード」を返すのですが、正常に終了した場合は0が、例外やエラーが発生した場合は1が返ります。

アプリケーションを開発および実行しているときはコマンドの詳細や終了コードを意識することはあまりありません。ここでは「プログラムで明示的に出力している文字列以外にも最初と最後にこういった文字列が表示されているのは正常」と認識していただければ問題ありません。

　最後に、この章で紹介したIntelliJ IDEAのショートカットの一覧を挙げておきます（**表2.2**）。

表2.2 ● この章で紹介したIntelliJ IDEAのショートカット

動作	Windows	macOS
IDE設定画面を表示	[Ctrl] + [Alt] + [S]	[Command] + [,]
プロジェクトツールウィンドウへ移動	[Alt] + [1]	[Command] + [1]
エディタウィンドウへ移動	[ESC]	[Esc]
新規ファイル作成	[Alt] + [Insert]	[Command] + [N]
現在開いているファイルを実行	[Ctrl] + [Shift] + [F10]	[Shift] + [Control] + [R]

 COLUMN

近年のJava IDE事情

　現在Java IDEの選択は、実質的にEclipse、NetBeans、IntelliJ IDEAの3つに絞られ、それぞれ以下のような特徴があります。

- オープンソースでプラグインの選択も多く、古くから強い支持を得ているEclipse
- 必要な機能が最初から揃っており、あとからプラグインをインストールしなくても即戦力となるNetBeans
- 無料のオープンソース版と全部入りの有償版と揃っているIntelliJ IDEA

　IntelliJ IDEAは最新Java仕様への追随が早く、Spring Bootをはじめとするフレームワークやミドルウェアのサポートも強力で、かつプラグインをインストールしなくても十分に活用できるといった点から、世界で現在最もシェアを獲得しています。

　日本では大規模で保守的な現場を中心に、Eclipseが多く使われ続けています。なお、EclipseのJavaサポート機能は、最近人気のエディタであるVisual Studio CodeのJavaサポートのバックエンドとしても活用されています。またKubernetes、Dockerにデフォルトで対応した、クラウドネイティブなIDEとして作り直すEclipse Cheプロジェクトでは、Eclipseの伝統的なGUI基盤であるSWT（Standard Widget Toolkit）を捨ててVisual Studio Codeベースのエディタを採用しており、今後Visual Studio Codeと共に発展が期待されています。

　NetBeansはIntelliJ IDEAと同じく「インストールしたらすぐに使える」便利なIDEで、かつ無償なので一定のファンを獲得しています。しかし開発元のOracle社が2016年にプロジェクトをApacheソフトウェア財団に移管して以降、開発速度が鈍っています。

第 **2** 部

Javaの基本

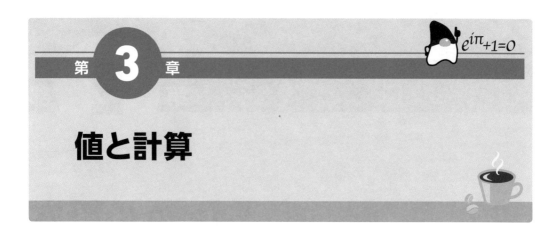

ここからは実際にJavaのプログラムを動かしながら、プログラムの書き方を勉強していきます。
まず、Javaのプログラムが動くというのはどういうことなのか、実際にプログラムを動かしなが
ら確認していきましょう。

3.1　JShellの起動

　ここでは、コマンドラインツールのJShellを使ってプログラムの動作を確認していきます。
JShellはJava 9で導入されたREPL（Read-Eval-Print Loop）と呼ばれる標準ツールで、Javaの
プログラムを1行ずつ実行して動作を確認できます。

　プログラムをまとめて入力して動かして確認するという方法では、プログラミングの勉強を
始めた時点ではどこで何をしているのか把握できず、何を説明されているのかよくわからない
ということが起きます。プログラムを知るための説明が、プログラムを知らないと理解できな
いということになってしまいます。

　プログラムを1行ずつ動かしながら確認できれば、その行が何をしているかを把握しやすく
なり、プログラミングを理解しやすくなります。

3.1.1　ターミナルの起動

　JShellはコマンドラインツールなので、ターミナルと呼ばれるツールを介して使用します。
IntelliJ IDEAをインストールしていなくても、JDKさえインストールしてあれば試すことができ
ます。次に挙げるいずれかの方法でターミナルを起動してください。

IntelliJ IDEAでのターミナル起動

IntelliJ IDEAの内部でターミナルを起動することができます。[Alt]＋[F12]（[Option]＋[F12]）キーを押すか、ウィンドウ下部の[Terminal]をクリックします（**図3.1**）。

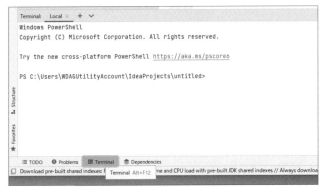

図3.1 ● IntelliJ IDEAのターミナル

Windowsでのコマンドプロンプト起動

Windowsではターミナルとして「コマンドプロンプト」を使います。Windowsメニューから[コマンドプロンプト]をクリックすると、コマンドプロンプト画面が表示されます（**図3.2**、**図3.3**）。

図3.2 ● Windowsメニューから[コマンドプロンプト]をクリック

図3.3 ● コマンドプロンプト画面

macOSでのターミナル起動

　Dockの［Launchpad］をクリックして「terminal」を検索すると「ターミナル」が表示されるので、クリックして起動します（**図3.4**）。**図3.5**のようなmacOSのターミナル画面が表示されます。

図3.4 ● Launchpadで「terminal」を検索し、クリック

図3.5 ● macOSのターミナル画面

3.1.2　JShellの起動

　ターミナル画面のコマンドラインに「jshell」と入力して［Enter］（［Return］）キーを押すとJShellが起動します。

```
C:\Users\naoki> jshell                               コマンドプロンプト
|   JShellへようこそ -- バージョン17
|   概要については、次を入力してください: /help intro

jshell>
```

　次のようにエラーが出た場合は、入力が正しいかどうか確認してください。この例では「l」が1文字足りません。

```
C:\Users\naoki> jshel                                コマンドプロンプト
'jshel' は、内部コマンドまたは外部コマンド、
操作可能なプログラムまたはバッチ ファイルとして認識されていません。
```

「jshell」と正しく入力しているのに起動しないという場合は、JDKのインストールをやりなおしてください。

3.1.3 JShellの終了

最初にJShellの終了方法を説明しておきます。JShellを終了するときには「/exit」コマンドを実行します。

```
jshell> /exit
|   終了します

C:\Users\naoki>
```

JShellが終了してターミナルへのコマンド入力に戻ります。そのまま「exit」コマンドでターミナルを終わります。

```
C:\Users\naoki> exit
```

〔コマンドプロンプト〕

3.2 値と演算

それでは、JShellを使ってJavaのプログラムの勉強をしていきます。

値の計算がプログラムの基礎になるので、基本的な値とその計算を見てみましょう。

ここでは整数、実数、文字列とその計算を見ていきます。

3.2.1 整数

まずは整数の計算を行ってみましょう。

「5 + 2」を入力して［Enter］（［Return］）キーを押してみます。

```
jshell> 5 + 2
$1 ==> 7
```

「$1 ==>」に続けて計算結果である7が表示されました。これが「5 + 2」というプログラムを実行した結果ということになります。

以降、「jshell>」の行がJShellへの入力を表します。$1の数字部分はJShellで何かを実行するごとに増えていくので、いろいろ試していると、ここで書いてあるのとは違う数字になっていくことがありますが、そのまま学習を進めても問題ありません。

ここでは足し算を行いましたが、同様に引き算は「-」、掛け算は「*」、割り算は「/」で行えます。こういった、計算で使う記号を演算子と呼びます。

```
jshell> 5 * 2
$2 ==> 10

jshell> 5 - 2
$3 ==> 3

jshell> 5 / 2
$4 ==> 2
```

　演算子の前後にスペースを入れています。スペースはなくてもかまいませんが、慣習としてはスペースを入れるようにしています。
　ここで割り算は注意が必要です。Javaでは小数点のない数値は整数とみなされます。そして整数同士の計算の結果は整数になります。そのため、割り算では小数点以下が切り捨てられて「5 / 2」の結果が2になっています。
　数式の優先順位どおり、掛け算のほうが足し算よりも優先されます。次の計算を実行してみてください。

```
jshell> 2 + 3 * 4
$5 ==> 14
```

　「3 * 4」が先に計算されて12が求まり、それに2が足されて結果として14になっています。
カッコで優先順位を変えることもできます。

```
jshell> (2 + 3) * 4
$6 ==> 20
```

　先に「2 + 3」が計算されて5が求まり、それに4が掛けられているので、結果が20になります。
　余りを求めるには%演算子を使います。5を2で割った余りを求めると、次のようになります。

```
jshell> 5 % 2
$7 ==> 1
```

ここまでの演算子をまとめると**表3.1**のようになります。

表3.1 ● 主な算術演算子

演算子	説明
+	足し算
-	引き算
*	掛け算
/	割り算
%	余り

このような、算術的な計算のための演算子を算術演算子と呼びます。

練習

1. 7+2を計算してみましょう。
2. 7−2を計算してみましょう。
3. 7×2を計算してみましょう。
4. 7÷2を計算して整数部分の結果を出してみましょう。
5. 7を2で割った余りを計算してみましょう。

3.2.2 構文エラー

Javaの式として正しくないコードを実行してしまったときはどうなるでしょうか。試しに、「2*/3」を実行してみることにします。

```
jshell> 2*/3
|  エラー: ─────────────────────────────────── ❶
|  式の開始が不正です ───────────────────────── ❷
|  2*/3 ───────────────────────────────────── ❸
|     ^
```

エラーが出ました。「エラー」と表示されるのは、入力したコードの解析に失敗して実行できなかったときです（❶）。「*/」という演算子はないので解析に失敗したわけです。

2行目にはエラーの内容を表すメッセージが表示されます（❷）。「式の開始が不正です」というのは意味がわかりにくいですが、入力されたコードがJavaのコードとして解釈できないとき、解釈できなくなった部分にこのようなメッセージがでます。

3行目はどこでエラーが発見されたかを示しています（❸）。

数字や演算子を全角で入力したときには次のようなエラーが発生します。

```
jshell> 2＊3
|   エラー:
|   '\uff0a' は不正な文字です
|   2＊3
|    ^
```

この例では「＊」が全角になっています。\uff0aというのは、全角の「＊」をJavaの内部コードで表したものです。このように演算子などの記号を全角で書くことはできないので注意してください。

また、JShellでは式の途中で改行すると続きの入力が求められます。

```
jshell> 2*
   ...>
```

そのまま式の続きを入力して ［Enter］（［Return］）キーを押せば実行できます。

```
jshell> 2*
   ...> 3
$8 ==> 6
```

「(」の入力が多すぎた場合などは、式の途中であると判断されて意図せず続きの入力が求められることがあります。この場合には ［Ctrl］＋［C］（［Command］＋［C］）キーを押して入力を取りやめて、改めて入力しましょう。また、上矢印（［↑］）キーを押すと、以前の入力を呼び出すことができるので活用しましょう。

3.2.3　実数

小数点のない数値は整数になると説明しました。では、小数点を付けて計算してみましょう。

```
jshell> 5.0 + 2
$9 ==> 7.0

jshell> 5.0 / 2
$10 ==> 2.5
```

「5.0 + 2」の結果には .0 が付いて実数であることが示されています。小数点以下まで気にする値を実数といいます。

Javaでは、数の演算のどちらかが実数であれば結果も実数になります。そのため「5.0 + 2」

のように実数と整数の計算の結果は実数になって、結果にも5.0のように小数点以下が表示されています。「5.0 / 2」の計算では小数点以下も計算されて2.5となっています。

> **練習**
>
> 1. 7÷2を小数点以下の結果も出るように計算してみましょう。

3.2.4　文字列

ここまで数値を扱いましたが、プログラムでは文章などを扱いたくなるものです。実際、この本の原稿もJavaのプログラム上で書いています（Javaで作られたNetBeansというIDE上で原稿を書いています）。プログラムで扱う文章や単語など文字の列を文字列といいます。

■■■ 文字列リテラル

Javaでは文字列を「"」（ダブルクォーテーション）で囲みます。

```
jshell> "test"
$11 ==> "test"
```

もしどちらかの「"」を忘れてしまうと、次のようにエラーが出ます。

```
jshell> test"
|   エラー:
|   文字列リテラルが閉じられていません
|   test"
|        ^
```

リテラルというのはコード中に埋め込む値のことです。計算で使った5や5.0などもコード中に埋め込まれた値なのでリテラルです。結果として表示された2.5はコードに埋め込んだわけではないのでリテラルではありません。

■■■ 文字列の連結

文字列の連結を行うときは+演算子を使います。

```
jshell> "test" + "er"
$12 ==> "tester"
```

数値との連結もできます。

```
jshell> "test" + 123
$13 ==> "test123"
```

Javaでは、+演算子の左右のどちらかが文字列の場合は文字列の連結が行われます。
「"test" + 12 + 3」という計算をやってみましょう。

```
jshell> "test" + 12 + 3
$14 ==> "test123"
```

足し算は左から行われるので、まずは「"test" + 12」が行われて "test12" になります。そして「"test12" + 3」が行われて "test123" という結果になったというわけです。

「12 + 3」をカッコで囲むと先に計算されるようになり、結果は "test15" となります。

```
jshell> "test" + (12 + 3)
$15 ==> "test15"
```

では「12 + 3 + "test"」だとどうなるでしょうか？

```
jshell> 12 + 3 + "test"
$16 ==> "15test"
```

答えは "15test" になりました。最初に「12 + 3」を行うときはどちらも整数なので、整数の足し算が行われて 15 になります。そして「15 + "test"」が行われて "15test" になっています。
5+2の5を「"」で囲ってみるとどうなるでしょうか。

```
jshell> "5" + 2
$17 ==> "52"
```

数値の足し算ではなく文字列の連結が行われました。このように Java では数値と文字列は別モノとして扱われるので注意してください。

特殊文字のエスケープ

文字列は「"」（ダブルクォーテーション）で囲むのでしたが、では「"」を含む文字列はどのように表すとよいのでしょうか。

「文字列に"を含む」という文字列を表そうとしてそのまま書いてしまうと、次のようにエラーになります。

```
jshell> "文字列に"を含む"
|   エラー:
|   ';' がありません
|   "文字列に"を含む"
|           ^
|   エラー:
|   文字列リテラルが閉じられていません
|   "文字列に"を含む"
```

「"」のような特殊文字を文字列に含む場合は、エスケープを行う必要があります。エスケープというのは逃げるという意味ですが、この場合は特殊な用途から逃がすというような意味で使われています。Windowsの場合は「¥」（円マーク）、macOSの場合は「\」（バックスラッシュ）を特殊文字の前に付けてエスケープを行います。MacのJIS配列キーボードであれば［Option］+［¥］で入力できます。

Windowsでもフォントの設定によっては「\」で表示されます。この本では「\」で表記します。

```
jshell> "文字列に\"を含む"
$18 ==> "文字列に\"を含む"
```

JShellで表示される値もエスケープされているのでわかりにくくなっています。そこで値を出力する命令System.out.printlnを使ってみます。

```
jshell> System.out.println($18)
文字列に"を含む
```

実行結果を見てみると、「"」が含まれていることがわかります。「\"」のような、特殊文字をエスケープするための並びをエスケープシーケンスといいます。

ここで$18を使うと、結果表示に使われた値を再利用できます。実際に表示された番号に合わせてください。ここで使ったSystem.out.printlnはメソッドと呼ばれ、命令を実行する仕組みです。詳しくはあとで少しずつ解説します。JShellではSystem.out.printlnメソッドはあまり必要性がありませんが、独立したプログラムにするときには結果を表示するために必要になります。

改行は「\n」で表します。

```
jshell> "改行\nする"
$20 ==> "改行\nする"
```

これもそのままではわかりにくいのでSystem.out.printlnメソッドで確認してみましょう。

```
jshell> System.out.println($20)
改行
する
```

実行結果を見ると「改行」と「する」の間に改行が含まれていることがわかります。「\」自体を扱いたいときには「\\」を使います。主なエスケープシーケンスには**表3.2**のようなものがあります

表3.2 ● 主なエスケープシーケンス

エスケープシーケンス	表すもの
\n	改行
\\	\
\"	"
\t	タブ文字
\s	スペース

テキストブロック

複数行の文字列を表すのに、いちいち \n を入れていくのは面倒です。それに、実際にどのような文字列になっているかもわかりにくくなります。そこでJava 15からテキストブロックという書き方が導入されて、複数行の文字列が扱えるようになりました。テキストブロックはダブルクォーテーション3つ「"""」で囲みます。

```
jshell> """
   ...> test
   ...> foo
   ...> """
$22 ==> "test\nfoo\n"
```

改行ごとに \n が入っていることがわかります。開始の「"""」の次の行からテキストが始まります。

テキストブロック中の「"」はエスケープする必要がありません。

```
jshell> """
   ...> 文字列に"を含む
   ...> """
$23 ==> "文字列に\"を含む\n"
```

3.2.5 例外

0で割り算するとどうなるでしょうか。

```
jshell> 3 / 0
|  例外java.lang.ArithmeticException: / by zero ───────────── ❶
|        at (#29:1)
```

「例外」から始まるメッセージが表示されました（❶）。例外は、「プログラムを動かしてみたら正しく動作できなかった」ということを表します。「エラー」のときはプログラムとして解釈できず実行できなかったので、例外のほうが少し処理としては進んでいます。JShellでは違いがわかりにくいですが、独立したプログラムを作るときには、例外の場合はプログラムは作れたものの正しく動作できなかった、エラーの場合はプログラムを作れなかったという違いになります。

例外のメッセージの見方は図3.6のようになります。

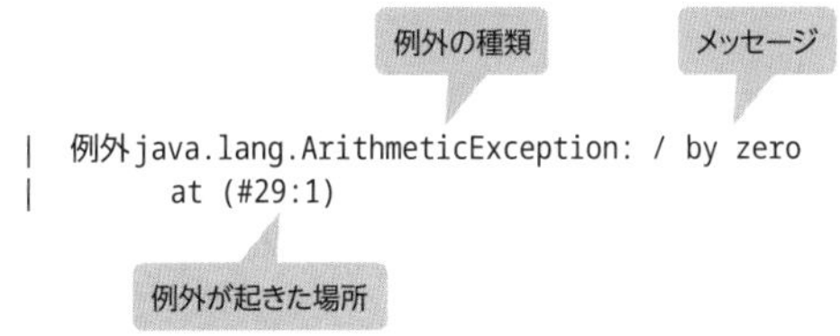

図3.6 ● 例外の見方

例外の種類として、ここではjava.lang.ArithmeticExceptionとなっています。これは数値の計算が行えなかったことを表す例外です。メッセージとしては「/ by zero」が表示されています。「/ 演算をゼロで行った」ということです。ゼロでの割り算は許されていないので例外が発生したわけです。その下には例外が発生した場所が示されるのですが、JShellではあまり有用な情報ではありません。実際のプログラムで役立ってきます。

次のように実数での0の割り算を行った場合には例外は出ません。

```
jshell> 3.0 / 0
$24 ==> Infinity
```

「Infinity」は無限大という意味です。実数の場合は無限大を表す値が用意されているので例外は出ないのですが、整数の場合に無限大は用意されておらず例外を出すということになっています。

3.2.6　プログラムがうまく動かない3段階

　プログラムを書いたからといって最初からうまく動くとは限りません。特にプログラミングを習いたてのときには、最初はうまく動かないことのほうが多いと思います。

　ただ、ひとことで「プログラムがうまく動かない」と言っても、ここまで大きく分けて3種類の「うまく動かない」が出てきています。

- 構文エラー
- 例外
- 期待したのと違う結果

　構文エラーは「3*/2」のようにJavaのプログラムとして正しくないというもので、JShellでは「エラー」と表示されます。例外はプログラムを動かしたら正しく動作できなかったというものでJShellでは「例外」と表示されます。そして、期待と違う結果というのは「"test"+12+3」で「test15」になると思ったのに「test123」と表示されてしまったというものです。これには特別な表示は出てくれません。Javaとしては正しいプログラムを正しく動かしているので何も表示されないのです。期待したのと違う結果になっていることに気づくのも難しいです。そのため、この3段階では一番やっかいな問題です。

　プログラムがうまく動かなくてだれかに助けを求めるとき、「うまく動きません」では助けようがないので、どのようにうまく動かないのかを伝える必要があります。その場合にも、構文エラーや例外であればメッセージを伝えれば説明ができますが、期待したのと違う結果が出る場合には説明も面倒です。そのため、動くけど期待したのと違う結果が出るということを防ぐために構文エラーや例外の仕組みがあると言えます。

　JShellの場合は構文エラーと例外の差はメッセージが違うだけですが、構文エラーは誤りがあるのでプログラムができていない状態、例外はプログラムができて動いたけど動作に誤りが見つかった状態です。最初は構文エラーや例外は「もっとよきに計らってくれればいいのに」と邪魔に感じることもあるかもしれません。けれども早めに「きみのプログラム動かないよ」と教えてくれて「期待したのと違う結果」を事前に防いでくれる頼りになる仕組みでもあります。

　がんばって仲良くなっていきましょう。

3.3　メソッドの呼び出し

　ここまで演算子を使った計算をしてみました。もっと複雑な処理を行うときに必要になるのがメソッドです。ここではメソッドの呼び出しについて見ていきましょう。

3.3.1 メソッドの呼び出し

メソッドは処理をまとめて名前を付けたものです。Javaのプログラムはメソッドを呼び出していくことで処理が進んでいきます。まずは文字列に対して+演算子での連結以外のいろいろな処理をしてみましょう。

「`"test".toUpperCase()`」と入力して実行してみてください。

```
jshell> "test".toUpperCase()
$25 ==> "TEST"
```

大文字になりました。「upper case」というのは大文字という意味です。「to upper case」で「大文字に」ということになります。toUpperCaseのような命令をメソッドといいます。メソッドの呼び出しの構文は次のようになっています。

構文 メソッド呼び出し

値.メソッド名()

ちなみにプログラミングの世界では、「.」は「ピリオド」ではなく「ドット」と呼ぶことが多く、この本でもドットと書きます。

メソッド名を間違えると、次のように「シンボルを見つけられません」というエラーが出ます。Javaではメソッドなどの名前のことをシンボルといいます。

```
jshell> "test".toUperCase()
|   エラー:
|   シンボルを見つけられません
|     シンボル:    メソッド toUperCase()
|     場所: クラス java.lang.String
|   "test".toUperCase()
|   ^--------------^
```

ここでは Upper の「p」が1つ抜けています。Java では大文字小文字を区別するので「touppercase」のようにすべて小文字で入力しても同様のエラーが出ます。

こういった入力ミスに気をつけつつ「toUpperCase」と入力するのは少し面倒です。そこでJShellでは、シンボルを途中まで入力すると続きを自動的に入力してくれる補完という機能があります。"test".toU まで入力して [Tab] キーを押してみてください。

ここで[Tab]キーを押す

```
jshell> "test".toU
```

そうすると「toUpperCase(」まで自動的に入力されます。

```
jshell> "test".toUpperCase(
```

"test".toまでだと候補が4つ出てきます。

```
jshell> "test".to
toCharArray()   toLowerCase(    toString()      toUpperCase(
jshell> "test".to
```

このように候補が複数あるときにはすべての入力候補が表示されます。toUまで入力すれば候補は1つだけなので自動的に入力されたのです。

```
jshell> "test".toUpperCase()
$26 ==> "TEST"
```

文字列の文字数はlengthメソッドで取得できます。

```
jshell> "test".length()
$27 ==> 4
```

3.3.2　文字列の掛け算や引き算？

+演算子で文字列の連結を行いましたが、それでは掛け算や割り算はどうなるでしょうか？

掛け算の代わりにrepeatメソッド

「"test" * 3」としてみるとどうなるか気になりませんか？　試してみましょう。

```
jshell> "test" * 3
|   エラー:
|   二項演算子 '*' のオペランド型が不正です
|     最初の型: java.lang.String
|     2番目の型: int
|   "test" * 3
|   ^--------^
```

エラーが出てしまいました。Javaでは文字列に使える算術演算子は+演算子だけなのです。「"test" * 3」を実行しても、"test"を3回繰り返して "testtesttest" とはなりません。

文字列を繰り返したい場合はrepeatメソッドを使います。

```
jshell> "test".repeat(3)
$28 ==> "testtesttest"
```

　ここでは repeat メソッドのカッコの中に 3 を渡しているので 3 回繰り返されました。5 を渡すと 5 回繰り返します。

```
jshell> "test".repeat(5)
$29 ==> "testtesttesttesttest"
```

　このような、メソッドに渡すパラメータを引数といいます。repeat メソッドでは、引数に与えられた回数だけ元の文字列を繰り返した新しい文字列を生成します。

　引数のあるメソッドの呼び出しの構文は次のようになります。

構文	引数のあるメソッドの呼び出し

値 . メソッド名 (引数)

　どのような引数を渡すことができるか、または渡す必要があるかはメソッドごとに決まっています。toUpperCase メソッドでは引数を渡す必要がありませんでしたが、repeat メソッドでは数値を 1 つ渡す必要があります。引数が足りなかったり多すぎたりすると、次のようなエラーが発生します。

```
jshell> "test".repeat()
|  エラー:
|  クラス java.lang.Stringのメソッド repeatは指定された型に適用できません。
|    期待値: int
|    検出値:     引数がありません
|    理由: 実引数リストと仮引数リストの長さが異なります
|  "test".repeat()
|  ^-----------^
```

　ここでは repeat メソッドに引数を渡さずに呼び出しています。そのため「指定された型に適用できません」というエラーが出ました。

　メソッドを呼び出して返ってくる結果のことを戻り値といいます。repeat メソッドの戻り値は元の文字列を指定回数繰り返した文字列、toUpperCase メソッドの戻り値は元の文字列を大文字に変換した文字列となります。

練習

1.　repeatメソッドを使って"test"を4回繰り返してみましょう。

■■■ 引き算の代わりにreplaceメソッド

　次に、文字列の引き算について考えてみましょう。先ほども説明したとおり、文字列に対して使える算術演算子は+演算子だけです。「"test" - "es"」ももちろんエラーになります。

```
jshell> "test" - "es"
|  エラー:
|  二項演算子 '-' のオペランド型が不正です
|     最初の型: java.lang.String
|     2番目の型: java.lang.String
|  "test" - "es"
|  ^-----------^
```

　文字列の引き算は、左辺の文字列から右辺の文字列を削除すると考えることができます。これは、文字列を置き換えるreplaceメソッドを使うと実現できます。引き算の左辺の文字列のうち、右辺の文字列に対応する部分を空文字列に変換すればいいのです。

　実行してみると次のようになります。

```
jshell> "test".replace("es", "")
$30 ==> "tt"
```

　replaceメソッドは引数を2つ、置き換える文字列と置き換えたあとの文字列を指定します。引数を複数指定するときには「 , 」（カンマ）で区切ります。ここでは "es" を "" に置き換えているので、「es」が省かれて "tt" になりました。

練習

1. replaceメソッドを使って"test"から「t」を取り除いて"es"が残るようにしてみましょう。
2. replaceメソッドを使って"test"の「es」を「alen」に置き換えて"talent"にしてみましょう。

3.3.3 メソッドのシグネチャ

　JShellでは、メソッドの「(」まで入力された状態で［Tab］キーを押すと、受け取ることができる引数が表示されます。toUpperCaseメソッドで試してみましょう。

```
                            ここで[Tab]キーを押す
jshell> "test".toUpperCase(
シグネチャ:
String String.toUpperCase(Locale locale)
```

```
String String.toUpperCase()
```

<ドキュメントを表示するにはタブを再度押してください>

toUpperCase メソッドの使い方としては、引数として Locale というものを受け取るものと、何も受け取らないものがあることがわかります。このように、名前が同じでも違う組み合わせの引数を取るメソッドが用意されていることがあります。名前が同じで引数が違うメソッドを用意することを**オーバーロード**といいます。オーバーロードを踏まえて、Javaでのメソッドは名前だけではなく引数の組み合わせもあわせて区別されます。そこで、メソッドの名前と受け取る引数をあわせたものを**シグネチャ**といいます。

3.3.4 メソッドの使い方がわからないとき

ここまでいくつか文字列を操作するメソッドを紹介しましたが、文字列には他にもたくさんのメソッドが用意されています。例えば「"test".」とドットまで入力した状態で［Tab］キーを押してみてください。

```
                       ┌ ここで[Tab]キーを押す
jshell> "test".
charAt(              chars()              codePointAt(
codePointBefore(     codePointCount(      codePoints()
compareTo(           compareToIgnoreCase( concat(
...
substring(           toCharArray()        toLowerCase(
toString()           toUpperCase(         transform(
translateEscapes()   trim()               wait(
jshell> "test".
```

たくさんありますね。紙面では一部を省略していますが、ここで表示されるものが文字列に対して呼び出せるすべてのメソッドです。このすべてのメソッドを解説するわけにはいかないので、必要になったときに自分で調べてくださいということになるのですが、検索ばかりに頼ると情報が古かったり一部しか解説されていなかったり、間違っているということも多くあります。正確な情報を確実に得るためには、公式ドキュメントを読む必要があります。

前項でJShellでメソッドを「(」まで入力して［Tab］キーを押したときに「ドキュメントを表示するにはタブを再度押してください」とありました。例えば「"test".repeat(」まで入力した状態で［Tab］キーを押すと次のようになります。

```
jshell> "test".repeat(
$10   $12   $13   $14   $15   $21   $24   $25   $28   $29   $33   $5    $6    $7

シグネチャ:
```

```
String String.repeat(int count)
```

＜ドキュメントを表示するにはタブを再度押してください＞

この状態でもう一度［Tab］キーを押すと次のようになります。

```
jshell> "test".repeat(        ← ここで[Tab]キーを押す
String String.repeat(int count)
Returns a string whose value is the concatenation of this string repeated count
times.
If this string is empty or count is zero then the empty string is returned.
...
```
＜使用可能な補完結果をすべて表示するにはタブを再度押してください。使用可能な補完結果合計：578＞

　このようにドキュメントが表示されますが、英語だと気後れしてしまいますね。ドキュメントに使われている英語は単語や文法が限られているので慣れれば読めるようになるのですが、プログラムに不慣れなうちは日本語で書いてあっても読むのがつらいのに、さらに英語となると逃げたくなる気持ちもわかります。

　ドキュメントは日本語化されているものがあるので、次のURLで確認しましょう。文字列に対して使えるメソッドはStringとしてまとまっています（図3.7）。

■ String (Java SE 17 & JDK 17)
　URL https://docs.oracle.com/javase/jp/17/docs/api/java.base/java/lang/String.html

図3.7 ● StringクラスのJavadoc

　このドキュメントは「Javadoc 17 文字列」でネット検索しても見つかるはずです。検索のコツは、日本語の単語とバージョン番号である「17」を入れることです。利用者の多いJava 8のドキュメントが見つかることも多いのですが、Java 8よりあとのバージョンで追加されたメソッ

ドもあるので、実際に使っているバージョンのドキュメントを参照するのがいいでしょう。また
Java 9以降のドキュメントでは検索窓があるなど、より便利になっています。

　もちろん最初のうちは、読んでも多くの部分の意味がわからないと思いますが、学習を進め
ていくとわかる範囲が増えていくと思います。String の resolveConstantDesc メソッドのよう
に筆者が読んでも意味がわからないようなメソッドもあります。すべてを理解する必要はない
ので安心してください。また、意味がわからなくても用例を見れば使えるということも多くあり
ます。

　このドキュメントは Javadoc と呼ばれますが、Javadoc の読み方については、第17章「Javadoc
とドキュメンテーション」で解説しています。

練習

1. 文字列の長さを返すメソッドがあります。Javadoc から探して使ってみましょう。
2. 文字列の一部を返すメソッドがあります。Javadoc から探して「"test"」の2文字目
   以降を取り出して "est" が表示されるようにしてみましょう。

3.3.5　文字列のフォーマット

　フォーマットというのは形式とか形式化という意味です。ここでは形式化のことを指して、
あらかじめ決めた形にデータを整形することを「フォーマット」と呼んでいます。

　データをたくさん連結して文字列を作るときに、+演算子で連結していると全体の形がわか
りにくくなります。また、12 + 3 + "test" や "test" + 12 + 3のようにしたときに、パッと見
でどのような結果になるか想像しにくいこともあります。このような場合に formatted メソッ
ドを使うと動きがわかりやすくなります。

```
jshell> "test%s".formatted(12+3)
$32 ==> "test15"
```

　%s の部分が、formatted メソッドに渡した引数の値で置き換えられます。この %s の部分を
書式指定子といいます。書式指定子は複数指定することもできます。

```
jshell> "%sと%s".formatted("test", "sample")
$33 ==> "testとsample"
```

　最初の %s に "test" が、2番目の %s に "sample" が埋め込まれたことがわかります。
formatted メソッドには書式指定子を満たすだけの引数を与える必要があります。

整数についても%sで埋め込めるのですが、%dを使うほうが適切です。

```
jshell> "%d+%d=%d".formatted(2, 3, 2+3)
$34 ==> "2+3=5"
```

formattedメソッドを使うほうが2+"+"+3+"="+2+3と書くよりも最終的な形がわかりやすいと思います。と書きましたが、この連結を実行すると実際には結果が2+3=23となってしまいます。よく見ると気がつくのですが、見逃してしまいますね。2+3の部分は数値の足し算にしたいので、カッコを使って2+"+"+3+"="+(2+3)とする必要があります。formattedメソッドを使うとこのようなうっかりミスを防ぐこともできます。

数値に対する書式指定子として%sではなく%dを使うメリットとして、数値ならではの形式が指定できることが挙げられます。例えば「%,d」とすると3桁ごとにカンマが入ります。

```
jshell> "消費税抜き%,d円は消費税込みで%,d円".formatted(1000, 1100)
$35 ==> "消費税抜き1,000円は消費税込みで1,100円"
```

formattedメソッドのシグネチャを確認すると、次のようになっています。

> **構文**　formatted メソッドのシグネチャ
>
> ```
> String String.formatted(Object...)
> ```

「...」が付いていますが、これは引数がいくつでもよいことを表しています。

3.3.6　formattedメソッドでの例外

formattedメソッドには引数をいくつ渡してもいいことになっていました。ただし、文法上は引数はいくつでもよくても、実際には書式指定子に対応した数の引数が必要です。formattedメソッドの呼び出しで、書式指定子に対して引数が足りないときは、次のような例外MissingFormatArgumentExceptionが発生します。

```
| 例外java.util.MissingFormatArgumentException: Format specifier '%s'
|       at Formatter.format (Formatter.java:2689) ————————————— ❶
|       at Formatter.format (Formatter.java:2625) ————————————— ❷
|       at String.formatted (String.java:4195) ———————————————— ❸
|       at (#17:1)———————————————————————————————————————————— ❹
```

文法的には正しいので構文エラーではなく、実行時のエラーなので例外になっています。
今回の例外はメッセージが連続して表示されています。2行目（❶）以降は例外が発生した

場所、そのメソッドを呼び出した場所（❷）と続きます。一番下の行（❹）はJShellでの呼び出しを示しているのですが、その上の行（❸）を見るとformattedメソッドを呼び出しています。さらにその上の行（❷）を見るとそこからformatメソッドを呼び出したことがわかります。このようなメソッド呼び出し順をスタックトレースといいます。スタックトレースの読み方は第12章「入出力と例外」で改めて解説します。

また、%dに文字列を渡してしまうと例外IllegalFormatConversionExceptionが発生します。

```
jshell> "%d+%d".formatted("abc", "cde")
|  例外java.util.IllegalFormatConversionException: d != java.lang.String
|        at Formatter$FormatSpecifier.failConversion (Formatter.java:4455) ── ❶
|        at Formatter$FormatSpecifier.printInteger (Formatter.java:2964)
|        at Formatter$FormatSpecifier.print (Formatter.java:2919)
|        at Formatter.format (Formatter.java:2690)
|        at Formatter.format (Formatter.java:2625) ─────────────────────── ❷
|        at String.formatted (String.java:4195) ───────────────────────── ❸
|        at (#16:1)
```

今回のスタックトレースはさらに長いです。下から順に見ていくと、❸のformattedメソッドを呼び出したあとformatメソッドを呼び出して（❷）、さらにいろいろ呼び出したあとにfailConversionというメソッドで例外が発生しています（❶）。問題解決のためにここまで読む必要はありませんが、メソッドの内部構造を少し把握することができます。

formattedメソッドに渡す引数が書式指定子より多い場合、あふれた引数は無視されます。

```
jshell> "%sと%s".formatted("test","sample","try")
$36 ==> "testとsample"
```

ここでは書式指定子は2つですが、引数に3つの値を渡しています。このような場合には何らかのプログラミングミスが起きているはずなので、例外が発生したほうがミスの発見が早いと思うのですが、残念ながら素通りする仕組みになっています。

変数と型

前の章ではいろいろと値を操作してきました。しかし、値を操作した結果をもう一度使おうとした場合には、計算をやり直したり自分でその値を覚えたりする必要がありました。コンピュータは値を覚えるのが得意なのだから、そういった値は覚えておいてほしいものです。そこでこの章では、値を覚えておく仕組みである変数を使ってみることにします。また、Javaでは変数が扱う値の種類を気にする必要があります。値の種類である型についても見てみます。

4.1　変数

　ここまで、何度も "test" と入力してきましたが、同じことを何度も入力するのは面倒です。変数を使うと、値を覚えさせて使いまわすことができます。JShellを起動し、次のように入力してみてください。

```
jshell> var t = "test"
t ==> "test"
```

　これで変数tが用意され、値として "test" が割り当てられました。変数を用意することを、変数の宣言といいます。宣言という言葉はこの先にも出てきますが、何かに名前を付けることくらいに考えておくといいでしょう。
　変数の宣言の構文は次のようになります。

構文　変数の宣言

```
var 変数名 = 値
```

2
Javaの基本

　今回の例では変数名にt、値に"test"と書いていました。これで以降は文字列"test"の代わりに変数tが使えます。変数名だけを入力して実行すると、変数の内容を確認できます。

```
jshell> t
t ==> "test"
```

　それでは変数tを使って、文字列の連結と文字の大文字化を行ってみましょう。

```
jshell> t + "3"
$3 ==> "test3"

jshell> t.toUpperCase()
$4 ==> "TEST"
```

　変数を宣言して値を割り当てることは、"test"という値にtという名前を付けたと言うこともできます。

　宣言した変数に別の値を割り当てなおすこともできます。変数に値を割り当てるには「=」を使います。

4
変数と型

```
jshell> t = "real"
t ==> "real"
```

　「=」は代入演算子と呼びます。別の値が変数tに割り当てられた状態で、先ほどと同じことをしてみましょう。

```
jshell> t + 3
$6 ==> "real3"

jshell> t.toUpperCase()
$7 ==> "REAL"
```

　実行する式は同じでも、変数tに割り当てられた値に合わせて結果が変わりました。変数を使ったプログラムでは、変数が保持する値に合わせて実行結果が変わります。

　tをダブルクォートで囲って文字列にした場合とは違うことも確認しておきましょう。

```
jshell> "t" + 3
$8 ==> "t3"

jshell> "t".toUpperCase()
$9 ==> "T"
```

ところで、varを付けずに新しい変数を使ってみるとどうなるでしょうか。変数sをvarなしで使ってみます。

```
jshell> s = "site"
|   エラー:
|   シンボルを見つけられません
|     シンボル:   変数 s
|     場所: クラス
|   s = "site"
|   ^
```

　エラーになりました。シンボルというのはメソッド名などのプログラマーが付ける名前のことでした。変数名もシンボルになります。今回は、変数sが宣言されていないので見つからないというエラーになりました。変数は宣言してから使う必要があります。

練習

1.　varを付けて変数sを使えるようにしてみましょう。

4.1.1　複合代入演算子

　ここまで変数を使って計算しましたが、計算をしても変数の保持する値は変わっていないことに注意しましょう。変数を使って計算してみます。

```
jshell> var n = 5
n ==> 5

jshell> n * 3
$11 ==> 15
```

　変数nを使って計算しても、変数nに割り当てられた値には変化がありません。

```
jshell> n
n ==> 5
```

　変数の内容を書き換えるには、「=」を使った割り当てが必要です。

```
jshell> n = n * 4
n ==> 20
```

　これを数学の等式として読むと違和感がありますが、Javaでの代入演算子「=」は、左の変数
に右の式の値を割り当てるという演算を表すので注意が必要です。変数nにn*4の計算結果を
割り当て直したので、nの保持する値が元の値5を4倍した20になりました。

```
jshell> n
n ==> 20
```

　こういった場合、演算と変数への割り当てを複合した複合代入演算子が使えます。

```
jshell> n *= 5
$15 ==> 100
```

　2文字合わせて1つの演算子なので、「*」と「=」の間にスペースを入れることはできません。
「* =」のようにスペースを入れて実行すると、次のようにエラーになります。

```
jshell> n * = 5
|  エラー:
|    式の開始が不正です
|  n * = 5
|      ^
```

　複合代入演算子には表4.1のようなものがあります。

表4.1 ● 複合代入演算子

複合代入演算子	例	置き換え
+=	a += b	a = a + b
-=	a -= b	a = a - b
*=	a *= b	a = a * b
/=	a /= b	a = a / b
++	++a、a++	a = a + 1
--	--a、a--	a = a - 1

　文字列にも+=演算子を使うことができます。

```
jshell> var c = "te"
c ==> "te"

jshell> c += "st"
$17 ==> "test"
```

ただし、文字列に使えるのは += 演算子だけで、 -= 演算子や *= 演算子などは使えません。

　　変数の保持する値を 1 つ増やす、1 つ減らすという操作はプログラム中で頻繁に出てきます。そのため、値を 1 つ増やす ++ 演算子や値を 1 つ減らす -- 演算子が用意されています。値を 1 増やすことをインクリメント、1 減らすことをデクリメントといいます。

　　++ 演算子を使って変数 n の値を増やしてみます。

```
jshell> ++n
$18 ==> 101
```

　　値が 1 増えて 101 になりました。

```
jshell> n
n ==> 101
```

　　++ 演算子や -- 演算子は変数の前に付けることも後ろに付けることもできます。先ほどは変数の前に ++ 演算子を付けましたが、変数の後ろに付けて試してみましょう。

```
jshell> n++
$20 ==> 100
```

　　変数 n には 100 が保持されていたので 101 になったはずですが、元の値 100 が表示されています。変数の前に ++ 演算子を付けたときは増えたあとの値 101 が表示されていました。

　　値を確認すると、変数が保持する値は 1 増えています。

```
jshell> n
n ==> 101
```

　　++ 演算子を変数の前に付けて ++n とした場合は、変数 n が保持する値を加算してその結果を返します。一方、++ 演算子を後ろに付けて n++ とした場合には、加算は行うものの結果としては加算前の値を返します。このような性質の違いをうまく活用するとコードが短くできたりするのですが、その反面、実際に何が起きているか把握するのが難しくなります。なるべく、++ を変数の前後どちらに付けても影響がないコードを書くようにしましょう。

4.1.2　値に名前を付けるメリット

　　変数を使うというのは値に名前を付けることでもあるという話をしました。ここまでは値と変数名に関係がないことを示すために t という変数名を使いましたが、値の内容がわかりやすいよう test という変数名を使ってみます。

```
jshell> var test = "test"
test ==> "test"

jshell> test.toUpperCase()
$23 ==> "TEST"
```

　こうすると、変数を使うときと使わないときで入力量もコードの見た目もあまり変わらないので、変数を使うメリットが少ないように見えます。

　ここで例えば間違えてrestと入力してしまった場合を考えます。文字列を入力するときに間違うと、Javaはそういう文字列が入力されたと判断してそのまま実行します。

```
jshell> "rest".toUpperCase()
$24 ==> "REST"
```

　しかし、変数の名前を間違ったときにはエラーが発生します。

```
jshell> rest.toUpperCase()
|   エラー:
|   シンボルを見つけられません
|     シンボル:   変数 rest
|       場所: クラス
|   rest.toUpperCase()
|   ^--^
```

　変数restは宣言されていないので、シンボルを見つけられないとなったのです。もちろん、他でrestという名前の変数を宣言していればそのまま動いてしまいますが、変数を使っておけば間違いが見つかる可能性は高くなります。変数の定義のときに間違えてしまうと、それはエラーとして見つかりにくいですが、動きがおかしいときに注意するところを絞り込むことができます。

　もう1つのメリットとして、teまで入力して［Tab］キーを押すと補完されてtestになるので入力が楽になります。また補完を使うことで打ち間違いも起こりにくくなります。

```
jshell> te
```
ここで[Tab]キーを押す

　次に、半径11.75の円の面積を求めることを考えてみます。円の面積は「半径×半径×3.14」でした。計算してみると次のようになります。

```
jshell> 11.75 * 11.75 * 3.14
$25 ==> 433.51625
```

　11.75を2回入力するのは面倒なので変数を使ってみましょう。11.75というのは10円玉の半径なのでr10という変数名にしましょう。

```
jshell> var r10 = 11.75
r10 ==> 11.75
```

　改めて半径r10の円の面積を求めると次のようになります。

```
jshell> r10 * r10 * 3.14
$26 ==> 433.51625
```

　これで11.75という数値を覚える必要がなくなりました。また、この式のほうが10円玉の面の面積を求めていることがわかりやすいというメリットもあります。
　上の例では3.14という数値を使っていましたが、実は円周率はMath.PIという変数でJavaに標準で用意されています。

```
jshell> r10 * r10 * Math.PI
$27 ==> 433.73613573624084
```

　Math.PIのほうが3.14よりも精度の高い値になっているので、より正確な面積を求めることができます。このように、他の人が変数を用意しておいてくれれば、実際の値を知っておく必要もなくなります。ここまで出たメリットをまとめると次のようになります。

- 間違いを見つけてくれる
- 入力が楽になる
- 何を扱っているかわかりやすくなる
- 具体的な値を覚える必要がなくなる

　JShellでは実感できませんが、本格的なプログラムを組んでくると次のようなメリットもあります。

- 変更を一箇所にまとめることができる
- 使う値の一覧を作ることができる

　もし10円玉のサイズが変わったときに11.75という数値をそのまま使っていると、プログラム中で10円玉の半径を扱っている場所を書き換える必要があります。そのとき何も考えずに11.75という数値をすべて置き換えてしまうと、10円玉の半径ではない11.75まで置き換えてしまって、思わぬところの動きを変えてしまうかもしれません。10円玉のサイズをr10という

変数で表しておけば、r10に割り当てる値を変更するだけで済みます。

　また、50円玉のサイズや100円玉のサイズも同様にr50やr100という変数で表す場合を考えます。そのような変数をプログラム上の同じところにまとめて宣言しておくと、扱っている値の一覧になります。

4.2　型

4.2.1　変数の型

　これまで変数 t には文字列を割り当てていました。では、数値を割り当ててみるとどうなるでしょうか？

```
jshell> t = 5
|  エラー：
|  不適合な型：intをjava.lang.Stringに変換できません：
|  t = 5
|      ^
```

「不適合な型」というエラーが出力されています。これはJavaの変数に割り当てられる値の種類が、その変数を最初に宣言したときに決まっているためです。このような値の種類のことを型といいます。varを使って変数を宣言したときには、そのとき割り当てた値によって扱える値の種類が決まります。

```
jshell> var i = 123
i ==> 123

jshell> i * 3
$29 ==> 369
```

　ここでは変数 i を宣言するときに 123 という整数を割り当てているので、変数 i は整数を扱う変数になっています。したがって、変数 i に 5 を割り当てなおすことができます。

```
jshell> i = 5
i ==> 5

jshell> i * 3
$31 ==> 15
```

しかし、整数を割り当てなおすことはできましたが、変数iに文字列を割り当てようとするとエラーになります。

```
jshell> i = "real"
|  エラー:
|  不適合な型: java.lang.Stringをintに変換できません:
|  i = "test"
|      ^----^
```

　JShellでは/vコマンドで変数の型を確認することができます。変数tの型を確認するとString型であることがわかります。

```
jshell> /v t
|    String t = "real"
```

　一方、変数iの型はint型です。

```
jshell> /v i
|    int i = 5
```

　/vコマンドはJShellのコマンドであってJava言語の機能ではないので注意が必要です。
　JShellでは、変数に値を割り当てるときにvarを付けると、同じ名前の別の変数を宣言したことになるため、それまでの型に関係なく値を割り当てることができます。

```
jshell> var i = "test"
i ==> "test"
```

4.2.2　基本型と参照型

　整数を扱う型はint（イント）で、文字列を扱う型はString（ストリング）です。実数はdouble（ダブル）で、条件演算子に条件として渡す論理型はboolean（ブーリアン）という型になっています。主な型を表4.2に挙げておきます。

表4.2 ● 型の種類

型	値の種類	実際の値
int	整数	0、10、400
double	実数	1.414、0.0、3.14
boolean	論理値	true、false
char	文字	't'、'あ'
String	文字列	"test"

　ここで、String型だけ大文字で始まっていて、他の型は小文字で始まっています。int型や double型など小文字で始まっている型を基本型（またはプリミティブ型）といいます。基本型 はJavaで特別扱いされている型です。全部で8つありますがここに挙げた4つは必ず押さえて おきましょう。

　では基本型ではないString型は何になるかというと、クラスというものになっています。ク ラスはJavaで機能をまとめるための基本的な仕組みです。クラス以外にも基本型ではない型は ありますが、そういった基本型ではない型を参照型といいます。

　クラスであるString型の値には、toUpperCaseメソッドなどのメソッドを呼び出すことがで きました。参照型はメソッドを持ちますが、基本型にはメソッドはありません。クラスなどいろ いろな参照型については後の章で少しずつ説明していきます。

4.2.3　変数の型を指定する

　ここまでの例では変数を用意するときにvarを使っていましたが、varが導入されたのはJava 10からです。Java 8の時点では、変数の宣言のときに型を指定する必要がありました。型を指 定した変数の宣言は次のようになります。

構文　型を指定した変数の宣言

型 変数名 = 値

String型を指定して変数uを用意してみましょう。

```
jshell> String u = "myname"
u ==> "myname"
```

varを使うときと違って、型を指定する場合には、初期値を割り当てる必要もありません。

```
jshell> int j
j ==> 0

jshell> j = 5
j ==> 5
```

　型のかわりにvarを使ったときは、右側の値から型を推論して変数の型が決められていまし た。これを型推論といいます。割り当てる値がないと型が推論できないのでvar jだけでは 変数を用意できなかったのです。

4.2.4　文字を扱う型

文字列を扱うString型について勉強してきましたが、文字列の中の文字を表す型もあります。Javaで文字を表す型はchar型になります。char型も小文字から始まる基本型です。クラスであるString型はchar型の値をまとめて便利に扱うための型だとも言えます。

char型は0から65535までの整数を扱う型ですが、それぞれの数値に割り当てられた文字を表現するために使用されます。例えば48という数値は「0」という文字を表します。

```
jshell> char ch = 48
ch ==> '0'
```

JavaではUTF-16というコード体系で文字を扱っています。文字に割り当てられた数値を意識することはあまりありませんが、「0」から「9」までは順に並んでいるので、「0」からの足し算で数に対応する数字を得られることを知っておくと便利になる場合があります。

```
jshell> ch = '0' + 9
ch ==> '9'
```

逆に数字を表す文字から'0'を引くとその数字が表す数値がわかります。

```
jshell> '8' - '0'
$32 ==> 8
```

大文字のアルファベットに32を足すと小文字になることも知っておくといいでしょう。

```
jshell> ch = 'A' + 32
ch ==> 'a'
```

ちなみにcharは「チャー」と読むのが主流のようですが、「キャラ」と読む人たちもいます。どちらで読んでもいいのですが、筆者はなるべく発声しなくて済むようにしています。

4.2.5　数値の型変換

プログラムを組んでいると、使っている値の型を変換したいことがあります。ここでは数値の型変換について見てみます。

整数と実数での変換

まずは整数と実数での変換について見てみましょう。int型の変数に234という値を割り当てます。

```
jshell> int i = 234
i ==> 234
```

この変数の値をdouble型の変数に割り当ててみます。

```
jshell> double d = i
d ==> 234.0
```

そのまま実数に変換されています。逆にdouble型の値をint型の変数に割り当てようとすると次のようにエラーが発生します。

```
jshell> int j = d
|   エラー:
|   不適合な型: 精度が失われる可能性があるdoubleからintへの変換
|   int j = d;
|           ^
```

この場合、キャストという操作で型の変換を指定する必要があります。

```
jshell> int j = (int) d
j ==> 234
```

キャストするときは次のように、値の前に型をカッコで囲んだものを付けます。

構文	キャスト

```
(型) 値
```

　小数点以下を含んだ値を扱ってみましょう。3.14 を変数dに割り当てます。

```
jshell> d = 3.14
d ==> 3.14
```

　この値をint型の変数iにキャストして割り当てます。

```
jshell> i = (int) d
i ==> 3
```

　そうすると、小数点以下が切り捨てられて3が割り当てられます。この値を再びdouble型に変換しても、小数点以下の値は失われたままです。

```
jshell> d = i
d ==> 3.0
```

　一度精度が失われると元には戻りません。そのため、精度が失われる場合にはキャストなしではエラーが発生するようになっています。

　基本的には、精度が保てるときにはそのまま変換可能、精度が保てなくなるときにはキャストが必要となります。精度が落ちることをプログラマーがちゃんと把握したうえで型の変換をしていることをコンパイラに示すためです。

　実数を整数に変換する場合は0に近い整数に近づくよう丸められます。-3.14をint型に変換すると小数点以下が切り捨てられて -3 になります。

```
jshell> (int) -3.14
$40 ==> -3
```

文字列を数値に変換する

　ここまで数値を扱う型同士の変換を見てきました。では、文字列と数値だとどうなるでしょうか？

```
jshell> int a = "3"
|  エラー:
|  不適合な型: java.lang.Stringをintに変換できません:
|  int a = "3";
|          ^-^
```

エラーになります。次のようにキャストしてもエラーになります。

```
jshell> int a = (int) "3"
|  エラー:
|  不適合な型: java.lang.Stringをintに変換できません:
|  int a = (int) "3";
|               ^-^
```

数値の型を変換するときのエラーは「精度が失われる可能性がある変換」というエラーでした。つまり、「精度が失われるけど大丈夫？ 大丈夫ならキャストしてね」というエラーだったのですが、ここでは「変換できません」というエラーになっています。

Javaでキャストによって値の変換ができるのは数値型の間だけで、他の型の値の変換にはキャストではなく変換処理を行う必要があります。

文字列をint型の整数に変換するときはInteger.parseIntメソッドを使います。

```
jshell> int a = Integer.parseInt("3")
a ==> 3
```

次の例の "3a" のように数値とみなせない値が入っているときは、例外NumberFormatExceptionが発生します。

```
jshell> int a = Integer.parseInt("3a")
|  例外java.lang.NumberFormatException: For input string: "3a"
|        at NumberFormatException.forInputString (NumberFormatException.java:67)
|        at Integer.parseInt (Integer.java:668)
|        at Integer.parseInt (Integer.java:786)
|        at (#85:1)
```

double型の実数に変換するときはDouble.parseDoubleメソッドを使います。

```
jshell> double d = Double.parseDouble("12.3")
d ==> 12.3
```

Integer.parseIntメソッドではカンマ区切りの数字（ここでは "1,123"）は例外になります。

```
jshell> Integer.parseInt("1,123")
|  例外java.lang.NumberFormatException: For input string: "1,123"
|        at NumberFormatException.forInputString (NumberFormatException.java:67)
|        at Integer.parseInt (Integer.java:668)
|        at Integer.parseInt (Integer.java:786)
|        at (#90:1)
```

カンマ区切りの数字などへ対応するにはNumberFormatクラスを使います。NumberFormatクラスの詳細についてはJavadocなどを参考にしてください。

```
jshell> java.text.NumberFormat.getInstance().parse("12,345")
$43 ==> 12345
```

数値を文字列に変換する

　数値から文字列への変換もエラーになります。

```
jshell> String s = 123
|  エラー:
|  不適合な型: intをjava.lang.Stringに変換できません:
|  String s = 123;
|            ^-^
```

　数値から文字列に変換するのに一番手軽なのは空文字列と結合することです。

```
jshell> String s = 123 + ""
s ==> "123"
```

　+演算子のどちらかの辺が文字列のときは文字列の連結が行われるということを利用します。

　Java 8までは+演算子による文字列連結はStringBuilderクラスを使った処理に変換されていたためコードサイズも実行速度も効率が悪く、数値を文字列に変換するために空文字列を連結するというのは嫌われていました。Java 9からは効率の良いコードに変換されるため、実用上は空文字の連結で問題ないと思います。

　Java 8で動かすプログラムや実行速度に厳しいプログラムを作る場合には、String.valueOfメソッドを使って数値を文字列に変換します。

```
jshell> s = String.valueOf(123)
s ==> "123"
```

　カンマ区切りの文字列にしたい場合はformattedメソッドを使うのが手軽です。

```
jshell> s = "%,d".formatted(12345)
s ==> "12,345"
```

　変換する量が多く実行速度が気になる場合には、NumberFormatクラスを使います。

```
jshell> java.text.NumberFormat.getInstance().format(12345)
$92 ==> "12,345"
```

4.2.6　型の役割

　プログラムが組めるようになるまでは、型というのはややこしいだけで、なくてもいいもののように思えます。実際、動かすだけであれば型は不要で、ぼくたちプログラマーがちゃんと「これは文字列、あれは整数」と把握しておけば十分です。自分の目の届く範囲で使われるプログラムを作る場合には、プログラムのサイズも小さく、うまく動かなければそのときに対処すればいいので、型を考えずに手早くプログラムが組めるほうがよい場合もあります。

　けれどもJavaで作るプログラムは、プログラマーとプログラムを使う人の距離が離れている場合が多く、使ってもらうときになるべく不具合を残さないように気をつける必要があります。またJavaのプログラムは数人のチームで作ることが多くなります。他の人と一緒にプログラムを組むときには、組んだ人が「これは文字列、あれは整数」と把握しているだけでは不十分で、どれが文字列でどれが整数なのかを他の人に伝えないといけません。そうすると、プログラムの外で、「これは文字列、あれは整数」といったものをメモしておく必要がありますが、そのようにしてプログラムの外に書いたメモは、時間が経つうちに変更が反映されないところが出てきて使えなくなっていきます。

　さらに、整数を扱うはずのところに文字列を渡していないかといったことなどをチェックする必要も出てきます。整数や文字列といった単純な情報だけではなく、「生徒のデータとして文字列の名前と整数の点数を持つ」といった情報もあります。

　そのときこんなことを考えるようになります。

「プログラムでどんな種類の値を扱うかは、そのプログラムに書いておけばいいのでは」
「もっと柔軟なルールで情報が扱えるほうがいいのでは」
「こんなチェックはコンピュータが自動的にやってくれればいいのでは」

　こういったことを実現してくれるのが型なのです。

　慣れないうちは、型があわずプログラムのエラーが解決できないということがあるかもしれませんが、その状態で型を使わずにプログラムを組むと、なんとなく動くように見えても正しくは動かないプログラムができあがっているはずです。

　また、型があるおかげで、IntelliJ IDEA は補完機能で、使えるメソッドを素早く確実に教えてくれます。型は、プログラムを正しく組むための厳しい教師であったり、プログラムの書き方を教えてくれる親切な教師であったりします。型を味方にして「できるプログラマー」になっていきましょう。

標準API

機能をまとめて、他から呼び出せるようにしたプログラムをAPIといいます。Javaには多くの機能が標準APIとして用意されていますが、この章では日付や大きな数値を扱うAPIを紹介します。

5.1 日付時刻

まずは日付や時刻を扱うクラスを見てみましょう。

5.1.1 APIとライブラリ

API（Application Programming Interface）は、機能をまとめて他のプログラムから呼び出せるようにした部品です。さまざまなAPIをまとめたものをライブラリといいます。JavaでのAPIは、主にクラスという単位にまとめられています。そのためJavaの標準APIをクラスライブラリと呼ぶこともあります。文字列を扱うStringもその1つです。まだあまりJavaの文法を勉強していませんが、APIの使い方さえわかればいろいろなプログラムを組むことができます。

Javaの標準APIには4500以上のクラスがありますが、普段、実際に使うのはほんの一部です。少しずつ勉強していきましょう。

5.1.2 現在日時を取得する

JShellに「java.time.LocalDate.now()」と入力して実行してみてください。補完を活用すると「ja」→［Tab］キー →「.ti」→［Tab］キー →「L」→［Tab］キー →「D」→［Tab］キー →「.n」→［Tab］キー →「)」で入力できるはずです。

```
jshell> java.time.LocalDate.now()
$1 ==> 2021-06-18
```

　今日の日付が出力されました。これはこの本の原稿執筆時の日付なので、皆さんの手元では
これを実行している日付が表示されたはずです。
　次に「java.time.LocalTime.now()」と入力してみましょう。Dateの部分がTimeになって
います。

```
jshell> java.time.LocalTime.now()
$2 ==> 03:03:47.573638100
```

　このように時間が表示されました。もちろんこれもこの本の原稿執筆時の時間ですが、皆さ
んの手元では実行している時間が表示されたはずです。
　日付と時間を同時に扱うときはjava.time.LocalDateTime.now()とします。

```
jshell> java.time.LocalDateTime.now()
$3 ==> 2021-06-18T03:47:52.451100900
```

　このようにして現在日時を表示することができます。

5.1.3　パッケージとimport

　ところで補完機能が使えるとはいえ、このような長い入力は面倒です。最初の例に出た
java.time.LocalDateは日付を扱うクラスのフルネームなのですが、クラス名はLocalDate
で、java.timeの部分はパッケージ名と呼ばれます。パッケージはクラスを分類する仕組み
です。Javaではパッケージ名を省略するためにimportという仕組みがあります。
　では、import java.time.* を実行してみましょう。

```
jshell> import java.time.*
```

　何もメッセージは表示されません。エラーが表示されていなければ成功です。ここで「*」
はすべての要素を表し、java.timeパッケージに属するすべてのクラスについて、パッケージ
名部分のjava.timeを省略できるようになります。
　それでは改めて現在の日付時刻を出力してみましょう。

```
jshell> LocalDateTime.now()
$4 ==> 2021-06-18T02:03:55.971387
```

　LocalDate や LocalTime など java.time パッケージに属する他のクラスについても同様に、パッケージ名である java.time. の部分を省略できるようになります。単にクラス名というと通常は LocalDate のようにパッケージ名を含まない名前を指し、java.time.LocalDate のようにパッケージ名まで含めたクラスのフルネームのことを FQN（Fully Qualified Name）や完全修飾名といいます。

　改めて java.time.LocalDateTime.now() という記述の構成要素を確認してみると、次のようになります。

　文字列を表す String クラスは java.lang パッケージに含まれているので、完全修飾名は java.lang.String です。変数の宣言ではパッケージ名を省略して入力していましたが、構文エラーなどでは完全修飾名で表示されていました。java.lang パッケージは import しなくてもパッケージ名を省略して使えます。また、JShell ではそれに加えて java.util などのいくつかのパッケージ名があらかじめ import されていて、パッケージ名を省略することができます。

　よく使うパッケージを表5.1に挙げておきます。

表5.1 ● よく使うJavaのパッケージ

パッケージ名	目的	JShellでの省略	Javaプログラムでの省略
java.lang	Java言語に密接なクラス	○	○
java.util	プログラミングの助けになるクラス	○	要import
java.math	BigDecimal/BigInteger	○	要import
java.time	日付時刻	要import	要import
java.io	入出力	○	要import
java.net	ネットワーク	○	要import
java.nio.file	ファイル操作	○	要import
javax.swing	GUIコンポーネントSwing	要import	要import
java.awt	グラフィック操作	要import	要import

練習

1. パッケージ名を省略して現在の日付を表示してみましょう。
2. パッケージ名を省略して現在の時刻を表示してみましょう。

5.1.4　日付時刻の操作

　日時を取得できるようになったので、日時の計算をしてみましょう。例えばplusDays メソッドを使うと数日後の日時を取得できます。

```
jshell> LocalDateTime.now()
$5 ==> 2021-06-18T15:33:04.181838600

jshell> LocalDateTime.now().plusDays(3)
$6 ==> 2021-06-21T15:33:34.437798200
```

　ここでは引数に3を渡しているので3日後の日時が表示されました。

　LocalDate クラスや LocalTime クラス、LocalDateTime クラスには、扱っている要素に応じて表5.2に挙げているメソッドが使えます。plus を minus に変えれば引き算になります。

表5.2 ● 日時に関するメソッド

メソッド名	説明
plusMonths	月を足す
plusDays	日を足す
plusWeeks	週を足す
plusHours	時間を足す
plusMinutes	分を足す
getMonth	月を得る (SEPTEMBERなど)
getMonthValue	月を数値で得る
getDayOfMonth	日を得る
getDayOfWeek	曜日を得る (FRIDAYなど)
getHour	時間を得る
getMinute	分を得る

　ところで、こうやって毎回nowメソッドを使って日付時刻を取得していると、ちょっとずつ時間が進んでしまいます。こういう場合は、変数を使って日付時刻を覚えさせておけば、毎回同じ日付時刻を扱えます。

```
jshell> var today = LocalDateTime.now()
today ==> 2021-06-18T01:18:15.603296800
```

plusWeeks メソッドで週単位での足し算ができます。ここでは 6 月 18 日に 2 週間足したので7 月 2 日になっています。

```
jshell> today.plusWeeks(2)
$8 ==> 2021-07-02T01:18:15.603296800
```

plusHours メソッドで時間を足すことができます。

```
jshell> today.plusHours(3)
$9 ==> 2021-06-18T04:18:15.603296800
```

このとき、plusWeeks メソッドを呼び出したあとも today の値は変わらず、6 月 18 日 1 時に対して計算が行われていることに注意してください。

練習

1. LocalDate クラスを使って明日の日付を求めてみましょう。
2. LocalDate クラスを使って 2 週間後の日付を求めてみましょう。

5.1.5 　指定した日付時刻を扱う

ここまで現在日時を使っていろいろ試してきましたが、日時を指定して処理をしたいこともあると思います。日付を指定して LocalDate の値を得るには LocalDate.of というメソッドを使います。引数には年、月、日の 3 つの値を指定します。

ここでは Java 17 のリリース日である 2021 年 9 月 14 日を指定してみましょう。

```
jshell> var java17date = LocalDate.of(2021, 9, 14)
java17date ==> 2021-09-14
```

LocalTime の値を得るには LocalTime.of というメソッドを使います。引数には時間、分を指定します。Java 17 のリリース時間である 14 時 30 分を指定してみます。

```
jshell> var java17time = LocalTime.of(14,30)
java17time ==> 14:30
```

ここでは指定していませんが、引数を増やして秒やナノ秒まで指定することもできます。

では、日付と時刻を組み合わせて Java 17 のリリース日時にしてみましょう。LocalDateTime.of メソッドの引数に LocalDate の値と LocalTime の値を渡すと、その日付と時刻を組み合わ

せた日付時刻を取得できます。

```
jshell> var java17dateTime = LocalDateTime.of(java17date, java17time)
java17dateTime ==> 2021-09-14T14:30
```

　年、月、日、時、分の5つの引数を指定してLocalDateTimeの値を得ることもできます。ここではJava 17の1つ前のバージョンJava 16のリリース日時である2021年3月16日14時30分を指定しています。

```
jshell> var java16dateTime = LocalDateTime.of(2021, 3, 16, 14, 30)
java16dateTime ==> 2021-03-16T14:30
```

　ちなみに、第1章でも触れたように、Javaは年に2回、春分の日と秋分の日のあたりに新バージョンがリリースされます。

5.1.6　日付時刻の整形

　日付や時刻を好みの形式で表示したいことがあります。例えば「2021年06月25日」のような形式です。こういった場合にも第3章で取り上げたformattedメソッドが使えます。
　まずは月を表示してみましょう。

```
jshell> "%tm月".formatted(today)
$14 ==> "06月"
```

　formattedメソッドで日付時刻の整形に使える書式には、表5.3のようなものがあります。

表5.3 ● 日付時刻の整形で使える書式

書式	説明	例	書式	説明	例
%tH	時	00-23	%td	日	01-31
%tM	分	00-59	%tA	曜日	月曜日、Monday
%tS	秒	00-60	%ta	曜日（短縮形）	月、Mon
%tY	年	2021	%tF	日付	%tY-%tm-%td
%ty	年	21	%tR	時刻	%tH:%tM
%tm	月	01-13	%tT	時刻	%tH:%tM:%tS

「01時41分」のような形式で表示する場合は次のようになります。

```
jshell> "%tH時%tM分".formatted(today, today)
$15 ==> "01時35分"
```

%tHと%tMの2つの書式があるので、(today, today) として2回同じ日付時刻を渡しています。けれどもこれは冗長で格好悪いですね。

2つ目の「%」のあとに「<」を入れると、直前の書式（%tH）と同じ値を扱うことができます。

```
jshell> "%tH時%<tM分".formatted(today)
$16 ==> "01時35分"
```

「2021年06月25日」のような形式で日付を表示するには次のようになります。

```
jshell> "%tY年%<tm月%<td日".formatted(today)
$17 ==> "2021年06月25日"
```

formattedメソッドでは「2021年6月25日」のように1桁の月や日にゼロを付けないということができません。

この本では詳しく説明しませんが、DateTimeFormatterクラスを使うと、ゼロの表示を指定するなど、もっと高機能に日時文字列の整形ができます。文字列を解析して日付時刻を取り出す場合にもDateTimeFormatterクラスを使います。

```
jshell> var formatter = java.time.format.DateTimeFormatter.ofPattern("yyyy年M月d日")
formatter ==> Value(YearOfEra,4,19,EXCEEDS_PAD)'年'Value(MonthOfYear)'月'Value(
DayOfMonth)'日'

jshell> formatter.format(LocalDate.of(2022, 2, 8))
$19 ==> "2022年2月8日"

jshell> formatter.parse("2021年12月25日")
$20 ==> {},ISO resolved to 2021-12-25
```

練習

1.　java17date変数に用意したJava 17のリリース日を「2021年09月14日」という形式で表示してみましょう。

2.　java17dateTime変数に用意したJava 17のリリース日時を「2021年09月14日 14時30分」という形式で表示してみましょう。

5.1.7 staticメソッドとインスタンスメソッド

日付や時刻の値を得るのに LocalDate.now メソッドや LocalDate.of メソッドを使いました。これらのメソッドは次のような形になっています。

> **構文** static メソッド
>
> クラス名.メソッド名(引数)

このようにクラス名を指定して呼び出すメソッドを static メソッドといいます。
一方、文字列の小文字を大文字に変換する toUpperCase メソッドや数日後の日付を得る plusDays メソッドでは次のような形になっていました。

> **構文** インスタンスメソッド
>
> 値.メソッド名(引数)

このように、値に対して呼び出す形のメソッドをインスタンスメソッドといいます。

> **練習**
>
> 1. LocalDateクラスを使って2020年2月28日の次の日を求めてみましょう。
> 2. LocalDateクラスを使って2020年2月28日の2週間後の日付を求めてみましょう。

文字列整形のformattedメソッドとformatメソッド

ここまで使ってきた formatted メソッドは Java 15 から正式に採用された新しいメソッドです。Java 14 までは String.format メソッドを使っていました。使い方は次のようになります。

```
jshell> String.format("%sと%s", "test", "sample")
$21 ==> "testとsample"
```

formatted メソッドと format メソッドは、動作はまったく同じで呼び出し方が違うだけです。formatted メソッドの場合は次のように呼び出しました。書式に対して formatted というメソッドを呼び出す書き方になっています。

> **構文** formatted メソッド
>
> 書式.formatted(埋め込む値...)

formatメソッドの場合は次のように呼び出します。formatメソッドに対して、書式と埋め込む値を渡すという書き方になっています。

> **構文**　formatメソッド
>
> String.format(書式, 埋め込む値...)

formattedメソッドはインスタンスメソッドで、formatメソッドはstaticメソッドになっています。

このように、プログラムを書くときにはやりたいことを複数の方法で書けることがあります。この本のサンプルでは、どのような書式の文字列が出力されるかを一番知りたいので、書式が先にくるformattedメソッドを使っています。同じ処理を行う複数の書き方がある場合、何をしたいかがわかる書き方を選ぶようにしましょう。

> **練習**
>
> 1. "%tm月".formatted(today)をString.formatを使って書き換えてみましょう。
> 2. "%sは%d".formatted("two", 2)をString.formatを使って書き換えてみましょう。
> 3. String.format("%tY年", today)をformattedメソッドを使って書き換えてみましょう。

■■■ formatメソッドを使う場合の注意

実はstaticメソッドは「値.メソッド」の形でも呼び出せます。しかし、このときの値は無視されるので、思っていたのとは違う結果になることがあります。

例えば次のように「みかんですよ」と表示されることを期待したコードを実行しても、「みかん」とだけ表示されます。

```
jshell> "%sですよ".format("みかん")
$22 ==> "みかん"
```

これはString.format("みかん")という呼び出しと同じことになり、書式「みかん」に対して埋め込む値をなにも指定しなかったことになっています。

実際はformattedメソッドを使った次のような動きを意図していたと思います。

```
jshell> "%sですよ".formatted("みかん")
$23 ==> "みかんですよ"
```

2

JShell や IntelliJ IDEA などでは「値.」での補完に static メソッドが表示されないようになっています。メソッドを入力するときに必ず補完を使うようにすると、楽ができるだけではなく間違いも減らすことができます。また、IntelliJ IDEA では「文字列.format」に関しては特別扱いされて「String.format(文字列」に置き換えられます。この機能は後置補完と呼ばれる機能で、詳しくは第19章の「19.2　Live Template と後置補完」で紹介します。

5.2　BigDecimal

BigDecimal は「書いたとおりの値」で計算するためのクラスです。そう言われてもよくわからないと思うので、実際の動きを見てみましょう。

5.2.1　実数計算の誤差

579 × 0.05 を計算してみましょう。掛け算は * 演算子を使うのでした。

```
jshell> 579 * 0.05
$24 ==> 28.950000000000003
```

28.95 になってほしいところですが、少し誤差が出てしまっています。通常、数値を書くときには10進数を使いますが、double 型での実数は内部的にはコンピュータにとって効率的な2進数で扱われているので、10進数で表したものと比べると誤差が出ることがあります。

そこで、10進数で書いたとおりの値を正確に扱いたいときに使えるのが BigDecimal クラスです。Decimal というのは10進数のことです。BigDecimal では計算を10進数で行います。

5.2.2　BigDecimal での計算

それでは BigDecimal での計算を見てみましょう。

```
jshell> BigDecimal.valueOf(579).multiply(BigDecimal.valueOf(0.05))
$25 ==> 28.95
```

期待どおりの 28.95 という結果が出ています。けれども記述が長くなっています。残念ながら BigDecimal での計算を簡潔に書く方法は Java には用意されていません。

少しでもわかりやすくなるよう整理するために、変数を使いながら同じ計算をやってみます。double 型の値から BigDecimal の値を得るには、BigDecimal.valueOf メソッドを使います。

ここではb579とb005という変数を用意してBigDecimalの値を保持します。

```
jshell> var b579 = BigDecimal.valueOf(579)
b579 ==> 579

jshell> var b005 = BigDecimal.valueOf(0.05)
b005 ==> 0.05
```

BigDecimalの計算には演算子は使えないので、演算に対応したメソッドを呼び出す必要があります。次のように、掛け算にはmultiplyメソッドを使います。

```
jshell> b579.multiply(b005)
$28 ==> 28.95
```

BigDecimalクラスで使える計算には表5.4のようなものがあります。

表5.4 ● BigDecimalクラスで使える計算 (メソッド)

計算	メソッド名
足し算	add
引き算	subtract
掛け算	multiply
割り算	divide
割り算の余り	remainder
割り算の結果と余り	divideAndRemainder

divideAndRemainderメソッドを使うと、割り算の結果と余りを同時に得ることができます。

```
jshell> b579.divideAndRemainder(BigDecimal.valueOf(100))
$29 ==> BigDecimal[2] { 5, 79 }
```

結果は配列で返されて、最初の要素が割り算の値、2番目の要素が余りになります。配列については第8章の「8.2 配列」で紹介します。

> **練習**
>
> 1. BigDecimalクラスを使って119999×0.1を誤差なく計算してみましょう。

5.2.3 newによるBigDecimalオブジェクトの生成

前の章で紹介したMath.PIでは小数点以下15桁まで表現されています。

```
jshell> Math.PI
$30 ==> 3.141592653589793
```

そこでBigDecimalを使って円周率を小数点以下18桁まで扱いたいとします。valueOf メソッドに実数を渡そうとしても15桁以上の精度は扱えません。

```
jshell> BigDecimal.valueOf(3.141592653589793238)
$31 ==> 3.141592653589793
```

このとき、文字列を渡して次のようにすると小数点以下もすべて書いたとおりに扱えます。

```
jshell> new BigDecimal("3.141592653589793238")
$32 ==> 3.141592653589793238
```

ここでnewはクラスの値を生成するために使うキーワードです。次のような形で使います。

> **構文**　new による値の生成
>
> new クラス名(引数)

どのような引数が渡せるかはクラスによって決まっています。このとき呼び出される特別なメソッドをコンストラクタといいます。コンストラクタについては第14章「クラスとインタフェース」で詳しく説明しますが、今の時点では「BigDecimal.newというメソッドを特別にnew BigDecimalと書いて呼び出して値を得る」くらいの認識でよいでしょう。なおBigDecimalでは、仕様上少なくとも10億桁程度の精度を扱えます。

■■■ オブジェクト

コンストラクタによって生成される、クラスの値のことをオブジェクトといいます。これまでクラスの値を利用するときにLocalDate.nowやBigDecimal.valueOfといったstaticメソッドを使っていましたが、これらのメソッドでも内部ではどこかでnewによってオブジェクトが生成されています。

int型などの基本型の値はオブジェクトではありません。逆に、基本型以外の値はすべてオブジェクトになります。String型も基本型ではないので、文字列もオブジェクトということになります。今の時点では、「オブジェクトにはメソッドが呼び出せる、基本型の値にはメソッド

が呼び出せない」という違いを覚えておくだけでかまいません。

練習

1.　1.4142135623730950488 × 1.4142135623730950488 を計算してみましょう（同じ数
　　同士を掛けています）。

5.2.4 ｜ BigDecimalオブジェクト生成時の注意

BigDecimalクラスのコンストラクタにはdouble型を引数にとるものもあります。では、コン
ストラクタに実数を渡すとどうなるでしょうか。

```
jshell> new BigDecimal(0.05)
$33 ==> 0.05000000000000000277555756156289135105907917022705078125
```

ここで誤差が発生しています。10進数の0.05という実数は2進数では正確に表せないため、
double型の内部では少しずれた値になっています。valueOfメソッドでは小数点以下15桁程
度で打ち切った値を使っていましたが、コンストラクタを使う場合には正確にdouble型で扱っ
ている値を表現しています。double型で扱っている値は実際にはこのような値になっているの
で、最初に例に出した「579 * 0.05」での誤差につながっていました。

Math.PIの値も正確には次のようになっています。

```
jshell> new BigDecimal(Math.PI)
$34 ==> 3.141592653589793115997963468544185161590576171875
```

Javaの実数では、0.5や0.125のような1を何回も2で割った値や、そういった数を足し合わ
せた0.625のような値は正確に扱えます。

```
jshell> new BigDecimal(0.625)
$35 ==> 0.625
```

そうでない値は、1を何回も2で割った値を組み合わせた数値に寄せられてしまうので、誤
差が出てしまいます。数値を書くときは10進数を使うのですが、実数は内部的に2進数で扱わ
れているのでズレが出るわけです。

「書いたとおりの値」を扱うには文字列を渡してコンストラクタを使うか、valueOfメソッド
で実数を渡す必要があります。valueOfメソッドでは、doubleの値をいったん文字列に置き換
えてからBigDecimalオブジェクトを生成するので、表示するときと同じ値を扱えます。ただ

し、double値では15桁程度までしか正確な値は扱えず、またnewとvalueOfメソッドでの違いも把握しておいて間違えずにvalueOfメソッドを使う必要があります。書いたとおりの値を扱うときには、newを使って文字列を渡してオブジェクトを生成するほうが間違わずに済むでしょう。

コンピュータグラフィックスや物体の動きのシミュレーションでは、書いたとおりの値で計算する必要はないのでdouble型の実数で計算しても問題ありません。しかし、金額の計算など書いたとおりの値で計算する必要がある場合にdouble型での実数の計算を行うと、誤差が発生して問題になることがあります。

金額の計算を行う場合には注意しましょう。

5.2.5 オブジェクトの生成の仕方の違い

BigDecimalクラスでは、newを使ってオブジェクトを生成する方法とvalueOfメソッドを呼び出してオブジェクトを用意する方法がありました。LocalDateのように、利用する際にnewでオブジェクトを作ることができず、ofメソッドなどを使ってオブジェクトを得るようになっているクラスもあります。

LocalDateクラスなど、Javaのバージョンが上がって導入されたJavaのAPIでは、コンストラクタを使わせないようにする傾向があります。調べていけばそれなりの事情があるのでしょうがこの本では深入りしません。いまの段階では「このクラスではそういう方針なんだな」くらいに考えておくといいと思います。

プログラムの基本は値の操作です。しかしそうはいっても、目に見える動きがなくては、プログラムによって何が実現できるかがわかりにくいと思います。そこでこの章では、実際にウィンドウを表示して、見てわかるプログラミングをしてみましょう。

6.1 Swingでのウィンドウ表示

これまでの章でいろいろ試してきましたが、こんなことを思ったのではないでしょうか。

「数字だけじゃなく文字や日付の計算ができることはわかった。ところでいつになったらプログラムのことを教えてくれるんだい？」

わかります。この章では、プログラム感を出すためにもウィンドウを出してみましょう。

6.1.1 Swing

Javaでウィンドウを出すためのライブラリにはSwingという名前が付いています。IntelliJ IDEAもSwingを使って作られています。Javaの1996年のリリース時にはAWT（Abstract Window Toolkit）というGUIライブラリが提供されましたが、開発の時間が足りなかったためか、いろいろなOSの共通部分を抜き出した、最低限の機能を持ったGUIライブラリでした。そこから新たに設計しなおして1998年にJava 1.2で提供されたのがSwingです。

Swingはリリースから20年以上の間、大きな機能追加は行われておらず、本格的なアプリケーションを作るには機能が足りないと感じることもあります。しかしSwingはJavaに標準で含まれているため手軽に扱うことができ、簡単なデスクトップアプリケーションを作るには十分です。

JavaFX

この本では触れませんが、Swingの後継のGUIライブラリとしてJavaFXが開発されています。2008年にリリースされたJavaFXは、Java 11からは多くのJDKに含まれなくなりましたが、今でもオープンソースプロジェクトとして開発が行われています。本格的なウィンドウアプリケーションを作るときにはJavaFXをお勧めします。

■ JavaFX
URL https://openjfx.io/

6.1.2 ウィンドウを表示してみる

Swingでの開発に必要なクラスはjavax.swingというパッケージに入っているのでimportを行っておきます。パッケージ名はjavaではなくjavaxで始まっているので気をつけてください。

```
jshell> import javax.swing.*
```

Swingでウィンドウを表すのはJFrameというクラスです。newを使ってコンストラクタを呼び出してJFrameオブジェクトを生成してみましょう。

```
jshell> var f = new JFrame("test")
f ==> javax.swing.JFrame[frame0,0,0,0x0,invalid, ... tPaneCheckingEnabled=true]
```

この時点ではよくわからない結果が表示されていますが気にせず続けましょう。

では、setVisibleメソッドを呼び出してみましょう。

```
jshell> f.setVisible(true)
```

setVisibleメソッドはウィンドウの表示状態を設定します。引数にtrueという値を渡すとウィンドウが表示され、falseという値を渡すとウィンドウが隠されます。このtrueやfalseという値は論理型といいますが、詳細については第7章「条件分岐」で説明します。

ここではsetVisibleメソッドにtrueを渡しているのでウィンドウが表示されるはずですが、JShellには何も表示されません。

しかし画面の左上を見てください（図6.1）。なにか表示されています！

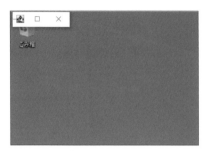

図6.1 ● なにか表示されている

では、次のようにsetSizeメソッドを呼び出してみましょう。ここではsetSizeメソッドの引数に幅（600）と高さ（400）を指定しています。

```
jshell> f.setSize(600, 400)
```

図6.2のようにウィンドウが大きくなりました。

図6.2 ● ウィンドウが大きくなった

左上の端にあると少し見づらいので、ウィンドウを動かすことにします。これもメソッドで実現してみます。ウィンドウの場所はsetLocationメソッドで設定します。setLocationメソッドの引数に横方向の位置（200）、縦方向の位置（200）の順に指定しています。

```
jshell> f.setLocation(200, 200)
```

これで、右下に移動したと思います。

では、マウスでウィンドウを動かしてみてください。それから次のようにgetLocationメソッドを呼び出してみましょう。

```
jshell> f.getLocation()
$6 ==> java.awt.Point[x=64,y=174]
```

ウィンドウの位置に従って数値が表示されます。右下に移動するに従ってそれぞれの数値は大きくなります。

練習

1. setLocationメソッドを使ってウィンドウを右に動かしてみましょう。

6.1.3 入力領域の配置

ウィンドウを表示できたので、入力領域を置いてみます。1行の入力領域を扱うのはJTextFieldクラスです。

```
jshell> var t = new JTextField()
text ==> javax.swing.JTextField[,0,0,0x0,invalid, ... rizontalAlignment=LEADING]
```

JTextFieldのオブジェクトを生成して変数tに割り当てています。

画面の表示部品をコンポーネントといいます。Swingのコンポーネントには、JTextField以外にも次のようなものがあります（表6.1）。

表6.1 ● Swingのコンポーネント

クラス	説明
JFrame	ウィンドウ
JTextField	1行テキスト
JTextArea	複数行テキスト
JButton	ボタン
JPanel	パネル。レイアウトを組み合わせるときに使う
JLabel	ラベル。文字や画像の表示に使う

　この入力領域をウィンドウに配置します。ウィンドウにコンポーネントを配置するにはadd メソッドを使います。

```
jshell> f.add("North", t)
$8 ==> javax.swing.JTextField[,0,0,0x0,invalid,lay ... rizontalAlignment=LEADING]
```

　この時点ではまだウィンドウに変化はありません。配置する位置は**図6.3**のようにNorth、West、East、South、Centerの文字列で指定します。今回はNorthを指定しているので、ウィンドウ上部に表示されることになります。

North		
West	Center	East
South		

図6.3 ● 配置の位置指定

　次のように、例外IllegalArgumentExceptionが表示されたときはどこかに間違いがあります。配置の指定は大文字小文字も判別されるので気をつけてください。

```
jshell> f.add("north", t)
|   例外java.lang.IllegalArgumentException: cannot add to layout: unknown constrai
nt: north
|        at BorderLayout.addLayoutComponent (BorderLayout.java:468)
|        at BorderLayout.addLayoutComponent (BorderLayout.java:429)
|
```

　ウィンドウに対してvalidateメソッドを呼び出すと、画面が更新されて上部に入力領域が表示されます（**図6.4**）。

```
jshell> f.validate()
```

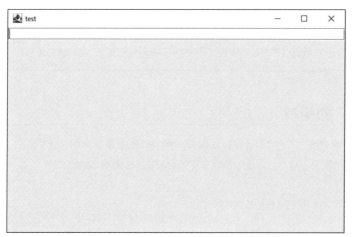

図6.4 ● 入力領域が表示される

　ここに文字列を表示させてみましょう。setTextメソッドで文字列を設定できます（**図6.5**）。

```
jshell> t.setText("Hello")
```

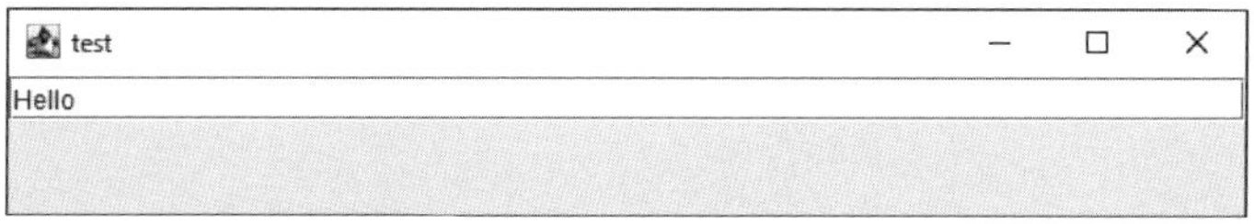

図6.5 ● 「Hello」と表示される

　入力された文字列を取ってくるときにはgetTextメソッドを使います。入力領域に「Hello Java」と入力したあとでgetTextメソッドを呼び出してみます（**図6.6**）。

図6.6 ● 「Hello Java」を入力

```
jshell> t.getText()
$11 ==> "Hello Java"
```

入力した「Hello Java」が表示されました。

練習

1. setTextメソッドを使って、入力領域に「Hello Swing」を表示してみましょう。

6.1.4 2つ目の入力領域

もう1つの入力領域を置いてみましょう。変数t2に新しい入力領域を割り当てます。ここではコンストラクタに引数を渡して、あらかじめ文字列を設定しておきます。

```
jshell> var t2 = new JTextField("second")
t ==> javax.swing.JTextField[,0,0,0x0,invalid,layout=ja ... ntalAlignment=LEADING]
```

今回は下部に配置したいので"South"を指定してウィンドウに追加します。

```
jshell> f.add("South", t2)
$13 ==> javax.swing.JTextField[,0,0,0x0,invalid,layout=ja ... ntalAlignment=LEADING]
```

validateメソッドを呼び出すと下部に入力領域が表示され、「second」が設定されていることを確認できます（図6.7）。

```
jshell> f.validate()
```

図6.7 ● 2つ目の入力領域

では、下側の入力領域に入力された文字列を上側の入力領域に表示してみます（図6.8）。

```
jshell> t.setText(t2.getText())
```

図6.8 ● 下の入力領域の内容が上の領域にコピーされる

ここでsetTextメソッドに入力値を渡す前に、メソッドを呼び出して入力内容を大文字に変換することもできます。toUpperCaseメソッドを呼び出してみましょう。下部の入力領域に入力された文字列の小文字が大文字に変換されて、上側の入力領域に表示されたはずです。

```
jshell> t.setText(t2.getText().toUpperCase())
```

練習

1. 上側の入力領域に入力された文字列を下側の入力領域に表示してみましょう。

2. 上側の入力領域に入力された文字列の大文字を小文字に変換して、下側の入力領域に表示してみましょう。

6.1.5 ボタンを配置

JShellにメソッドを入力するのではなく、ウィンドウ上のボタンを押してテキストがコピーされるようにしてみます。ボタンはJButtonクラスで扱います。ボタンに表示される文字を設定してオブジェクトを生成します。

```
jshell> var b = new JButton("Upper")
b ==> javax.swing.JButton[,0,0,0x0,invalid, ... text=Upper,defaultCapable=true]
```

JButtonオブジェクトを生成して変数bに割り当てました。

このボタンを "Center" の位置に配置しましょう。

```
jshell> f.add("Center", b)
$18 ==> javax.swing.JButton[,0,0,0x0,invalid, ... text=Upper,defaultCapable=true]
```

validateメソッドを呼び出すとウィンドウの中央にボタンが表示されます（図6.9）。

```
jshell> f.validate()
```

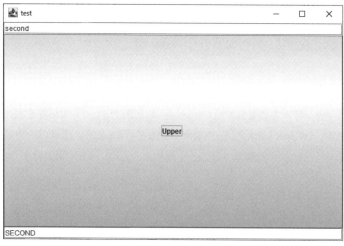

図6.9 ● ボタンを配置

　ボタンが表示されましたが、まだ何も処理を設定していないのでこのボタンを押しても何も
起きません。

　では、ボタンがクリックされたときの処理を設定してみましょう。ボタンがクリックされたと
きの処理を設定するのはaddActionListenerメソッドです。「addAc」まで入力して［Tab］キー
を押すと続きが入力されます。引数には次のように入力します。

```
jshell> b.addActionListener(ae -> t.setText(t2.getText().toUpperCase()))
```

　この時点では何も起きません。下側の入力領域に「hello」と入力してボタンをクリックすると、上側の入力領域に「HELLO」と表示されます（図6.10）。

図6.10 ● ボタンをクリックすると処理が実行

　このとき、ボタンの処理として ラムダ式 と呼ばれる書き方で渡しています。「ae」の部分はなんでもかまわないのですが、ここでは ActionEvent オブジェクトが渡されてくることになっているので頭文字を取って ae としています。

　ラムダ式は次のような形になっています。

構文	ラムダ式
変数名 -> 処理	

　「必要なときにこの処理を呼び出してください」というときにラムダ式で処理を渡します。今回は、下部の入力領域への入力を大文字にして上部に表示するという処理を、ボタンが押されたときの処理として addActionListener メソッドで渡しています。addActionListener メソッドの時点では何も起きません。

　ラムダ式については第10章の「10.2.3　ラムダ式」や第11章の「11.2　ラムダ式とメソッド参照」で詳しく説明します。

6.1.6 クラスとオブジェクト、インスタンス

　GUI部品だけではなく、文字列や日付などもオブジェクトだという話をしました。文字列は String クラスのオブジェクト、日付は LocalDate クラスのオブジェクトです。クラスはデータ

のルールを決める仕組みです。そしてクラスに基づいて作成されたデータをオブジェクトといいます。

　クラスから見たときのオブジェクトをインスタンスといいます。インスタンスは実体という意味です。オブジェクトはクラスの実体ということです。オブジェクトを生成することをインスタンス化といいますが、「実体化」というほうがわかりやすいかもしれません（**図6.11**）。

図6.11 ● クラスとオブジェクト、インスタンス化

　StringやLocalDateの値はオブジェクトだと言われてもわかりにくいかもしれません。オブジェクトというのはモノという意味ですが、「2021年9月14日」という日付をモノだといわれても大げさな感じがあります。一方で、JFrameやJButtonのオブジェクトには、値ではなくモノという感じがありますね。

6.1.7　参照を扱う

　ここまでは、2つの入力領域のオブジェクトをそれぞれ1つの変数で扱っていました。変数tと変数t2は別の入力領域を保持しています。それでは、2つの変数で1つのオブジェクトを扱うようにするとどうなるでしょうか。

　変数tcopyに変数tが保持する値を割り当てます。

```
jshell> var tcopy = t
tcopy ==> javax.swing.JTextField[,0,0,584x20,layout=javax.s ... alAlignment=LEADING]
```

　まずは変数tに対してsetTextメソッドを呼び出して文字列を設定してみます。

```
jshell> t.setText("Hello copy")
```

上側の入力領域に「Hello copy」が表示されましたね（**図6.12**）。

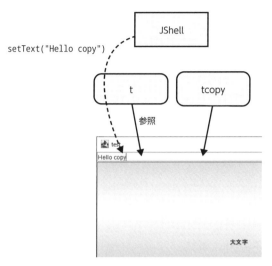

図6.12 ●「Hello copy」になる

次に、変数tcopyに対してsetTextメソッドを呼び出して文字列を設定してみます。

```
jshell> tcopy.setText("Hello original")
```

同じ入力領域に今度は「Hello original」が表示されました（**図6.13**）。

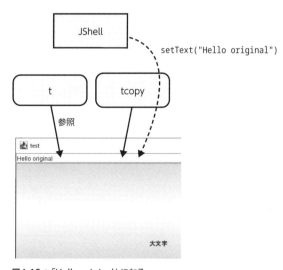

図6.13 ●「Hello original」になる

念のため、元の変数 t で getText を呼び出して文字列の確認をしてみましょう。

```
jshell> t.getText()
$22 ==> "Hello original"
```

変数 t と変数 tcopy が同じオブジェクトを扱っていることがわかると思います。どちらの変数を使って setText メソッドを呼び出しても、同じオブジェクトに対して操作を行ったことがわかります。

　オブジェクトを扱う変数は、オブジェクトの参照といわれるものを持ちます。参照はオブジェクトに割り当てられた番号で、オブジェクト自体を表し、オブジェクトごとに違う値になります。そのため、オブジェクトを扱う型を参照型と呼びます。

　ただ、日本語での「参照」は「他のものと照らせ合わせてみること」のような動作を表す言葉なのであまりしっくりきません。実際に扱われるのは「オブジェクトを参照するための番号」なので、この項では「参照 ID」と呼ぶようにします。

　オブジェクトを扱う変数に割り当てられるのは参照 ID なので、別の変数に値を割り当てたときにコピーされるのも参照 ID です。次のようにしたときに変数 t から変数 tcopy に渡されたのは、入力領域を示す参照 ID です。

```
var tcopy = t
```

　そのため、変数 t も変数 tcopy も同じ参照 ID を持つ入力領域を扱うようになりました。

　整数を表す int 型など基本型では、参照 ID は持ちません。次のようにすると、変数 i2 が持つ整数値が変数 i1 に渡されます。

```
var i1 = i2
```

6.2　画面に絵を描いてみる

　Swing を使って図形の描画を行ってみましょう。

6.2.1　ウィンドウの準備

　まず、前節と同じようにウィンドウを用意します。ここまでのサンプルに続けて実行しても、JShell を起動しなおして改めてここから始めても大丈夫です。

```
jshell> import javax.swing.*

jshell> var f = new JFrame("drawing")
f ==> javax.swing.JFrame[frame0,0,0,0x0,invalid,hidden, ... neCheckingEnabled=true]

jshell> f.setVisible(true)
```

前回と同様、左上に小さくウィンドウが表示されます（図6.14）。

図6.14 ● ウィンドウが表示される

　描画した図形を表示する領域を用意します。図形表示領域を用意する方法はいくつかありますが、ここではJLabelクラスを使って図形を表示します。「ラベル」というとGUIコンポーネントとしては文字を表示することが主な機能ですが、JLabelではアイコン画像を表示できるようになっているので、画像を表示するときにこの仕組みが使えます。

　まずJLabelオブジェクトを用意します。

```
jshell> var label = new JLabel("test")
label ==> javax.swing.JLabel[,0,0,0x0,invalid, ... rticalTextPosition=CENTER]
```

用意したJLabelオブジェクトをウィンドウに配置します。

```
jshell> f.add(label)
$6 ==> javax.swing.JLabel[,0, ... calAlignment=CENTER,verticalTextPosition=CENTER]
```

　packメソッドを呼び出すと、配置されたコンポーネントに合わせてウィンドウのサイズが調整されます。

```
jshell> f.pack()
```

ウィンドウの中にラベルが配置されて「test」が表示されます（図6.15）。

図6.15 ● testが表示される

6.2.2 画像の準備

続いて、画像の準備をします。画像はjava.awt.image.BufferedImageクラスで扱います。ここでパッケージ名に使われているAWTはSwingの前に使われていたGUIフレームワークで、Swingでも描画処理にはjava.awtパッケージのクラスを使います。

```
jshell> import java.awt.image.BufferedImage

jshell> var image = new BufferedImage(600, 400, BufferedImage.TYPE_INT_RGB)
image ==> BufferedImage@3bfdc050: type = 1 ... 0 yOff = 0 dataOffset[0] 0
```

BufferedImageクラスのコンストラクタには画像の幅、高さ、種類を指定します。種類は色情報をどのように扱うかの指定ですが、画面に描画するだけの場合はBufferedImage.TYPE_INT_RGBで問題ないと思います。

画像の用意ができたらアイコンとしてJLabelに設定します。ImageIconは画像をアイコンとして扱うためのクラスです。

```
jshell> label.setIcon(new ImageIcon(image))
```

ラベル部分が黒くなりました（図6.16）。

図6.16 ● ラベル部分が黒くなる

packを実行すると、ウィンドウが画像のサイズに合わせて大きくなります。

```
jshell> f.pack()
```

黒く塗りつぶされた画像の右のほうに「test」というラベルが表示されています（図6.17）。

図6.17 ● ウィンドウが大きくなる

6.2.3 図形の描画

この画像に描画処理を行いたいのですが、Javaでの図形描画はGraphicsオブジェクトに対して行うので、まずはcreateGraphicsメソッドでオブジェクトを取得します。

```
jshell> var g = image.createGraphics()
g ==> sun.java2d.SunGraphics2D[font=java.awt.Font[ ... .Color[r=255,g=255,b=255]]
```

実際の変数の型はjava.awt.Graphics2Dクラスになります。

```
jshell> /v g
|    java.awt.Graphics2D g = sun.java2d.SunGraphics2D[font=java.awt ... b=0]]
```

それではこの画像に直線を引いてみましょう。直線を引くにはdrawLineメソッドを使います。

```
jshell> g.drawLine(0,0, 600,400)
```

drawLineメソッドには引数を始点X座標、始点Y座標、終点X座標、終点Y座標の順に指定します。ここでも画面の左上が(0,0)で、右にいくに従ってX座標が大きくなり、下にいくに従ってY座標が大きくなっています。JLabelオブジェクトに対してrepaintメソッドを呼び出して再描画を行うと白い線が現れます（図6.18）。

```
jshell> label.repaint()
```

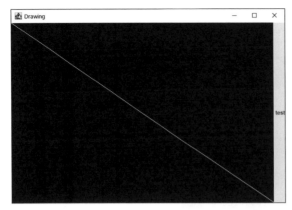

図6.18 ● 直線が引かれる

　Graphicsクラスには表6.2に挙げているメソッドが用意されています。実際にはここでは
Graphics2Dクラスが使われていてもっと高度な描画処理が行えますが、この本では扱いま
せん。

表6.2 ● Graphicsクラスのメソッド

メソッド名	説明
drawLine	直線を描画する
drawString	文字列を描画する
drawRect	四角を描画する
drawOval	楕円を描画する
fillRect	塗りつぶした四角を描画する
fillOval	塗りつぶした楕円を描画する
setColor	描画の色を決める

　色を指定してみましょう。色はjava.awt.Colorクラスで表現します。setColorメソッドで
描画色を指定します。

```
jshell> g.setColor(java.awt.Color.RED)
```

　それではfillRectメソッドで四角を描いてみましょう。

```
jshell> g.fillRect(300, 200, 150, 100)

jshell> label.repaint()
```

　　赤い四角が描かれたと思います。fillRectメソッドには左上のX座標、Y座標と幅、高さを
指定します（**図6.19**）。

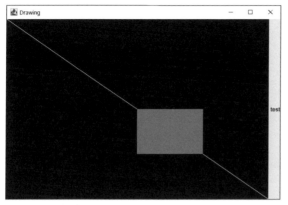

図6.19 ● 赤い四角が描画される

練習

1.　左下から右上に向かって直線を描いてみましょう。
2.　`g.setColor(Color.BLUE)`として色が指定できるように`java.awt.Color`クラスの
　　importを行ってみましょう。
3.　青く塗りつぶされた円を描いてみましょう。

6.3　Javaの基本文法

　　ここまでJShellを使っていろいろ試してきましたが、ウィンドウ表示でやったことを1つの
Javaプログラムとしてまとめてみましょう。第2章の「2.3.3　クラスの作成」で説明したように
クラスの作成を行います。ここでは「projava.SampleForm」というクラス名にします。各行の
末尾に「;」（セミコロン）が付いていることに注意してください。import文は自分で入力する
必要はありません。補完を使いながら入力すると自動的に挿入されていきます。

　　「public static〜」の行は「main」＋[Tab]キーで入力できます。必要に応じて第2章の「2.3
最初のプログラムを書いてみよう」を振り返りながら、IntelliJ IDEAの機能を使って省力化し
ながら入力してください。

■src/main/java/projava/SampleForm.java

```java
package projava;

import javax.swing.JButton;
import javax.swing.JFrame;
import javax.swing.JTextField;

public class SampleForm {

    public static void main(String[] args) {
        var frame = new JFrame("test");
        frame.setSize(600, 400);
        frame.setDefaultCloseOperation(JFrame.EXIT_ON_CLOSE); ——————————— ❶

        var text1 = new JTextField();
        frame.add("North", text1);

        var text2 = new JTextField();
        frame.add("South", text2);

        var button = new JButton("大文字");
        frame.add(button);

        button.addActionListener(ae ->
                text2.setText(text1.getText().toUpperCase()));

        frame.setVisible(true);
    }
}
```

IntelliJ IDEAの画面ではメソッドの引数の名前が表示されるようになっています（**図6.20**）。そのおかげで引数の意味がわかりやすくなっています。

```
import javax.swing.*;

public class SampleForm {
    public static void main(String[] args) {
        var frame = new JFrame( title: "test");
        frame.setSize( width: 600,   height: 400);
        frame.setDefaultCloseOperation(JFrame.EXIT_ON_CLOSE);

        var text1 = new JTextField();
        frame.add( name: "North", text1);

        var text2 = new JTextField();
        frame.add( name: "South", text2);

        var button = new JButton( text: "大文字");
        frame.add(button);
```

図6.20 ● IntelliJ IDEAではエディタ内でメソッドの引数の名前が表示される

［Ctrl］＋［Shift］＋［F10］（［Control］＋［Shift］＋［R］）キーを押すか、右クリックして［Run Basic.main］を選択することでプログラムを実行します。「大文字」と書かれたボタンがウィンドウに表示されます（**図6.21**）。

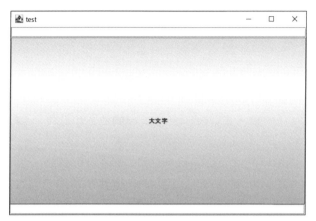

図6.21 ● 実行結果

ソースコードを見ていきましょう。JShellのときになかった次の1行が入っています（❶）。

```
frame.setDefaultCloseOperation(JFrame.EXIT_ON_CLOSE);
```

これはウィンドウが閉じたときにプログラムを終わらせる指定です。JShellでこの行を実行すると、ウィンドウを閉じたときにJShell自体がリセットされてしまうので入れていませんでした。プログラムとして実行する場合には、この指定を忘れるとウィンドウを閉じてもプログラムが終わらないという状態になります。

プログラムが正しく終わった場合には**図6.22**のような表示になります。

図6.22 ● プログラム終了時

ウィンドウを閉じても「プロセスは終了コード0で終了しました（Process finished with exit code 0）」というメッセージが表示されない場合は、左端の［停止（Stop）］ボタンをクリックすると強制終了します（**図6.23**）。

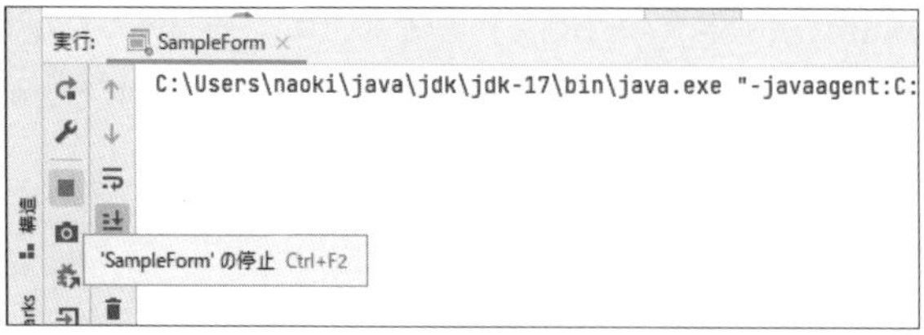

図6.23 ● [停止] ボタン

6.3.1　Javaの文法

ソースコードとして Java のプログラムを書く場合に必要になる文法を確認していきましょう。

パッケージ宣言

Java のプログラムは package 宣言から始まります。パッケージに属さないクラスではこの行
は不要ですが、原則としてクラスはなんらかのパッケージに含めるようにしましょう。パッケー
ジ名はすべて小文字にします。サブパッケージ (パッケージ内のパッケージ) がある場合は「.」
で区切ります。

```
package projava;
```

IntelliJ IDEA ではクラスの作成や移動時に package 宣言が自動的に設定されるので、なるべ
く自分では編集しないようにしましょう。Java のプログラムは拡張子が .java のファイルに書き
ます。そのときの保存先フォルダはパッケージに対応している必要があります。これも IntelliJ
IDEA に任せるほうが間違いが起きにくくなります。

import文

パッケージ宣言の次には import 文を書きます。

```
import javax.swing.*;
```

IntelliJ IDEA では javax.swing パッケージと java.awt パッケージでは * を使ってまとめて
import する設定になっています。今回のソースコードでは次のように個別に import 文を使っ
て書いていますが、これは本を読むときにどのクラスがどのパッケージに属しているかわかり
やすくするためです。

```
import javax.swing.JButton;
import javax.swing.JFrame;
import javax.swing.JTextField;
```

クラス宣言

　ここからがJavaのプログラムの本体になります。Javaのプログラムはclassかそれに相当するもので囲まれます。ここではclassを指定してSampleFormという名前のクラスを作っています。Javaのソースコードはこのクラス名に拡張子 .javaを付けた名前のファイルに保存します。

```
public class SampleForm {
```

　クラス名は大文字で始めて小文字で書き、単語の区切りは大文字にします。クラスについては第14章「クラスとインタフェース」で解説しますが、Javaの文法の大部分はクラスについての解説でもあるので、第2部、第3部でも少しずつ説明しています。

　Javaのプログラムでコードのまとまりは「{」と「}」（中カッコ）で囲みます。

```
public class SampleForm {
    public static void main(String[] args) {
        ...
    }
}
```

　このとき、開始の中カッコ「{」は原則としては行末に、閉じ中カッコ「}」は原則として単独の行に記述します。また、「{」の次の行からは字下げを1段深くして「}」で戻します。この字下げのことを「インデント」といいます。インデントはスペース4個で1段の字下げにします。

メインメソッド

　Javaのプログラムはmainメソッドから始まります。

```
public static void main(String[] args) {
```

　この行に関しては「このように書かれたところからJavaのプログラムが呼び出される」と覚える必要があります（筆者はこれを何も見ずに書けるようになったときにJavaに馴染んだ感じがしました）。ただ、IntelliJ IDEAに限らずどのJava IDEでも「main」＋[Tab]キーの押下で補完されるので、細かく覚えて入力する機会はあまりありません。

1行はセミコロンまで

　さて、ここからようやく処理を書くことができます。JShellに入力していたときとの違いは、行末に「;」（セミコロン）が入ることです。

Javaのプログラムは「;」で行を区切ります。

```
var frame = new JFrame("test");
```

　Javaでは改行は見た目だけの問題で、「;」までは1行とみなされます。Javaのプログラムではスペースと改行は区切り文字とみなされて、単語や記号の区切りの位置であれば好きなように入れてかまいません。

　そして、書かれた処理で一番重要なことは、「処理は上から下に1行ずつ順に実行される」ということです。これを処理の逐次実行といいますが、プログラムの最も基本になる処理順です。JShellで1行ずつ実行したことを思い起こすとわかりやすいのではないでしょうか。

コーディング規約

addActionListenerメソッドの行ではラムダ式の途中で改行しています。

```
button.addActionListener(ae ->
        text2.setText(text1.getText().toUpperCase()));
```

　行を途中で改行する場合にはインデント2つ分の字下げを行います。

　インデントや改行のルールは文法の決まりごとではないので、守らなくてもプログラムの実行には影響ありません。しかし例えば今回のコードが次のように書かれていたらどうでしょうか？

```
public class SampleForm {public static void main(String[] args
) {var frame = new JFrame("test");frame.setDefaultCloseOperation
(JFrame.EXIT_ON_CLOSE);frame.setSize(600,400);var text1 = new
JTextField();frame.add("North",text1);var text2 = new JTextField()
;frame.add("South", text2);var button = new JButton("大文字");
frame.add(button);button.addActionListener(ae ->text2.setText(
text1.getText().toUpperCase()));frame.setVisible(true);}}
```
`Java`

　一目ではどのようなコードが書かれているかわかりにくくなりました。たしかにJavaにとっては改行やスペースはどのように入っていてもかまいませんが、ぼくたちはJavaではありません。Javaプログラマー間で共通のルールで改行やインデントを行うほうが、コードを読むときに考えることが減ります。そのようなコード整形などの共通ルールをコーディング規約といいます。コーディング規約に沿ってコードを書くようにしましょう。

　コードのまとまりごとに空行を入れるのも理解に役立ちます。

　「{」の前にスペースを入れて後ろで改行する、「,」のあとにスペースを入れる、+や=など演算子の前後にスペースを入れるといったルールもありますが、IntelliJ IDEAではメニューか

ら［コード（Code）］→［コードの整形（Reformat Code）］を選択するか［Ctrl］＋［Alt］＋［L］
（［Option］＋［Command］＋［L］）キーを押すと自動的に整形されます。特に他の人とコードを
共有するときには適用しておくといいでしょう。

名前の付け方のガイドライン

　クラスやメソッド、変数の名前のルールも決まっています。こういった名前の付け方のルー
ルを命名規則といいます。主な命名規則は**表6.3**のとおりです。

表6.3 ● 主な命名規則

要素	ルール	例
クラス	単語の頭は大文字、それ以外は小文字 （アッパーキャメルケース）	String、SampleForm、LocalDate
メソッド	単語の頭は大文字、それ以外は小文字。ただし先頭の 文字は小文字 （ロワーキャメルケース）	main、setSize、getText
変数	メソッドと同じルール	button、sampleText
定数	すべて大文字、単語と単語はアンダースコアで区切る	BLUE、TYPE_INT_RGB、EXIT_ON_CLOSE
パッケージ	小文字	projava、javax.swing

　クラス名やメソッド名のように単語の先頭を大文字であとは小文字で書く規則を「キャメル
ケース」といいますが、これは大文字部分がラクダ（Camel）のコブのようだからということ
です。
　命名規則はプログラミング言語ごとに標準的なものがあり、適切な命名規則で名前を付けら
れているかどうかは言語の習熟度を表す指標になるので、早めに慣れるようにしましょう。

練習

1. 「my bag」をクラス名にするとしたらどうなるか考えてみましょう。
2. 「my bag」を変数名にするとしたらどうなるか考えてみましょう。
3. 「get bag」をメソッド名にするとしたらどうなるか考えてみましょう。
4. 「画面に絵を描いてみる」でやったことをプログラムにしてみましょう。

6.3.2　入力エラーの対処

　入力を間違えたとき、IntelliJ IDEA はエラーが見つかった場所の表示を強調して教えてくれ
ます。また、［F2］キーを押すとエラーの場所に入力カーソルが移動します。

例えばセミコロン（;）を忘れると、下線が引かれます（**図6.24**）。

```
public class SampleForm {
    public static void main(String[] args) {
        var frame = new JFrame( title: "test")
        frame.setSize( width: 600, height: 400);
        frame.setDefaultCloseOperation(JFrame.EXI
```

図6.24 ● セミコロンがないときの表示

この下線部分にカーソルを持っていくとエラーの内容が表示されます。セミコロンが必要というエラーになっています（**図6.25**）。

```
public class SampleForm {
    public static void main(String[] args) {
        var frame = new JFrame( title: "test")
        frame.setSize( width: 600,  height: 400    ';' が必要です                    ⋮
        frame.setDefaultCloseOperation(JFra
                                             ; の挿入  Alt+Shift+Enter    その他のアクション...  Alt+Enter
        var text1 = new JTextField();
```

図6.25 ● エラー箇所にカーソルを持っていくとエラー内容が表示される

ここで電球アイコンをクリックするか、［Alt］＋［Enter］（［Option］＋［Return］）キーを押すと修正の提案が表示されます（**図6.26**）。ここでは「;の挿入（Insert ;）」という提案が出ているので、そのまま選択するとセミコロンが入力されてエラーが解消します。

```
public class SampleForm {
    public static void main(String[] args) {
        var frame = new JFrame( title: "test")
        frame.setSize( width: 600,  height: 400    ; の挿入                     >
        frame.setDefaultCloseOperation(JFra   Ctrl+Q を押すとプレビューを開きます
```

図6.26 ● 修正の提案

実際には、セミコロンがないというエラーが出た場合、閉じカッコが多いなど記号やキーワードのミスということも多く、セミコロンは関係ないことも少なくありません。その場合はエラーが出ている箇所の前に注意してください。**図6.27**では「.」がスペースになっています。

```
    public static void main(String[] args) {
        var frame = new JFrame( title: "test");
        frame setSize(600, 400);
        frame.setDefa    ';' が必要です                    ⋮
                          ; の挿入  Alt+Shift+Enter    その他のアクション...  Alt+Enter
        var text1 = n
```

図6.27 ● セミコロンとは関係ないセミコロンエラー

変数名やクラス名を間違えると赤文字で強調表示されます（図6.28）。

```
public class SampleForm {
    public static void main(String[] args) {
        var frame = new JFrame( title: "test");
        frme.setSize(600, 400);
        frame.setDefaultCloseOperation(JFrame.EXIT_ON_CLOSE);
```

図6.28 ● 変数名を間違えている

　エラーは「シンボル 'frme' を解決できません（Cannot resolve symbol 'frme'）」となっています。ただ、この表示は少し気づきにくく、特にこの紙面では判別がつきにくくなっているかもしれません。色覚多様性向けの設定をすると下線が引かれるようになるので、この本の画面キャプチャではこの設定を使っています。

　［Ctrl］＋［Alt］＋［S］（［Command］＋［,］）キーで［環境設定］を開いて検索に「赤緑」、英語設定の場合は「green」を入力すると見つかる［赤緑色覚多様性の方のために色を調整する（Adjust colors for red-green color vision deficiency）］という項目にチェックを入れてIDEを再起動すると、シンボル名のエラーで下線が引かれるようになります（図6.29）。

図6.29 ● エラーで下線が引かれるようになる設定

　図6.30のように下線が引かれるようになりました。

```
public class SampleForm {
    public static void main(String[] args) {
        var frame = new JFrame( title: "test");
        frme.setSize(600, 400);
        frame.setDefaultCloseOperation(JFrame.EXIT_ON_CLOSE);
```

図6.30 ● エラーで下線が引かれる

　ところで、図6.31のように宣言部分で入力ミスをすると、利用部分の入力が正しくてもエラーになります。

ここではbuttonの「t」が1つ抜けています。

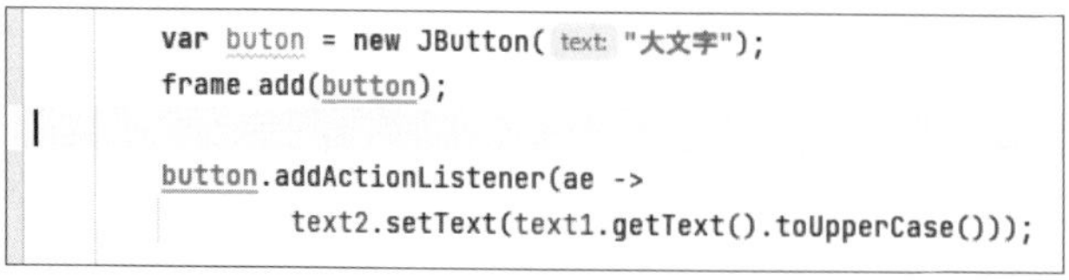

```
var buton = new JButton( text: "大文字");
frame.add(button);

button.addActionListener(ae ->
        text2.setText(text1.getText().toUpperCase()));
```

図6.31 ● 宣言のミス

この場合、宣言部はグレーで表示されて、変数がどこにも使われていないという警告になります（図6.32）。

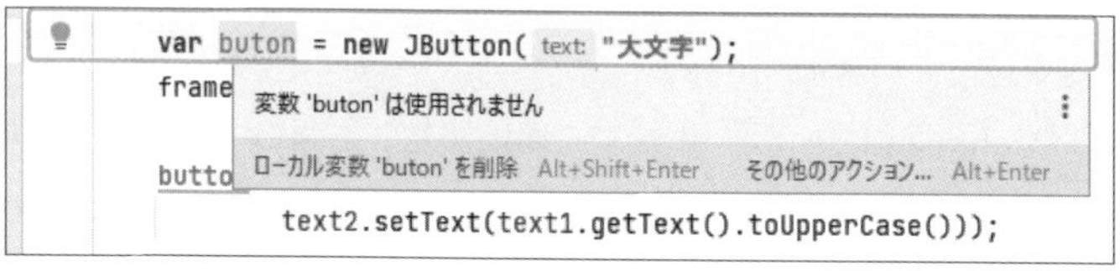

```
var buton = new JButton( text: "大文字");
frame
          変数 'buton' は使用されません                      ⋮
butto     ローカル変数 'buton' を削除 Alt+Shift+Enter   その他のアクション… Alt+Enter
             text2.setText(text1.getText().toUpperCase()));
```

図6.32 ● どこにも使われていないという警告

ここでは利用部分で正しく入力しているのでエラーになっていますが、補完を使って入力しているとスペルミスのままコードを完成させてしまってミスに気がつかず、あとで別の人が気づいて少し恥ずかしくなる、ということもあります。宣言部のミスは見つかりにくいので気をつけましょう。

図6.33では「.」（ドット）が「,」（カンマ）になっています。リストではカンマの後ろには必ずスペースを入れているので参考にしてください。ドットの場合は後ろにスペースは入りません。

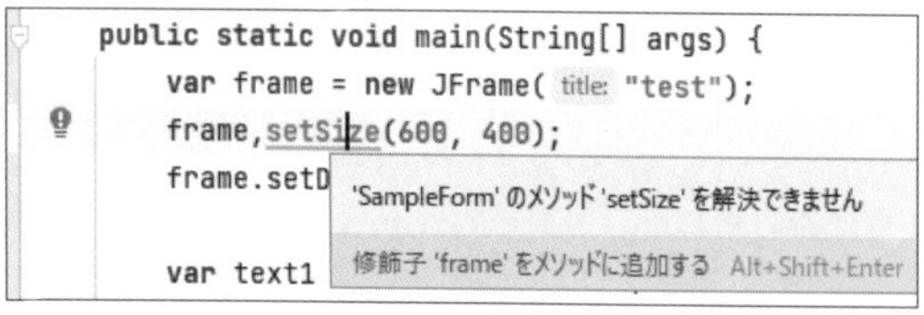

```
public static void main(String[] args) {
    var frame = new JFrame( title: "test");
    frame,setSize(600, 400);
    frame.setD
                'SampleForm' のメソッド 'setSize' を解決できません
    var text1   修飾子 'frame' をメソッドに追加する  Alt+Shift+Enter
```

図6.33 ● ドットがカンマになっている

日本語の混ざったコードを入力するときにやりがちなのが、「"」などの記号をそのまま全角で入力することです（図6.34）。

```
var button = new JButton("大文字");
frame.add(button);
                              文字列リテラルの行末が不正です
```

図6.34 ● 全角のまま「"」を入力したときのエラー

「コードは合っているように見えるけどよくわからないエラーが出る」というときは気をつけてください。

特に、全角スペースが入ると見た目にはわかりにくいですが、次のように不正な文字「U+3000」が入っているというエラーになります（図6.35）。

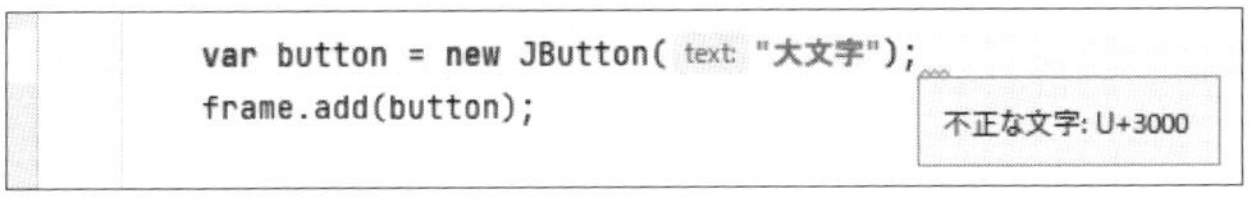

var button = new JButton(text: "大文字");
frame.add(button);
不正な文字: U+3000

図6.35 ● 全角スペースのエラー

中カッコの対応ミスの場合、よくわからないところで、よくわからないエラーが表示されます（図6.36）。

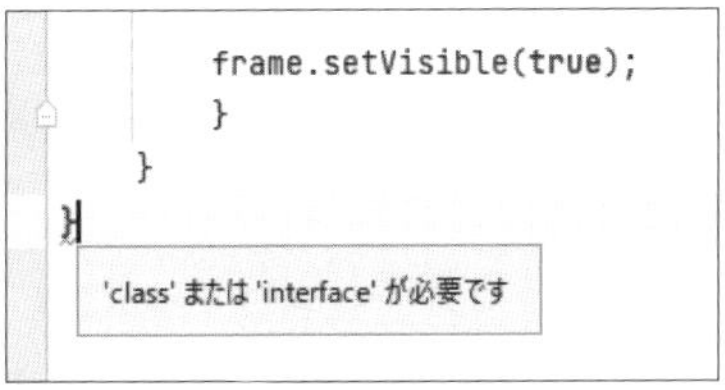

frame.setVisible(true);
}
}
}}
'class' または 'interface' が必要です

図6.36 ● よくわからないエラー

ここでは「classかinterfaceが欲しい」というエラーが出ていますが、閉じカッコが1つ多いだけです。IntelliJ IDEAではカッコに入力カーソルを持っていくと対応するカッコが強調表示されます。カッコの対応が取れているか気をつけましょう。

6.3.3 IntelliJ IDEAを使わずに実行する

最後に、入力したプログラムをIntelliJ IDEAを使わずコマンドラインで実行してみましょう。エディタのタブを右クリックして、メニューから［パス/参照のコピー（Copy Path/Reference）...］を選択します（図6.37）。

SampleFor
閉じる(C)
Ctrl+F4
他のタブを閉じる(O)
すべてのタブを閉じる(A)
パス/参照のコピー...
右に分割
下に分割

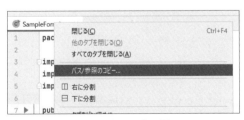

図6.37 ● ［Copy Path/Reference］を選択

［コピー］メニューから［絶対パス（Absolute Path）］を選択します（図6.38）。

図6.38 ● ［絶対パス（Absolute Path）］を選択

　第3章の「3.1.1　ターミナルの起動」を参考に、コマンドプロンプトやターミナルを開いてください。ここではIntelliJ IDEAを使わないことがテーマなので、IntelliJ IDEA内のターミナルではなくWindowsのコマンドプロンプトやmacOSのターミナルを開きましょう。

　コマンドラインに「java」と入力してスペースを入れたあと［Ctrl］＋［V］（［Command］＋［V］）キーを押します。

```
C:\Users\naoki> java C:\Users\...\SampleForm.java
```
コマンドプロンプト

　ソースファイルの場所が貼り付けられるので、［Enter］キーを押すと実行されます。javaコマンドはJavaのプログラムを実行するコマンドです。1ファイルに収まるプログラムの場合は、ソースコードの場所を渡すとそのまま実行できます。

　もし図6.39のようにボタンが文字化けする場合は、「-Dfile.encoding=utf-8」をjavaコマンドの後ろに入れてください。

図6.39 ● 文字化けしている

```
C:\Users\naoki> java -Dfile.encoding=utf-8 C:\Users\...\SampleForm.java
```
コマンドプロンプト

　もしウィンドウを閉じてもコマンドが終了せず、ターミナルに入力制御が戻ってこないときはsetDefaultCloseOperationメソッドの行が抜けていないか確認してください。

Javaの文法

これまで見てきたプログラムは、基本的に上から順にコードが動いていました。多くのプログラムでは、条件によってコードを動かしたり動かさなかったりといった切り替えが必要になります。この章では、コードを切り替えるときの条件になる論理型と、実際にコードを切り替えるための条件分岐の構文を勉強します。

7.1　論理型

　プログラムの中で、値についていろいろな判定が必要になることがあります。このとき、判定の結果になるのが論理型です。

　では早速、JShellで "test".contains("es") を試してみましょう。

```
jshell> "test".contains("es")
$1 ==> true
```

　trueが返ってきています。containsメソッドは文字列が含まれているかどうかを判定します。文字列が含まれているときにはtrueが返ります。testにはesが含まれているので、trueが表示されたわけです。

　今度は文字列が含まれない場合を見てみましょう。

```
jshell> "test".contains("a")
$2 ==> false
```

　今度はfalseが返ってきました。containsメソッドは文字列が含まれていないときにはfalseを返します。

このような true や false は boolean 型になっていて、論理型とか真偽型と呼ばれます。true が「真」や「成り立つ」ということを表し、false が「偽」や「成り立たない」ことを表します。boolean 型はこの 2 つの値だけをとります。

練習

1. 「test」に「st」が含まれているかどうか contains メソッドで確認してみましょう。

7.1.1　値の比較

値の判定として代表的なものが数値の比較です。数値の比較の結果も boolean 型で返されます。例えば「<」で左の値が右の値より小さいことを確認できます。

```
jshell> 3 < 4
$3 ==> true

jshell> 4 < 3
$4 ==> false
```

等しいかどうかは「==」で確認します。「=」が 1 つだけの場合には変数への割り当てになりますが、「=」を 2 つ重ねることで等値判定になります。

```
jshell> 4 == 4
$5 ==> true

jshell> 3 == 4
$6 ==> false
```

等しくないかどうかは「!=」で確認します。

```
jshell> 4 != 4
$7 ==> false

jshell> 3 != 4
$8 ==> true
```

「!」は「エクスクラメーション」ですが、だいたい「びっくり」とか「ノット」と呼んで、「!=」は「びっくりイコール」とか「ノットイコール」と呼びます。

比較で使う演算子を比較演算子といいます。比較演算子には表 7.1 のようなものがあります。

表7.1 ● 比較演算子

比較演算子	説明
==	等しい
!=	異なる
<	より小さい(等しいものを含まない)
>	より大きい(等しいものを含まない)
<=	以下(等しいものを含む)
>=	以上(等しいものを含む)

練習

1. 12と35を<演算子を使って大小比較を行ってみましょう。
2. 12と35を<=演算子を使って等しいかどうか比較を行ってみましょう。
3. 12と35を==演算子を使って等しいかどうか比較を行ってみましょう。
4. 12と35を!=演算子を使って等しいかどうか比較を行ってみましょう。

7.1.2 オブジェクトの大小比較

比較演算子での比較ができるのは基本型だけで、文字列などのオブジェクトでは比較演算子での比較はできません。

```
jshell> "apple" > "grape"
|   エラー:
|   二項演算子 '>' のオペランド型が不正です
|     最初の型: java.lang.String
|     2番目の型: java.lang.String
|   "apple" > "grape"
|   ^---------------^
```

文字列などオブジェクトを比較するときにはcompareToメソッドを使います。

```
jshell> "apple".compareTo("banana")
$9 ==> -1
```

compareToメソッドでは、「<」が成り立つような関係では負の値、「>」が成り立つような関係では正の値、等しいとみなせる場合には0が返ります。

日付時刻でも compareTo メソッドを使って比較ができます。

```
jshell> var today = LocalDate.now()
today ==> 2021-09-24

jshell> var java17 = LocalDate.of(2021, 9, 14)
java17 ==> 2021-09-14

jshell> today.compareTo(java17)
$12 ==> 10
```

また、日付時刻では isBefore メソッドや isAfter メソッドで前後の判定ができます。

```
jshell> today.isAfter(java17)
$13 ==> true

jshell> today.isBefore(java17)
$14 ==> false
```

JFrame のウィンドウのように、何をもって大小を判定するか決められないクラスは compareTo メソッドを持っていないので、単純な比較はできません。

練習

1. "test" と "TEST" を compareTo メソッドで比較してみましょう。
2. 今日の日付と2022年3月15日を compareTo メソッドで比較してみましょう。
3. 今日の日付が2022年3月15日よりも前かどうか isBefore メソッドで確認してみましょう。

7.1.3　オブジェクトが等しいかどうかの比較

文字列などオブジェクトが等しいかどうかを == 演算子や != 演算子で比較することもできます。

```
jshell> "test" == "test"
$15 ==> true

jshell> "test" == "TEST"
$16 ==> false
```

ただ、== 演算子や != 演算子を用いたオブジェクトの比較には注意が必要です。

toLowerCaseメソッドを使って小文字の「test」という文字列を得ておきます。

```
jshell> var str = "TEST".toLowerCase()
$17 ==> "test"
```

この文字列が「test」であるかどうか==演算子で確認してみましょう。

```
jshell> str == "test"
$18 ==> false
```

変数strが「test」という文字列を保持しているのに、==演算子での「test」との比較がfalseになってしまいました。これは、文字列などオブジェクトの==演算子による比較は、「同じオブジェクトであるか」という比較であって「同じ値であるか」という比較ではないためです。
　オブジェクトの示す値が等しいかどうかを判定するにはequalsメソッドを使います。

```
jshell> str.equals("test")
$19 ==> true
```

今度はtrueが返ってきました。
　日付時刻の場合も同様です。変数java17が保持している2021年9月14日に5日足した結果が2021年9月19日であるかどうか、==演算子で確認してみます。

```
jshell> java17.plusDays(5) == LocalDate.of(2021, 9, 19)
$20 ==> false
```

やはりfalseとなってしまいました。それではequalsメソッドで比較してみます。

```
jshell> java17.plusDays(5).equals(LocalDate.of(2021, 9, 19))
$21 ==> true
```

ここでtrueが返ってきました。イメージがつかめるまでは難しいと思うので、最初は「オブジェクトの比較は==ではなくequals」と覚えておきましょう。

練習

1.　文字列「hello」にtoUpperCaseメソッドを呼び出した結果が「HELLO」であるかどうか確認してみましょう。
2.　2021年9月14日をLocalDateで表したときに、plusDaysメソッドで10日足した結果が2021年9月24日であるかどうか確認してみましょう。

7.1.4　論理演算子

比較を組み合わせる場合は論理演算子を使います。論理演算子は論理型同士の演算です。

論理和

どちらかの条件が成り立てばいいときに使うのが ||演算子です。| は「パイプ」とか「縦棒」と呼びますが、筆者は個人的に心の中では英語のorで「オア」と呼んでいます。日本語では「または」になります。

次のように、どちらかがtrueであればtrueを返します。

```
jshell> true || false
$22 ==> true
```

どちらもfalseのときだけfalseを返します。

```
jshell> false || false
$23 ==> false
```

この演算を「論理和」といいます。まとめると**表7.2**のようになります。

表7.2 ● 論理和

	true	false
true	true	true
false	true	false

論理積

どちらも成り立つときに使うのが &&演算子です。& は「アンパサンド」といいますが、ほとんどの場合「アンド」と呼びます。日本語では「且つ」になります。

次のように、両方trueの場合にtrueを返します。

```
jshell> true && true
$24 ==> true
```

どちらか片方でもfalseのときはfalseを返します。

```
jshell> true && false
$25 ==> false
```

この演算を「論理積」といいます。まとめると**表7.3**のようになります。

表7.3 ● 論理積

	true	false
true	true	false
false	false	false

数値の範囲を判定する

数値の範囲を判定する場合には、論理演算子で比較演算子を組み合わせる必要があります。例えば変数aに5を割り当てておきます。

```
jshell> var a = 5
a ==> 5
```

変数aの値が3から7の間に入っているかどうか確認してみましょう。3以上であることと7以下であることが同時に成り立つ必要があるので、「3 <= a」と「a <= 7」を&&で結びます。

```
jshell> 3 <= a && a <= 7
$27 ==> true
```

無事trueになりました。

次に、変数aに1を割り当てて試してみましょう。同じ式を実行するときは上矢印キーを押すと過去に入力したものが出てくるので、入力を省くことができます。

```
jshell> a = 1
a ==> 1

jshell> 3 <= a && a <= 7
$28 ==> false
```

今度はfalseになりました。

では、変数aに8を割り当てて試してみましょう。

```
jshell> a = 8
a ==> 8

jshell> 3 <= a && a <= 7
$30 ==> false
```

今度も false になりました。

　数値が範囲から外れていることを確認するときは || 演算子の出番になります。3よりも小さいか、7よりも大きいか、どちらかが成り立てば範囲外ということなので、「a < 3」と「7 < a」を || 演算子で結びます。変数 a に8が割り当てられた状態で次の式を実行してみます。

```
jshell> a < 3 || 7 < a
$31 ==> true
```

「7 < a」が成り立つので true が返ってきました。

変数 a に1を割り当てて試してみましょう。

```
jshell> a = 1
a ==> 1

jshell> a < 3 || 7 < a
$33 ==> true
```

「a < 3」が成り立つので true になります。

変数 a に5を割り当てて試してみます。

```
jshell> a = 5
a ==> 5

jshell> a < 3 || 7 < a
$35 ==> false
```

「a < 3」も「7 < a」も成り立たないので、false が返ってきます。

条件を反転させる

条件をひっくり返すのが ! 演算子です。次のように true と false が反転します。

```
jshell> !true
$36 ==> false

jshell> !false
$37 ==> true
```

　比較演算子の場合は逆の意味を表す演算子が用意されていますが、contains などメソッドの場合は逆の意味を表すものが用意されていないことが多いので、条件を反転させる場合には ! 演算子を使います。

```
jshell> !"test".contains("es")
$38 ==> false

jshell> !"test".contains("a")
$39 ==> true
```

7.1.5　条件演算子

比較演算子などで条件の判定ができたので、条件によって値を切り替えてみましょう。条件によって値を選ぶ場合には条件演算子が使えます。項が3つ必要な演算子ということで3項演算子と呼ばれることもあります。

条件演算子は次のような書き方になります。

構文　条件演算子
条件 ? 条件がtrueのときの値 ： 条件がfalseのときの値

実際に使ってみると次のようになります。

```
jshell> var a = 3
a ==> 3

jshell> a < 5 ? "small" : "big"
$41 ==> "small"
```

ここでは変数aの値は3なので「a < 5」という条件が成り立って "small" と表示されます。変数aに7を割り当てて試してみましょう。

```
jshell> a = 7
a ==> 7

jshell> a < 5 ? "small" : "big"
$42 ==> "big"
```

「a < 5」という条件が成り立たなくなって "big" と表示されます。条件演算子を組み合わせて、条件ごとに値を切り替えるということもあります。3より小さかったら "low"、3以上で7より小さかったら "middle"、7以上なら "high" と表示してみます。

```
jshell> a < 3 ? "low" : a < 7 ? "middle" : "high"
$43 ==> "high"
```

3

　JShellでは基本的には式の途中で改行できるのですが、条件演算子の場合は途中で改行するとエラーになるので1行で入力する必要があります。ソースコードに書くときに、改行を入れて書くと次のようになります。ここでは結果を変数messageに割り当てるようにしています。

```java
var message = a < 3 ? "low" :
              a < 7 ? "middle" :
                      "high";
```

　実際のプログラム中で条件演算子を組み合わせて使うときには、適切に改行しましょう。

7.2　if文による条件分岐

　条件演算子では条件によって値を切り替えましたが、条件によって処理を切り替えたいことがよくあります。その場合に使えるのがif文です。

7.2.1　if文

7

　まずif文の基本的な書き方を見てみます。条件分岐が入ると、コードが長くなり入力が面倒になってくるので、JShellではなくソースファイルとして記述することにします。
　「projava.IfSample」というクラスを作って次のコードを入力してください。
　「public static〜」の行は「main」と入力して［Tab］キーを押せば補完されるのでした。
　「System.out.println」は「sout」と入力したあとで［Tab］キーを押すと補完されます。

■src/main/java/projava/IfSample.java

```java
package projava;

public class IfSample {
    public static void main(String[] args) {
        var a = 2;
        if (a < 3) {
            System.out.println("小さい");
        }
    }
}
```

［Ctrl］＋［Shift］＋［F10］（［Control］＋［Shift］＋［R］）キーで実行すると、**図7.1**のような表示になります。

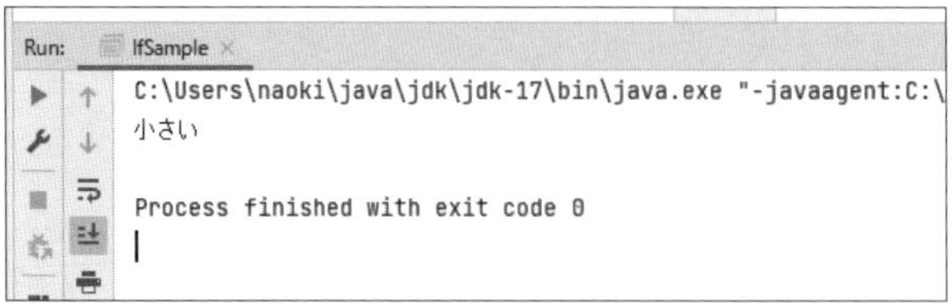

図7.1 ● IfSampleの実行結果

　最初の行は実行されたコマンド、最後の行はプログラムが正常終了したかどうかを表す結果です。今回のJavaのプログラムでの出力結果は、最初と最後の行を除いたものということになります。今回は、「小さい」というメッセージが表示されています。

　if文の書き方は次のようになります。

> **構文**　if文
>
> ```
> if (条件) {
>     条件が成り立ったときの処理
> }
> ```

　条件にはbooleanになる値を指定します。ここでは比較演算子<を使って変数aと3を比較した結果を条件として指定しています。

```
if (a < 3) {
```

　条件が成り立って結果がtrueになると、条件が成り立ったときの処理が実行されます。

```
System.out.println("小さい");
```

　ここではSystem.out.printlnというメソッドを使っていますが、これは文字列を表示するときに使われるメソッドです。条件が成り立ったときの処理は中カッコ「{ }」で囲みますが、処理が1行だけのときは中カッコを省くこともできます。ただ、処理が1行のときでもなるべく中カッコは書いたほうがいいでしょう。

　例えば今回の例を次のように中カッコを省いたとします。

```
if (a < 3)
    System.out.println("小さい");
```

ここで、「1行前にメッセージを追加したいな」と、次のように処理を追加します。

```
if (a < 3)
    System.out.println("3より");
    System.out.println("小さい");
```

しかしこれは、中カッコをつけると次のように書いたものと同じで、条件が成り立たなくても「小さい」は表示されてしまいます。

```
if (a < 3) {
    System.out.println("3より");
}
System.out.println("小さい");
```

冷静に考えると「そんな間違いしないだろう」と思うことをやってしまうのがウッカリミスです。そういったミスを防ぐためにもなるべく中カッコは書くようにするか、中カッコを省く場合は改行せず次のように1行で書くようにしましょう。

```
if (a < 3) System.out.println("小さい");
```

練習

1. 変数aに割り当てる値を変えて、表示が変わることを確認しましょう。

7.2.2　else句

先ほどのサンプルでは、変数aの値が3以上のときには何も表示されません。条件が成り立たなかったときに別の処理を行いたいことがあります。条件が成り立たなかった場合の処理を書くときにはelse句を使います。

先ほどのサンプルにelse句を付け加えると次のようになります。

■src/main/java/projava/IfSample.java

`Java`

```
package projava;

public class IfSample {
    public static void main(String[] args) {
        var a = 2;
        if (a < 3) {
            System.out.println("小さい");
        } else {
```

```
                System.out.println("大きい");
            }
        }
    }
```

実行してもこのコードでは前回同様に「小さい」と表示されますが、変数aの値を変えると値によって表示が切り替わります。

else句の書き方は次のようになります。

> **構文**　else句
>
> ```
> if (条件) {
>     条件が成り立ったときの処理
> } else {
>     条件が成り立たなかったときの処理
> }
> ```

else句は、if文の閉じ中カッコに続けて次のように書きます。

```
} else {
```

このサンプルでは、条件が成り立たなかったときの処理として「大きい」を表示するようにしています。

```
System.out.println("大きい");
```

> **練習**
>
> 1.　変数aに割り当てる値を変えてみて、表示が変わることを確認しましょう。

7.2.3　else if

最初のif文で条件が成り立たなかったら次のif文というように条件を絞っていく場合があります。この場合、「if-elseラダー」という書き方が使えます。「ラダー」というのはハシゴのことで、if文がハシゴのように積み重なることを表しています。

■src/main/java/projava/IfSample.java

```java
package projava;

public class IfSample {
```

```java
    public static void main(String[] args) {
        var a = 2;
        if (a < 3) {
            System.out.println("小さい");
        } else if (a < 7) {
            System.out.println("中くらい");
        } else {
            System.out.println("大きい");
        }
    }
}
```

実際には特別な構文があるわけではなく、else句のあとに新たにif文をつなげているだけです。

構文　else if

```
if (条件1) {
    条件1が成り立ったときの処理
} else if (条件2) {
    条件2が成り立ったときの処理
} else {
    どの条件も成り立たなかったときの処理
}
```

練習

1. 変数aに割り当てる値を変えてみて、表示が変わることを確認しましょう。

7.3 switchによる条件分岐

条件分岐を行うときに、値ごとの処理を行いたいことがあります。そういった場合に使えるのがswitchです。

7.3.1 switch文

クラスを「projava.SwitchSample」という名前で作成して、次のように入力してください。

■src/main/java/projava/SwitchSample.java

Java

```java
package projava;
```

3

Javaの文法

7

条件分岐

```java
public class SwitchSample {
    public static void main(String[] args) {
        var a = 3;
        if (a == 1 || a == 2) {
            System.out.println("one-two");
        } else if (a == 3) {
            System.out.println("three");
        } else if (a == 4) {
            System.out.println("four");
        }
    }
}
```

　変数aの値が1か2なら「one-two」、3なら「three」、4なら「four」と表示しています。ここでは変数aの値は3なので「three」と表示されます。変数aの値をいろいろ変えて試してみましょう。

　ただ、実際のコードを見ると「変数aの値が1か変数aの値が2なら…変数aの値が3なら…」と毎回変数aとの比較を行っています。やりたいことに比べてコードが冗長です。

　ソースコード上の「if」に入力カーソルを移動して、表示される電球アイコン（💡）をクリックするか［Alt］＋［Enter］（［Option］＋［Return］）キーを押すとメニューが表示されます（図7.2）。メニューの中に［'if'を'switch'で置換（Replace 'if' with 'switch'）］という項目があるので選択してみましょう。

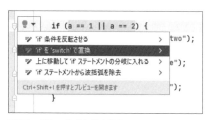

図7.2 ● ifをswitchに置き換え

　次のようなコードに変換されます。

```java
switch (a) {
    case 1, 2 -> System.out.println("one-two");
    case 3 -> System.out.println("three");
    case 4 -> System.out.println("four");
}
```

switch文の構文は次のようになります。

構文　switch 文

```
switch (判定する値) {
    case 該当する値 -> 処理
    case 該当する別の値 -> 処理
    case 該当するさらに別の値 -> 処理
    ...
}
```

判定する値に指定できるのは、整数か文字列、そして第13章「処理の難しさとアルゴリズム」で紹介するenumの値です。

case句には該当する値と対応する処理を「->」で結んで書きます。該当する値が複数あるときには、カンマで区切って指定できます。処理が複数の行にまたがるときは中カッコで囲んでコードブロックにすることもできます。

練習

1. 変数aの値が5だった場合に「five」と表示するようにcase句を追加してみましょう。

7.3.2　default句

どのcase句にも該当する値がないときの処理を書くには、default句を使います。

```java
switch (a) {
    case 1, 2 -> System.out.println("one-two");
    case 3 -> System.out.println("three");
    case 4 -> System.out.println("four");
    default -> System.out.println("other");
}
```

default句は、すべてのcase句のあとに書きます。

7.3.3　switch式

switch文を書くときの処理として、同じ出力先に別の値を出力しているだけとか、同じ変数に別の値を割り当ててるだけということが多くあります。今回の例でも、すべてのcase句でSystem.out.printlnメソッドを呼び出して、違うメッセージを出力していました。

そこでswitchを式として書くこともできます。case句で処理の代わりに値を書きます。

```Java
System.out.println(switch (a) {
    case 1, 2 -> "one-two";
    case 3 -> "three";
    case 4 -> "four";
    default -> "other";
});
```

switch式の構文は次のようになります。

構文　switch 式

```
switch ( 判定する値 ) {
    case 該当する値 -> 値
    case 該当する別の値 -> 値
    case 該当するさらに別の値 -> 値
    ...
    default -> どのcase句にも該当しなかったときの値
}
```

---

　switch式の場合、判定する値が整数か文字列の場合はdefault句が必須になります。これは、switch式は必ず何かの値を返さなくてはならないためです。整数や文字列ではすべての場合についてのcase句を書くことはできないので、default句が必要になります。switch文の場合は、該当する値がなければ何もしなくてよいため、default句は必須ではありません。

7.3.4　古い形式のswitch

　ここまでで紹介したswitch文やswitch式の書き方はJava 14から正式導入されたもので、Java 8やJava 11では使えません。次のswitch文を古い形式に変換してみます。

```Java
switch (a) {
    case 1, 2 -> System.out.println("one-two");
    case 3 -> System.out.println("three");
    case 4 -> System.out.println("four");
    default -> System.out.println("other");
}
```

　「switch」に入力カーソルがある状態で電球アイコン（💡）をクリックするか［Alt］＋［Enter］（［Option］＋［Return］）キーを押すとメニューが表示されます。ここで［古いスタイルの'switch'ステートメントに置換（Replace with old style 'switch' statement）］を選択すると、古い形式のswitch文に変換されます（図7.3）。

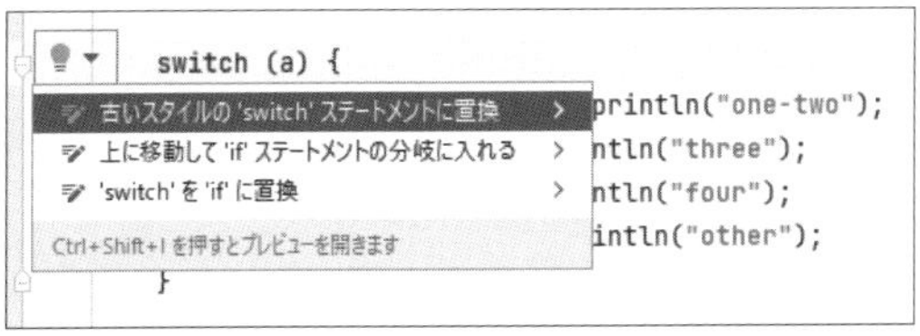

図7.3 ● 古い形式への変換

変換したswitch文は次のようになります。

■src/main/java/projava/

```java
switch (a) {
    case 1:
    case 2:
        System.out.println("one-two");
        break;
    case 3:
        System.out.println("three");
        break;
    case 4:
        System.out.println("four");
        break;
    default:
        System.out.println("other");
        break;
}
```

古い形式のswitchの構文は次のようになります。

構文 古い形式の switch

```
switch（判定する値）{
    case 該当する値：
        処理
    case 該当する他の値：
        処理
    default：
        該当するcaseがない場合の処理
}
```

ここで各case句の処理は、break文がなければそのまま次のcase句に続いていきます。

　複数の値に対応するような次の書き方は、break文がなければ次のcase句という性質を利用したものだと言えます。

```
case 1:
case 2:
    System.out.println("one-two");
    break;
```

　次のような場合、変数aの値が1のとき、case 1の処理が実行されて「one」を表示したあと、そのままcase 2の処理に入り、「two」を表示したあとbreak文で終わるということになります。

■src/main/java/projava/SwitchSample.java

```
switch (a) {
    case 1:
        System.out.println("one");
    case 2:
        System.out.println("two");
        break;
    case 3:
        System.out.println("three");
        break;
}
```
`Java`

　意図した動きならいいのですが、作業ミスでbreak文が抜けてしまった場合には意図しない動きになります。古い形式のswitchはbreakを忘れたときに意図しない動きになるので、Java 14以降では新しい形式でswitchを書くほうが間違いも減り、記述も簡潔になるのでお勧めします。

　書き方を忘れたときにはIntelliJ IDEAに変換してもらいましょう。IntelliJ IDEAではswitch式の場合には変換メニューが出ませんが、古い形式のcase句の書き方で式を書くこともできます。その場合には、case句の結果になる値はyield文で指定します。

```
System.out.println(switch (a) {
    case 1:
    case 2: yield "one-two";
    case 3: yield "three";
    case 4: yield "four";
    default: yield "other";
});
```
`Java`

第8章 データ構造

Javaには値をまとめて扱う方法がいくつかあります。プログラムの世界では、値をまとめて扱う仕組みのことを「データ構造」と呼びます。この章では、Listや配列、レコードとMapを紹介します。

8.1 Listで値をまとめる

データ構造の中で一番よく使うのは、同じ種類の値をいくつか順番に並べたものです。Javaでは主にListとして扱います。

8.1.1 List

Listは同じ型の値をまとめて扱うデータ構造です。List.ofメソッドで、値を設定したListを作ることができます。JShellで次のように実行してみてください。

```
jshell> var names = List.of("yamamoto", "kishida", "sugiyama")
names ==> [yamamoto, kishida, sugiyama]
```

3つの要素を持ったListのオブジェクトが生成されました。
Listから値を取り出すにはgetメソッドを使います。

```
jshell> names.get(1)
$2 ==> "kishida"
```

get(1)とすると2番目に指定した要素である"kishida"が返ってきました。プログラムでは、0で先頭を表すことが多いので慣れが必要です。

先頭の要素を得るには get(0) とします。

```
jshell> names.get(0)
$3 ==> "yamamoto"
```

size メソッドで要素数を得ることができます。

```
jshell> names.size()
$4 ==> 3
```

ここで変数の型を確認する /v コマンドで変数 names の型を確認すると List<String> となっていることがわかります。

```
jshell> /v names
|    List<String> names = [yamamoto, kis, sugiyama]
```

これは String 型の値を格納する List ということを表します。このように、扱う型を「<」と「>」で囲んで指定する書き方は ジェネリクス というもので、詳しくは後ほど解説します。データ構造の型では、このようにジェネリクスによってそのデータ構造で扱う型を表します。

練習

1.　LocalDate 型で表した 2021 年 9 月 14 日と 2021 年 3 月 15 日が格納された List を用意してみましょう（import が必要になるので注意してください）。
2.　用意した List から 2 番目の要素を表示してみましょう（2021-03-15 が表示されるはずです）。

8.1.2 変更のできる List

List 型には add メソッドが用意されています。add メソッドは List に値を追加するためのメソッドです。しかし List.of で用意した List は変更ができないので、add メソッドや set メソッドを呼び出すと例外 UnsupportedOperationException が発生します。

```
jshell> names.add("test")
|    例外 java.lang.UnsupportedOperationException
|         at ImmutableCollections.uoe (ImmutableCollections.java:142)
|         at ImmutableCollections$AbstractImmutableCollection.add (ImmutableCollecti
ons.java:147)
|         at (#25:1)
```

Javaでは変更のできるListも用意されています。その1つであるArrayListを見てみましょう。今回はauthorsという変数を使います。

```
jshell> var authors = new ArrayList<String>()
authors ==> []
```

文字列を扱うので、コンストラクタでArrayListオブジェクトを生成するときに、ジェネリクスでString型を指定しています。ここにaddメソッドで要素を2つ追加してみます。

```
jshell> authors.add("yamamoto")
$6 ==> true

jshell> authors.add("kishida")
$7 ==> true
```

確認してみましょう。

```
jshell> authors
authors ==> [yamamoto, kishida]
```

2つの要素が表示されました。sizeメソッドでauthorsの要素数を調べてみると2が返ってきます。

```
jshell> authors.size()
$9 ==> 2
```

もう1つ要素 "sugiyama" を追加してみます。

```
jshell> authors.add("sugiyama")
$10 ==> true
```

sizeメソッドで要素数を調べると3に増えています。

```
jshell> authors.size()
$11 ==> 3
```

要素を書き換えるにはsetメソッドを使います。

```
jshell> authors.set(1, "naoki")
$12 ==> "kishida"
```

3

Javaの文法

8

データ構造

このとき、元々持っていた値が返ってきています。ここでは置き換える前の2つ目の要素"kishida"が表示されています。要素のListの一覧を確認してみるとデータが書き換わっていることがわかります。

```
jshell> authors
authors ==> [yamamoto, naoki, sugiyama]
```

要素数を超えた値をgetメソッドの引数に指定すると、例外IndexOutOfBoundsExceptionが発生します。

```
jshell> authors.get(4)
|  例外java.lang.IndexOutOfBoundsException: Index 4 out of bounds for length 3
|        at Preconditions.outOfBounds (Preconditions.java:64)
|        at Preconditions.outOfBoundsCheckIndex (Preconditions.java:70)
|        at Preconditions.checkIndex (Preconditions.java:266)
|        at Objects.checkIndex (Objects.java:359)
|        at ArrayList.get (ArrayList.java:427)
|        at (#10:1)
```

メッセージを見ると「長さ3なのにインデックス4を指定している」となっています。

List.of()として要素0のListを用意してgetメソッドで先頭の要素を取り出そうとすると次のようになります。

```
jshell> List.of().get(0)
|  例外java.lang.ArrayIndexOutOfBoundsException: Index 0 out of bounds for length 0
|        at ImmutableCollections$ListN.get (ImmutableCollections.java:680)
|        at (#42:1)
```

List.ofメソッドでListを用意したときに要素数が0個か3個以上の場合は、ArrayIndexOutOfBoundsExceptionという少し違う例外が発生しますが、例外IndexOutOfBoundsExceptionの一種です。

List.ofメソッドで用意したListでも、要素数が1個か2個の場合は例外IndexOutOfBoundsExceptionが発生します。こういうのは統一してほしいものですね。

練習

1. authorsに「hosoya」を追加してみましょう。
2. authorsの2番目の要素を「kishida」に戻してみましょう。

> 3. LocalDateを格納できるArrayListを用意してdatesという変数に割り当ててみましょう。
> 4. 変数datesに割り当てたArrayListに2021年9月14日を追加してみましょう。

8.1.3 ジェネリクスによる型検査

先ほど、変数authorsが扱うArrayListにはジェネリクスでString型を扱うように指定しました。そのため、このArrayListではString型とみなせない値は扱えません。ここで試しにint型である整数の値を追加してみましょう。

authors.add(123)を実行してみます。

```
jshell> authors.add(123)
|   エラー：
|   不適合な型： intをjava.lang.Stringに変換できません：
|   authors.add(123)
|             ^-^
```

例外ではなく構文エラーになっています。このように、ジェネリクスで型を指定すると、指定した型に対応していない値を扱おうとしたときに構文エラーになります。プログラムを書いているときにエラーが見つかるので、実行時にエラーが出ることを防ぐということです。もしも、要素を追加するときに誤った値が指定できてしまった場合、不具合が出るのはその値を実際に使うときになります。その場合、プログラムミスがある場所とプログラムミスが発覚する場所が違うので、根本原因が見つけにくくなります。

ジェネリクスは、プログラムが正しく動くことを保証する機能の1つと言えます。

8.1.4 ジェネリクスの型推論

先ほどArrayListを用意しましたが、結局List.ofメソッドで用意したnamesと同じ要素を追加しました。それであれば、そのままnamesを使ってArrayListを作りたいと思うかもしれません。ArrayListのコンストラクタにListを渡すと、そのListの要素を持ったArrayListのオブジェクトが作られます。

それではArrayListのコンストラクタにnamesを渡してみましょう。

```
jshell> var authors = new ArrayList<>(names)
authors ==> [yamamoto, kishida, sugiyama]
```

このとき、ArrayListが扱う型はnamesの型から推論できるので、<String>と書くところを省略して<>と書けます。この<>をダイヤモンドオペレータといいます。

先ほどの例ではコンストラクタの引数の型からジェネリクスの型を推論しましたが、割り当て先の変数の型から推論ができるときもダイヤモンドオペレータが使えます。

```
jshell> List<String> strs = new ArrayList<>()
strs ==> []
```

8.1.5 ラッパークラス

ここまで、ListではString型を扱いました。Listではジェネリクスで型を指定することでいろいろな型の値を扱えますが、実は基本型は扱えません。試しに整数を扱うListを用意してみます。

```
jshell> var nums = List.of(1, 2, 5)
nums ==> [1, 2, 5]
```

整数が扱えているように見えますが、この変数numの型をJShellの/vコマンドで確認してみると、int型ではなくInteger型のListということになっています。

```
jshell> /v nums
|    List<Integer> nums = [1, 2, 5]
```

ジェネリクスではint型などの基本型を指定できません。int型を扱うListの変数を定義しようとすると次のようなエラーになってしまいます。

```
jshell> List<int> points
|  エラー:
|  予期しない型
|    期待値: 参照
|    検出値:   int
|  List<int> points;
|        ^-^
```

参照型を期待したのにint型が来た、というエラーです。ジェネリクスには参照型、つまりオブジェクトの型を指定する必要があります。しかしながら、整数などの基本型を扱いたい場面はよくあります。そこでラッパークラスとして、基本型の値を参照型として扱うためのクラスが用意されています（表8.1）。ラッパークラスの名前は、対応する基本型の名前を大文字で

3
Javaの文法

始めて省略しない名前になっています。

表8.1 ● ラッパークラス

基本型	ラッパークラス
int	Integer
double	Double
boolean	Boolean
char	Character

また、基本型はメソッドを持てないので、基本型に関するメソッドもラッパークラスに用意
されています。例えば、文字列を解析して数値を得るような処理です。

```
jshell> Integer.parseInt("123")
$20 ==> 123
```

8
データ構造

将来的にListでもint型のような基本型を扱えるように、機能拡張の開発がValhallaプロ
ジェクトとして進んでいます。筆者としては、Java 23くらいでは使えるようになっていること
を期待しています。そうするとJavaの入門時にこのような違いを気にする必要がなくなるので、
学習がスムーズになりそうです。

8.2 配列

Javaのデータ構造として言語に組み込まれているものに配列があります。配列もListと同様
に同じ型の値をまとめて扱う仕組みですが、Javaの言語に組み込まれているため特別な記述が
用意されています。また、Listでは扱えなかった基本型も直接扱えます。ArrayListの「Array」
は配列を表す英単語で、内部では配列を使って値を格納しています。

8.2.1 配列の初期化

それでは配列の使い方を見ていきましょう。まずは配列を用意してみます。
配列を用意するときには次のようにnewを使います。構文は次のようになります。

構文 配列の初期化

new 型 [要素数]

例えばint型で3つの要素を扱える配列を用意すると次のようになります。

```
jshell> var scores = new int[3]
scores ==> int[3] { 0, 0, 0 }
```

/vコマンドでscore変数の型を確認するとint[]になっていることがわかります。

```
jshell> /v scores
|    int[] scores = int[3] { 0, 0, 0 }
```

配列の型はint[]のように、格納する型に[]が付いたものになります。

配列の要素数はlengthで得ることができます。メソッドではないので()は不要です。

```
jshell> scores.length
$21 ==> 3
```

　文字列の文字数はlengthメソッド、配列の要素数はメソッドではないlength、Listの要素数はsizeメソッドと使うものがバラバラなので混乱しがちです。筆者も忘れがちなので補完に助けてもらいながら入力しています。

8.2.2　要素を設定した配列の初期化

あらかじめ要素の値を設定した配列を用意することもできます。

```
jshell> scores = new int[]{1, 2, 5}
scores ==> int[3] { 1, 2, 5 }
```

値を設定して配列を用意する構文は次のようになります。

> **構文**　要素を設定した配列の初期化
>
> new 型[]{要素, 要素, ...}

　変数の宣言でvarではなく配列の型を明示するとnew int[]の部分を省略してスッキリ書けます。

```
jshell> int[] nums = {1, 2, 3}
nums ==> int[3] { 1, 2, 3 }
```

構文としては次のようになります。

> **構文** 変数に型を指定した、要素を設定した配列の初期化
>
> 型[] 変数名 = { 要素 , 要素 , ... }

ただ、すでに宣言された変数に割り当てる際には`new int[]`の省略はできません。

8.2.3 配列の要素の利用

配列の要素は「[要素番号]」で扱うことができます。このとき与える要素番号を添字^{そえじ}やインデックスといいます。

次のようにして値を設定することができます。Listと同様、最初の要素がインデックス0です。ここでは1を指定しているので、2番目の要素を85に変更しています。

```
jshell> scores[1] = 85
$24 ==> 85
```

=演算子では、割り当てた値を結果として返すので、85が表示されています。中身を確認すると、2番目の要素が変更されていることがわかります。

```
jshell> scores
scores ==> int[3] { 0, 85, 0 }
```

> **練習**
>
> 1. 要素が5つのint型の配列を用意してみましょう。
> 2. 用意した配列の3番目の要素に2を入れてみましょう。
> 3. [2, 3, 5, 7]が入ったint型の配列を用意してみましょう。
> 4. 用意した配列の4番目の要素を得てみましょう（7が入っているはずです）。

8.2.4 多次元配列

配列では添字を複数与えると多次元の配列になります。例えば2次元の配列を生成すると、次のようになります。

```
jshell> var mat = new int[2][3]
mat ==> int[2][] { int[3] { 0, 0, 0 }, int[3] { 0, 0, 0 } }
```

3要素のint配列が2つ格納された配列になっていることが示されています。Javaの多次元配列は「配列の配列」になります。ここでint[2][]は、int型の配列（int[]）を2つ持つことを示しています。

要素を設定する際には、添字を2つ指定します。

```
jshell> mat[1][2] = 5
$27 ==> 5
```

確認すると、2番目の配列の3要素目が変更されていることがわかります。

```
jshell> mat
mat ==> int[2][] { int[3] { 0, 0, 0 }, int[3] { 0, 0, 5 } }
```

最初の添字が何番目の配列かを表し、2番目の添字が何番目の要素かを表しています。添字は0から始まるので、[1][2]は2番目の配列の3番目の要素ということになるわけです。

添字を1つだけ指定すると、2次元配列の要素になっている配列を取得できます。

```
jshell> mat[1]
$29 ==> int[3] { 0, 0, 5 }
```

多次元配列も要素を指定して初期化することができます。

```
jshell> var mat2 = new int[][]{{1, 2}, {3, 4, 5}}
mat2 ==> int[2][] { int[2] { 1, 2 }, int[3] { 3, 4, 5 } }
```

ここでは、要素になっている各配列の要素数がmat2[0]は2、mat2[1]は3と、異なっています。このように、多次元配列の内部の配列の要素数は同じである必要はありません。

8.3　レコードで違う種類の値を組み合わせる

ここまで出てきたListや配列では、同じ種類の値をまとめて扱うことができました。ここでは違う種類の値をまとめて扱うレコードについて見ていきます。

8.3.1 違う種類の値をListでまとめて扱う

まずは、String型の受験者名と科目名、int型の点数をListでまとめて扱ってみましょう。

```
jshell> var exam = List.of("kis", "math", 80)
exam ==> [kis, math, 80]
```

最初の項目に「受験者名」、2番目に「科目名」、3番目に「点数」を入れています。最初の項目を取ってくると、受験者名を取得できます。

```
jshell> exam.get(0)
$32 ==> "kis"
```

3番目の項目から点数がわかります。項目番号は0から始まるので3番目の項目を取るにはgetメソッドに2を渡します。

```
jshell> exam.get(2)
$33 ==> 80
```

ただ、この例からもわかるように、get(0)とすると何を得られるのか、どの要素番号に何が入っているのかは自分で覚えておかないといけません。

また、このListは文字列と整数の共通部分を抽出した型を扱うことになっています（実際はもっと長いです）。

```
jshell> /v exam
|    List<Serializable&Comparable< ... ConstantDesc> exam = [kis, math, 80]
```

この型を読み解けるようになる必要はありませんが、文字列や整数とは違うということがわかれば大丈夫です。「文字列と整数を両方扱えるけど文字列でも整数でもない型」になっています。そのためget(0)で文字列で名前が返ってくるとしても、プログラム上では文字列としては扱えません。String型のメソッドを呼び出そうとしてもエラーになります。

```
jshell> exam.get(0).toUpperCase()
|    エラー:
|    シンボルを見つけられません
|      シンボル:    メソッド toUpperCase()
|      場所: インタフェース java.io.Serializable
|    exam.get(0).toUpperCase()
|    ^-------
```

このListが扱うことになっている型ではなく、実際の値の型に従ってメソッドを呼び出すためにはキャストを行う必要があります。キャストは第4章「変数と型」でも紹介しましたが、数値以外のキャストでは値の内容は変わらず、プログラム上での扱いだけを変更します。

```
jshell> ((String) exam.get(0)).toUpperCase()
$34 ==> "KIS"
```

数値が入っている3番目の要素に対して間違えてString型へのキャストを行おうとすると、ClassCastExceptionという例外が発生します。

```
jshell> ((String) exam.get(2)).toUpperCase()
|  例外java.lang.ClassCastException: class java.lang.Integer cannot be cast to class
java.lang.String (java.lang.Integer and java.lang.String are in module java.base of
loader 'bootstrap')
|        at (#40:1)
```

ここでのキャストは値を扱うための型を変更するものですが、その型では扱えない値を処理しようとすると、このような例外が発生します。よくわからないかもしれませんが、型としてデータの内容をうまく表現できずに面倒なことになっている、ということがわかれば十分です。

8.3.2 違う種類の値をまとめて扱うレコードを定義する

項目に名前を付けて型を指定して扱えると便利です。こういった場合に使えるのがJava 16から正式導入されたレコードです。それではString型の受験者名と科目、int型の点数を扱うためのレコードを作成してみましょう。最後の中カッコを忘れないでください。

```
jshell> record Exam(String name, String subject, int score) {}
|  次を作成しました：レコード Exam
```

これでString型のname、subjectとint型のscoreをExamレコードとしてまとめることができます。レコードの定義は次のようになります。

> **構文** レコードの定義
>
> record レコード名 (コンポーネントの型 コンポーネントの名前 , ...) {}

レコードの要素をコンポーネントといいます。今回のExamレコードはString型のname、subjectとint型のscoreの3つのコンポーネントを持っています。

レコード名に使える文字は、変数と同じくアルファベットや数字などで、数字で始めること

はできません。小文字で始めることもできますが慣習としては大文字で始めます。

8.3.3 レコードのオブジェクトを生成する

それではExamレコードのデータを作ってみましょう。

```
jshell> var e1 = new Exam("kis", "math", 80)
e1 ==> Exam[name=kis, subject=math, score=80]
```

これでExamレコードのデータができました。レコードのデータもオブジェクトになります。次のような形式でレコードのオブジェクトを生成します。コンポーネントの値は、コンポーネントを定義した順で指定します。

> **構文** レコードのオブジェクトの生成
>
> new レコード名(コンポーネントの値, ...)

レコードオブジェクトからコンポーネントの値を取ってくるには、コンポーネント名のメソッドを呼び出します。nameコンポーネントの値を取ってくるには次のようにします。

```
jshell> e1.name()
$32 ==> "kis"
```

scoreコンポーネントの値を取ってくるには次のようにします。

```
jshell> e1.score()
$33 ==> 80
```

Listを使った場合に比べ、名前を取るにはname()、得点を取るにはscore()とすればよく、コードを見てどんな値を取ってくるのかがget(0)やget(2)に比べれば格段にわかりやすくなります。そして、それぞれのコンポーネントに型を指定しているので、そのまま適切なメソッドを呼び出せます。

```
jshell> e1.name().toUpperCase()
$34 ==> "KIS"
```

このように、上手にレコードを使うと、正しく動くわかりやすいプログラムが作りやすくなります。

練習

1. String型のenglish、String型のjapaneseをコンポーネントに持ったレコードWord
   を定義してみましょう。
2. Wordレコードのオブジェクトをいくつか作ってみましょう。
3. LocalDate型のdate、int型のprice、String型のmemoをコンポーネントに持ったレ
   コードSpendingを定義してみましょう。
4. Spendingレコードのオブジェクトをいくつか作ってみましょう。

8.4　Mapで辞書を作る

　辞書のように、キーになる値から対応する値を得たいということがあります。そうしたとき
に使えるのがMapです。

8.4.1　Map

　Mapはキーと値を結び付けるデータ構造です。例えば「apple」に対して「りんご」、「grape」
に対して「ぶどう」を結び付けるといった具合です。
　このようなデータ構造を、switch式で処理として表すこともできます。

```Java
var jp = "apple";
var en = switch(jp) {
    case "apple" -> "りんご";
    case "grape" -> "ぶどう";
    default -> "みつからない";
};
```

　ただ、このやり方では結び付ける値が増えると面倒です。また、実行時に組み合わせを登録
することもできません。そもそも結び付ける値が少なくても面倒です。
　それではMapを使って「apple」や「grape」の結び付けを表現してみましょう。Map.ofメソッ
ドでキーと値を設定したMapを作ることができます。

```
jshell> var fruits = Map.of("apple", "りんご", "grape", "ぶどう")
fruits ==> {grape=ぶどう, apple=りんご}
```

getメソッドでキーを指定して値を取れます。

```
jshell> fruits.get("grape")
$36 ==> "ぶどう"
```

該当するキーが見つからないときはnullという値が返ってきます。

```
jshell> fruits.get("banana")
$37 ==> null
```

nullは値がないことを表す特別な値です。getOrDefaultメソッドを使うと、値が見つからない場合に代わりに返す値を指定することができます。

```
jshell> fruits.getOrDefault("banana", "みつからない")
$38 ==> "みつからない"
```

Listと同じくsizeメソッドで要素数を得ることができます。キーと値の組を1つの要素と数えます。

```
jshell> fruits.size()
$39 ==> 2
```

Map.ofメソッドに同じキーを指定すると例外IllegalArgumentExceptionが発生します。

```
jshell> var vegetables = Map.of("carot", "にんじん", "carot", "ニンジン")
|  例外java.lang.IllegalArgumentException: duplicate key: carot
|        at ImmutableCollections$MapN.<init> (ImmutableCollections.java:1189)
|        at Map.of (Map.java:1323)
|        at do_it$Aux (#3:1)
|        at (#3:1)
```

8.4.2　変更可能なMap

List.ofで生成したListが変更不能だったのと同じく、Map.ofメソッドで生成したMapも変更不能になっています。変更可能なMapとしてはHashMapがあります。

```
jshell> var animals = new HashMap<String, String>()
animals ==> {}
```

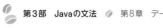

　ここで、キーと値に文字列を指定することを表すため、ジェネリクスで型を指定して HashMap<String, String> としています。ここでは両方 String 型ですが、前者がキーの型、後者が値の型になっています。

　キーと値を格納するには put メソッドを使います。「dog」に「いぬ」、「cat」に「ねこ」を格納してみましょう。

```
jshell> animals.put("dog", "いぬ")
$41 ==> null

jshell> animals.put("cat", "ねこ")
$42 ==> null
```

　put メソッドは戻り値としては元々入っていた値を返すので、ここでは対応する値がなかったことを表す null が返されています。

　animals の状態を確認してみると、cat と dog が格納されていることがわかります。

```
jshell> animals
animals ==> {cat=ねこ, dog=いぬ}
```

　get メソッドで「cat」に対する値を取ってくると「ねこ」と表示されます。

```
jshell> animals.get("cat")
$44 ==> "ねこ"
```

　get メソッドで「fox」に対する値を取ってくると、値がないことを示す null が表示されます。

```
jshell> animals.get("fox")
$45 ==> null
```

　put メソッドで「fox」に対して「きつね」を格納してみます。

```
jshell> animals.put("fox", "きつね")
$46 ==> null
```

　get メソッドで「fox」に対する値を取ってくると、今度は「きつね」と表示されました。

```
jshell> animals.get("fox")
$47 ==> "きつね"
```

すでに値が格納されている「cat」に、putメソッドで改めて「猫」を格納してみましょう。

```
jshell> animals.put("cat", "猫")
$48 ==> "ねこ"
```

いままで格納されていた「ねこ」が表示されます。

「cat」に対する値をgetメソッドで取ってくると、「猫」になっていることがわかります。

```
jshell> animals.get("cat")
$49 ==> "猫"
```

animalsの状態を確認すると、次のようになっています。

```
jshell> animals
animals ==> {cat=猫, dog=いぬ, fox=きつね}
```

練習

1. 「dog」に対応する値をgetメソッドで取り出してみましょう。

2. 「horse」に対して「うま」をputメソッドで格納してみましょう。

3. sizeメソッドで件数を確認してみましょう。

8.4.3 イミュータブル（不変）なオブジェクト

Listで最初に紹介した例は、格納した値の変更ができないものでした。このように、オブジェクトの内容を変更できないことをイミュータブル（immutable）もしくは不変といいます。オブジェクトの内容が変更できないとするとプログラムが組みにくくなるような気もしますが、実際にはほとんどのオブジェクトは変更が不要です。

オブジェクトをイミュータブルにすると、想定しないデータ変更を防ぎやすくなります。また、複数のCPUコアでオブジェクトを共有する場合、他のコアでの変更を気にする必要がなくなります。

プログラミングの世界ではデータがイミュータブルであるということを大切にするようになってきています。

繰り返し

プログラムでは同じ処理を繰り返すことがよくあります。ここではJavaでの繰り返しについて紹介します。

9.1　ループ構文

　データ構造のようなデータのかたまりを処理するときには、それぞれのデータに対して同じ処理を行いたくなることがあります。例えばデータ構造の中身を全て表示する場合です。ここまでは、データの中身が確認できればよかったのでJavaで用意されている形式で表示していましたが、実際のアプリケーションでは仕様にあった形式でデータを表示する必要があります。そのような場合に処理の繰り返しが必要になります。プログラム中での処理の繰り返しのことをループといいます。Javaにはfor文、while文、do while文の3つのループ構文があります。

9.1.1　for文の基本

　まずはループ構文としてよく使われるfor文を見ていきましょう。

　projava.ForSampleという名前のクラスを作って、「main」→［Tab］キー→「fori」→［Tab］キー→［Tab］キー→「5」→［Tab］キー→「sout」→［Tab］キー→「i」と入力すると次のようなコードが入力されるはずです。

■src/main/java/projava/ForSample.java

```java
package projava;

public class ForSample {
    public static void main(String[] args) {
        for (int i = 0; i < 5; i++) {
```

```
                System.out.println(i);
        }
    }
}
```

すべて補完機能で入力できることから、これがどれだけ典型的なコードかわかりますね。〔Ctrl〕＋〔Shift〕＋〔F10〕（〔Control〕＋〔Shift〕＋〔R〕）キーで実行すると次のような結果が表示されます。

実行結果
```
0
1
2
3
4
```

for文の構文は次のようになっています。

構文　for文

```
for ( 初期化 ; 繰り返し条件 ; 繰り返し時の処理 ) {
    繰り返す処理
}
```

動きを追うと、**図9.1**のようにまず「初期化」を行い「繰り返し条件」を判定し、falseであればfor文の続きの処理へ、trueであれば「繰り返す処理」を行って「繰り返し時の処理」、そして「繰り返し条件」の判定に戻る、という流れになります。「繰り返し条件」の判定と「繰り返し時の処理」が実行されるタイミングには注意が必要です。

実際にプログラムを組むときには「条件が成り立つ間、処理が繰り返される」ということを意識できるようになったほうがよいでしょう。そのとき「繰り返す処理」の前に「繰り返し条件」の判定が行われること、「繰り返し時の処理」はループを抜けるときも実行されていることは覚えておきましょう。

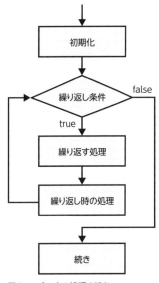

図9.1 ● for文の処理の流れ

今回のループは次のようになっています。

```java
for (int i = 0; i < 5; i++) {
    System.out.println(i);
}
```

「i = 0」を行い「i < 5」が成り立つ間、「変数iの内容の出力」と「i++」（変数iの値を1増やす）を行います。処理の流れを見ると、「i = 0」を行い「i < 5」を判定し、falseであればfor文の続きの処理へ、trueであれば「変数iの内容の出力」を行って「i++」を行い、そして「i < 5」の判定に戻る、となります。

しかしこのように読んでいると、実際にやりたいことにたどりつくまでが遠いですね。for文ではよく使うパターンがあるので、最初はそのようなパターンを覚えるのがいいでしょう。今回は次の形になっています。

> **構文**　for文（処理を回数分くり返す）
>
> ```java
> for (int 変数 = 0; 変数 < 回数; 変数++) {
>     繰り返す処理
> }
> ```

これで「変数を0から1ずつ増やしながら、処理を回数分くり返す」となります。特に大事なのが、「処理を回数分くり返す」という部分です。

今回は回数として5が入っているので5回くり返されました。そして、値は0から始まるので4までが表示されました。変数の名前は役割を表すものがよいのですが、ループ用の変数では特に役割がないことも多く、その場合は「Index」の頭文字を取った「i」が使われます。

サンプルを入力するときに紹介したように、IntelliJ IDEAではforiを入力して［Tab］キーを押すと自動的にこの形を入力してくれます。それだけよく出る書き方ということです。

> **練習**
>
> 1. 3回「Hello」と表示するプログラムをForHelloというクラス名で作ってみましょう。
> 2. 今回のサンプルプログラムの変数iの名前をnに変えてみましょう。
> 3. 今回のサンプルプログラムを0から9まで表示するようにしてみましょう。
> 4. 今回のサンプルプログラムを1から10まで表示するようにしてみましょう。

9.1.2　for文の応用

もう少しfor文の応用例を見てみましょう。まずは、0から2ずつ増やして5より下の値まで表示するプログラムを書いてみましょう。projava.ForSample2という名前でクラスを作って次の処理が動くようにしてみてください。

■src/main/java/projava/ForSample2.java

```java
for (int i = 0; i < 5; i += 2) {
    System.out.println(i);
}
```

このコードを動かすと次のような実行結果になります。

実行結果

```
0
2
4
```

繰り返し時の処理としてi++ではなく「i += 2」を使っていました。この演算子は覚えてますか？　i++は変数iの値を1つ増やすのでした。そして、「i += 2」は変数iの値を2つ増やします。「i = i + 2」の省略形ですね。

ここまでは変数iの値は増える方向でしたが、変数iの値を減らす方向でやってみましょう。3から1ずつ減らして0より大きい間くり返すようにしてみます。

■src/main/java/projava/ForSample2.java

```java
for (int i = 3; i > 0; i--) {
    System.out.println(i);
}
```

コードを動かすと次のようになります。

実行結果

```
3
2
1
```

変数iに3を割り当てて、iが0より大きい間、表示と変数iの減算を繰り返します。このように条件や繰り返し時の処理を変えるときは、「必ずプログラムが止まる」ということを確認するようにしましょう。繰り返し時の処理を何度も行うと繰り返し条件が成り立たなくなってfor

文を抜けることができることを確認します。

練習

1. 0から35まで5ずつ増やしながら表示してみましょう。
2. 20から0まで3ずつ減らしながら表示してみましょう。

9.1.3　while文

while文は「条件が成り立つ間、処理が繰り返される」という構文です。for文から「初期化」と「繰り返し時の処理」を省いたものとも言えます。構文は次のようになります。

構文　while文

```
while (繰り返し条件) {
    繰り返す処理
}
```

---

for文の最初のサンプルをwhile文で書きなおすと次のようになります。

■src/main/java/projava/ForSample.java

```java
int i = 0;
while (i < 5) {
    System.out.println(i);
    i++;
}
```

9.1.4　do while文

もう1つの繰り返し構文はdo while文です。do while文は繰り返す処理を1回行って、条件を満たしていればもう一度繰り返すという構文です。

構文　do while文

```
do {
    繰り返す処理
} while (条件);
```

あまり出番は多くないですが、処理を行って良い結果が出なかったらもう1回という場合に使います。わかりやすい例でいえば、通信を行ってエラーになったらもう1回のようなリトライ

処理ですね。

9.1.5 ループのcontinueとbreak

ループの処理を途中で終わらせるのに使うのがcontinue文とbreak文です。

continue文

continue文はループ中の処理を打ち切って次のループに入ります（図9.2）。

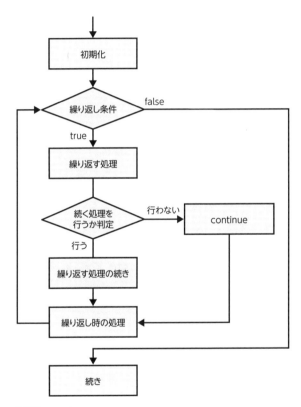

図9.2 ● continue

■src/main/java/projava/ForSample.java

Java

```java
for (int i = 0; i < 5; i++) {
    if (i == 2) {
        System.out.println("skip");
        continue;
    }
    System.out.println(i);
}
```

　実行すると次のように表示されます。変数 i の値が 2 のときは continue 文が実行されて表示処理が飛ばされています。

```
0
1
skip
3
4
```

　この continue 文は、次のように else 句を使う if 文に置き換えることができます。

■src/main/java/projava/ForSample.java

```java
for (int i = 0; i < 5; i++) {
    if (i == 2) {
        System.out.println("skip");
    } else {
        System.out.println(i);
    }
}
```

　if 文と else 句の 2 つの処理は、実行頻度や処理の大切さを考えると対等ではありません。今回のサンプルでは変数 i の表示が主な処理で、たまに「skip」と表示しています。最初に書いてもらった continue を使う処理では、else 句を使わず「skip」の表示だけ if 文に入れていたので、「skip」を表示することは特別な場合であることが読み解けます。主な処理のほうはコードが長くなりがちなので、長いブロックを避けてインデントを浅くするという効果もあります。

練習

1.　0から9まで表示してください。ただし3は表示を飛ばしてください。

2.　0から9まで表示してください。ただし3と5は表示を飛ばしてください。

3.　0から9まで表示してください。ただし3から6は表示を飛ばしてください。

---

break文

break 文はループ全体の処理を打ち切って、次の処理に移ります（図9.3）。

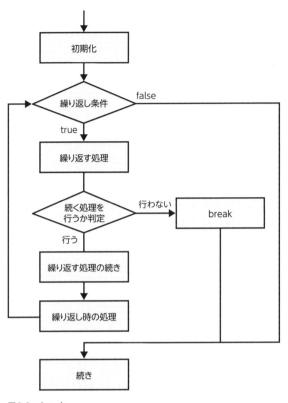

図9.3 ● break

最初のサンプルのcontinueをbreakに変えてみます。

■src/main/java/projava/ForSample.java

```java
for (int i = 0; i < 5; i++) {
    if (i == 2) {
        System.out.println("finish");
        break;
    }
    System.out.println(i);
}
```

実行すると次のように表示されます。変数iの値が2のときはbreak文が実行されてループが終わっています。

実行結果

```
0
1
finish
```

第7章「条件分岐」で紹介した、古い形式のswitch文でもbreak文を使いましたが、これも処理を抜けるという点では同じ使い方と言えます。

9.2 ループに慣れる

　実のところ、ループをきちんと書けるかどうかが、処理をきちんと書けるかどうかにつながります。そしてこれは、構文ではなく処理を繰り返すこと自体に難しさがあるので、for文などの構文を覚えれば書けるというものではありません。いろいろなコードを見たり処理を書く練習をして書けるようになっていくものです。ここでは、ループのコードに慣れるために、ループがどのように動くかをデバッガーを使って見たあとで、いろいろなループの処理を見ていきます。

9.2.1 デバッガーでループを覗く

　ここまでループ構文について見てみましたが、イマイチ何が起きているかわかりにくいという人も多いのではないかと思います。同じ記述が何度も使われる、ということが想像しにくいかもしれません。そこで、IntelliJ IDEAのデバッガー機能を使ってループがどのように実行されているか見てみましょう。デバッガーはプログラムの処理の状況を確認して、期待どおりの動きをしているかどうか確認するためのツールです。

　次のサンプルプログラムを使って、デバッガーの使い方を見ていきましょう。「projava.BreakSample」というクラスを作成して入力します。

■ java src/main/java/projava/BreakSample.java

```java
package projava;

public class BreakSample {
    public static void main(String[] args) {
        for (int i = 0; i < 5; i++) {
            if (i != 2) {
                System.out.println(i);
                continue;
            }
            System.out.println("finish");
            break;
        }
    }
}
```

実行すると次のようになります。

実行結果

```
0
1
finish
```

デバッガーを使うとき、まずは動作の確認をしたい場所にブレークポイントを置きます（**図 9.4**）。ifの行の左側、行番号の右側の余白をクリックするとブレークポイントが置かれます。

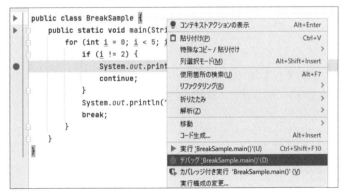

図9.4 ● ブレークポイントを置く

ソースコードを右クリックしてメニューから［デバッグ（Debug）］を選ぶとデバッグ実行が始まります（**図9.5**）。

```
     public class BreakSample {
         public static void main(Stri│   コンテキストアクションの表示        Alt+Enter
             for (int i = 0; i < 5; i│   貼り付け(P)                     Ctrl+V
                 if (i != 2) {        │   特殊なコピー / 貼り付け            ＞
 ●                   System.out.print │   列選択モード(M)          Alt+Shift+Insert
                     continue;        │
                 }                    │   使用箇所の検索(U)               Alt+F7
                 System.out.println(' │   リファクタリング(R)               ＞
                 break;               │
             }                        │   折りたたみ                     ＞
         }                            │   解析(Z)                       ＞
     }                                │   移動                          ＞
                                      │   コード生成...               Alt+Insert
                                      │ ▶ 実行 'BreakSample.main()'(U)  Ctrl+Shift+F10
                                      │   デバッグ 'BreakSample.main()'(D)
                                      │   カバレッジ付き実行 'BreakSample.main()' (V)
                                      │   実行構成の変更...
```

図9.5 ● デバッグ開始

デバッガーを動かしているときにプログラムの実行がブレークポイントまでやってくると、処理がそこで一時停止します（図9.6）。

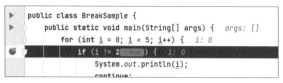

図9.6 ● ブレークポイントで停止

コードの右側に変数の内容が表示されていることに注意してください。変数 i の内容が 0 であることがわかります。

画面下部にはデバッグ情報が表示されていて、止まっている行番号や変数の内容などが確認できます（図9.7）。

図9.7 ● デバッグ情報の表示（1）

［F8］キーを押すと1行実行されて次の行に進みますが、変数 i の値が 0 なので「i != 2」という条件が成り立って if 文の中に処理が進みます（図9.8）。

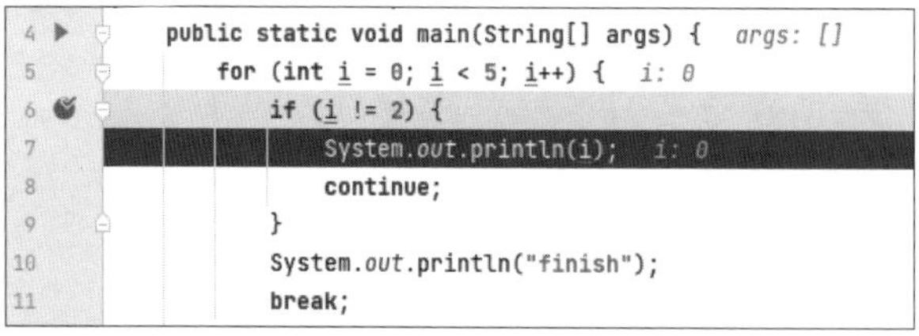

```
 4 ▶    public static void main(String[] args) {  args: []
 5         for (int i = 0; i < 5; i++) {  i: 0
 6 ☕        if (i != 2) {
 7             System.out.println(i);  i: 0
 8           continue;
 9         }
10         System.out.println("finish");
11         break;
```

図9.8 ● デバッグ情報の表示（2）

画面下部の「コンソール」を開くと、まだ数字が表示されていないことがわかります（**図9.9**）。

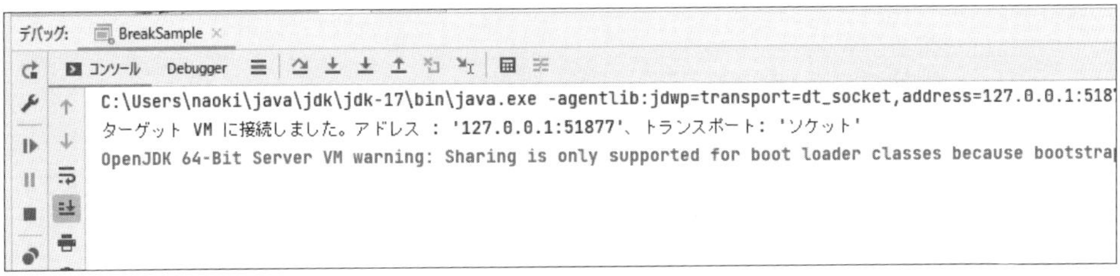

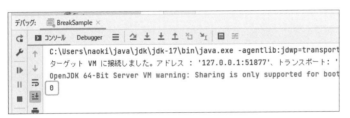

図9.9 ● デバッグ情報の表示（3）

［F8］キーでステップ実行してcontinue文の行に進みます（**図9.10**）。

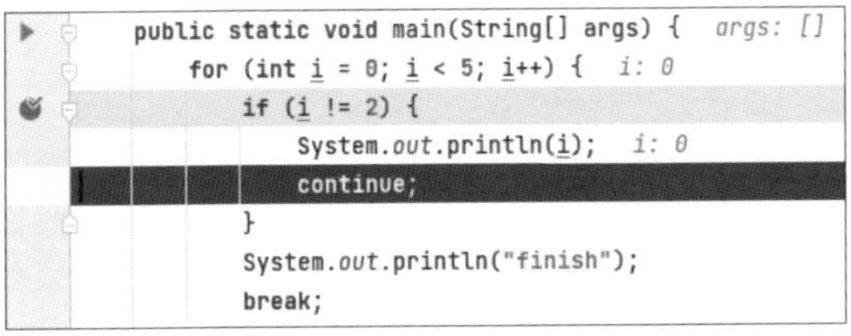

```
public static void main(String[] args) {   args: []
    for (int i = 0; i < 5; i++) {   i: 0
        if (i != 2) {
            System.out.println(i);   i: 0
            continue;
        }
        System.out.println("finish");
        break;
```

図9.10 ● デバッグ情報の表示（4）

コンソールを見ると「0」が表示されています（**図9.11**）。

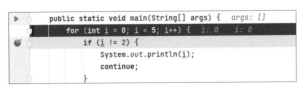

図9.11 ● デバッグ情報の表示（5）

［F8］キーでステップ実行するとcontinue文が実行されてfor文の行に戻ります（**図9.12**）。

```
public static void main(String[] args) {   args: []
    for (int i = 0; i < 5; i++) {   i: 0   i: 0
        if (i != 2) {
            System.out.println(i);
            continue;
        }
```

図9.12 ● デバッグ情報の表示（6）

［F8］キーでステップ実行するとif文の行に進みますが、ここで変数iの値が1になっていることがわかります（**図9.13**）。

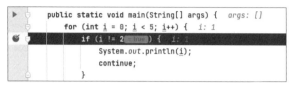

図9.13 ● デバッグ情報の表示（7）

このままステップ実行で確認していきたいところですが、紙幅の都合で飛ばしたいので［F9］キーを押して実行を再開します。そうすると処理が再開して再びブレークポイントであるifの行で止まります。変数iの値が2になっていることを確認してください（**図9.14**）。

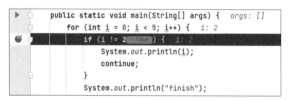

図9.14 ● デバッグ情報の表示（8）

コンソールには「1」が表示されています（**図9.15**）。

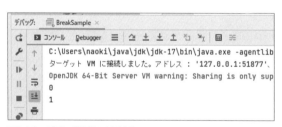

図9.15 ● デバッグ情報の表示（9）

［F8］キーでステップ実行すると、変数iの値が2なのでif文の条件が成り立たず、if文の次の処理に進みます（**図9.16**）。

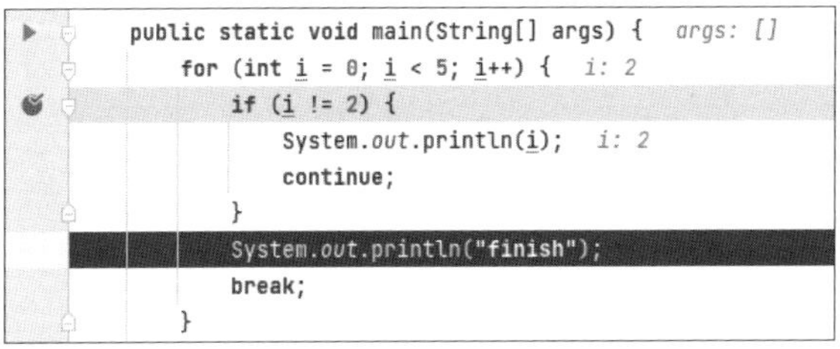

図9.16 ● デバッグ情報の表示（10）

［F8］キーでステップ実行するとbreak文の行に進みます（**図9.17**）。

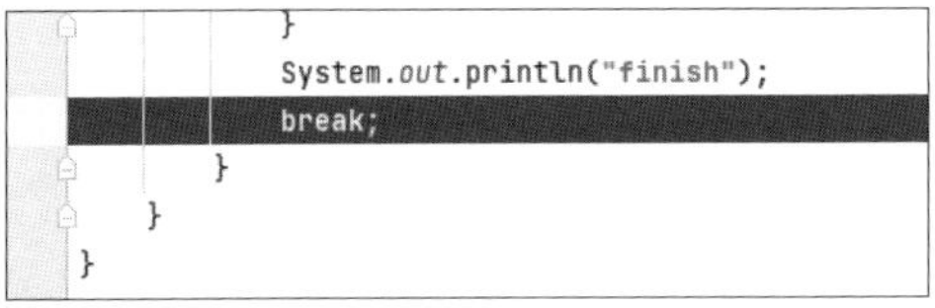

図9.17 ● break文の行に進む

コンソールには「finish」が表示されています（**図9.18**）。

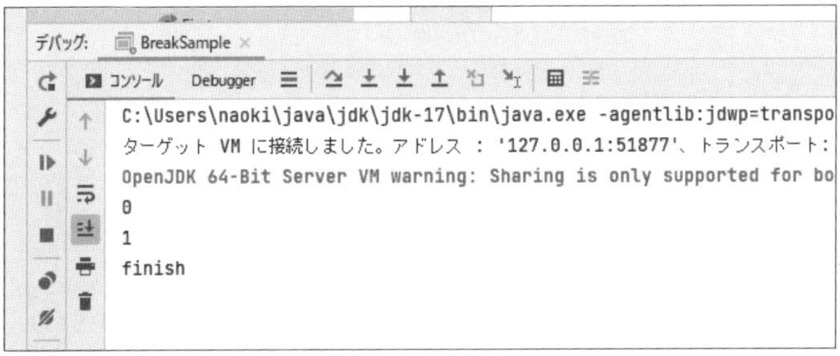

図9.18 ●「finish」が表示されている

［F8］キーでステップ実行するとbreak文によってfor文を抜けます（**図9.19**）。

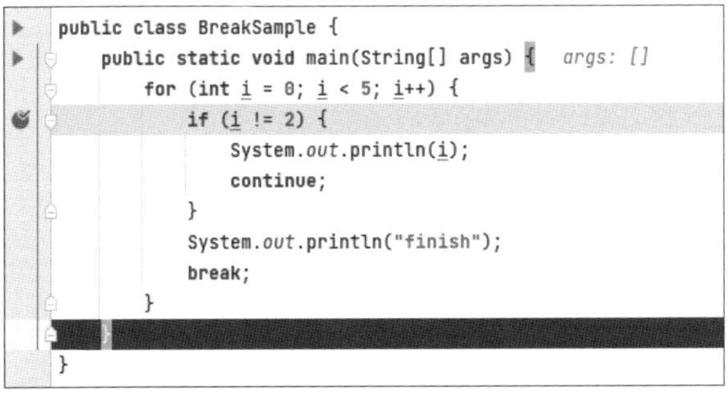

図9.19 ● for文を抜ける

［F8］キーでステップ実行するとプログラムが終了してデバッガーも終了します（**図9.20**）。

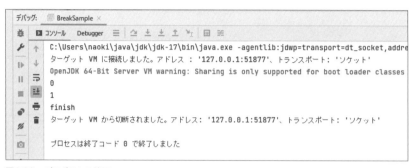

図9.20 ● プログラムの終了

これで一通り、処理がどのように進むかを観察することができました。他のプログラムでも、もし処理がどのように行われるかわからない場合は、このようにデバッガーで確認するとわかりやすくなります。

表9.1 ● デバッガーで使うアイコン

アイコン	名称	動作
🐞	デバッグ実行 (Debug)	アプリケーションをデバッグ実行する
▶	再開 (Resume Program)	停止しているアプリケーションの動作を再開する
⤴	ステップオーバー (Step Over)	メソッド呼び出しも含めて現在の行を実行して再び停止する
⬇	ステップイン (Step Into)	メソッド呼び出しがある場合は呼び出したメソッドの先で停止する。 メソッド呼び出しがない場合は現在の行を実行して再び停止する

> **練習**
>
> 1. 他のコードについてもデバッガーで動作を確認してみましょう。

9.2.2　二重ループ

ループの中でループを行うことも、プログラムにはよく出てきます。例えばループを二重にしてみましょう。掛け算の表を作ってみます。

■src/main/java/projava/KakezanTable.java

```
package projava;
```

```java
public class KakezanTable {
    public static void main(String[] args) {
        for (int i = 1; i <= 5; i++) {
            for (int j = 1; j <= 9; j++) {
                System.out.printf("%2d | ", i * j);
            }
            System.out.println();
        }
    }
}
```

実行すると次のような表が表示されます。

実行結果

```
 1 |  2 |  3 |  4 |  5 |  6 |  7 |  8 |  9 |
 2 |  4 |  6 |  8 | 10 | 12 | 14 | 16 | 18 |
 3 |  6 |  9 | 12 | 15 | 18 | 21 | 24 | 27 |
 4 |  8 | 12 | 16 | 20 | 24 | 28 | 32 | 36 |
 5 | 10 | 15 | 20 | 25 | 30 | 35 | 40 | 45 |
```

for文が二重になる場合、外側のfor文と内側のfor文で変数を変える必要があります。変数の名前は役割を表すものがよいのですが、やはり特に役割がないことが多く、外側のループでiを使った場合には内側のループでjを使います。

```java
for (int i = 1; i <= 5; i++) {
    for (int j = 1; j <= 9; j++) {
```

内側のループを見てみると、何かを9回表示しようとしていることがわかります。

```java
for (int j = 1; j <= 9; j++) {
    System.out.printf("%2d | ", i * j);
}
```

printfメソッドは、String型のformatメソッドと同じく文字列の整形を行ったあとで、整形結果の表示を行います。改行は行いません。ここで書式には%2dを指定しています。このdの前に付けた2は、数値の整形結果が最低2文字になるよう左側にスペースを入れるということを表します。ここにi×jの結果を流し込みます。

内側のループが終わると改行を行います。

```java
System.out.println();
```

こうして、掛け算の結果を9回表示して改行するという処理が5回繰り返される、ということになります。

```
for (int i = 1; i <= 5; i++) {
```

　二重ループを読むときは、内側のループの処理が何をしているのかを把握したら何度もループの中を追わず、外側のループの処理をつかんでいくという風にすると混乱しにくくなると思います。

練習

1.　この表は5×9までしか表示されていません。9×9まで表示されるようにしてみましょう。

内側のループ回数が変わる場合

　先ほどの二重ループでの内側のループは、繰り返しの回数が9回で固定でした。内側のループの回数が変わっていく場合を見てみましょう。

■src/main/java/projava/LoopStepSample.java

```Java
package projava;

public class LoopStepSample {
    public static void main(String[] args) {
        for (int i = 1; i <= 5; i++) {
            for (int j = 0; j < i; j++) {
                System.out.print("O");
            }
            System.out.println();
        }
    }
}
```

　実行すると次のようになります。

実行結果
```
O
OO
OOO
OOOO
OOOOO
```

内側のループを見てみると次のようになっています。「O」を i 回表示しています。

```
for (int j = 0; j < i; j++) {
    System.out.print("O");
}
```

文字列を複数回繰り返すメソッドとして repeat メソッドがあったことを思い出してください。repeat メソッドを使うと、内側のループは次のように置き換えることができます。

```
System.out.print("O".repeat(i));
```

そうすると、今回の二重ループは次のように書き換えることができます。

```
for (int i = 1; i <= 5; i++) {
    System.out.print("O".repeat(i));
    System.out.println();
}
```

二重ループと比べてわかりやすくなったのではないでしょうか。

repeat メソッドの中でもループがあるはずですが、メソッドに分離したことでループが隠されて忘れることができます。二重ループが書かれているときも、実際は「外側のループの1回目に内側のループでは…外側のループの2回目に内側のループでは…」と処理を追って考えるのではなくて、「内側のループではこういうことをしている、そして i が変わりながら繰り返す。やりたいことはわかった。実際どうなるかは動かしてみよう」と考えます。うまく動かないときに初めて落ち着いて処理を追いながら考えることになります。

ぼくたちはコンピュータではないので、処理を1つずつ追いながら考えるのは苦手です。しかしコンピュータと違って、大まかに意味づけしながら考えるという能力を持っています。最初のうちは、一番単純なループであっても落ち着いて処理を追いながら考えないと何をしているかわからないかもしれませんが、いろいろなループを書いて読んで、大まかに意味づけしながら考えることができる範囲を広げていくのがよいと思います。第11章「メソッド」で説明するメソッド定義を使って、処理を抜き出して別のところに書くようにすると、大まかな意味づけがわかりやすくなり、処理の把握もやりやすくなります。

i、jの次は？

　変数名をi、jと使ってきたので、三重ループにしたい場合はkを使うのですが「では四重ループにしたい場合は？」となってきます。この場合の答えは、「四重ループはプログラムが見づらくなっているはずなので、できればメソッドを定義して処理を分けましょう」となります。また、四重ループになるような場合は、名前を付けることができるような、なんらかの役割を持っていることが多いので、その場合はループ用の変数にも適した名前を付けましょう。

練習

1. 次のように表示されるようにしてみましょう。

```
実行結果
00000
0000
000
00
0
```

入力を間違えたとき

　次のようにj++とすべきところをi++としてしまうと、変数jの値は変化しないのでいつまでも「j <= 9」という条件が成り立ち、無限ループになってしまいます。

```Java
for (int j = 1; j <= 9; i++)
```

　IntelliJ IDEAでは条件部分が強調表示されて、「条件'j <= 9'が常に'true'（Condition 'j <= 9' is always 'true'）」という警告が表示されます（**図9.21**）。

```
public class KakezanSample {
    public static void main(String[] args) {
        for (int i = 1; i <= 5; i++) {
            for (int j = 1; j <= 9; i++) {
                System.out.prin┊   条件'j <= 9'が常に'true'
            }
            System.out.println(  'j <= 9'をtrueに単純化する  Alt
        }
    }
```

図9.21 ● 常にtrueという警告

9.2.3　もう少しループの練習

もう少しループの練習をしてみましょう。結果が見えやすいよう、画面描画を行ってみます。

● 丸を並べる

二重ループを使って丸を並べてみます。「projava.Circles」という名前でクラスを作成してください。

■src/main/java/projava/Circles.java

```java
package projava;

import javax.swing.*;
import java.awt.*;
import java.awt.image.BufferedImage;

public class Circles {
    public static void main(String[] args) {
        var image = new BufferedImage(600, 400, BufferedImage.TYPE_INT_RGB);
        var g = image.createGraphics();
        for (int x = 0; x < 12; x++) {
            for (int y = 0; y < 12; y++) {
                g.fillOval(x * 30 + 50, y * 30 + 20, 25, 25);
            }
        }

        var f = new JFrame("格子");
        f.setDefaultCloseOperation(JFrame.EXIT_ON_CLOSE);
        f.add(new JLabel(new ImageIcon(image)));
        f.pack();
        f.setVisible(true);
    }
}
```

次のように丸が並びます（**図9.22**）。

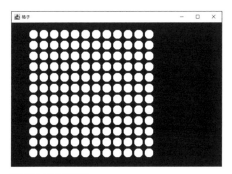

図9.22 ● 丸を並べる

fillOvalメソッドを使って変数xやyに応じた場所に丸を描いています。

```java
g.fillOval(x * 30 + 50, y * 30 + 20, 25, 25);
```

このプログラムを変更して、左から4番目の列の丸を赤くしてみます。

■src/main/java/projava/Circles.java

```java
for (int x = 0; x < 12; x++) {
    for (int y = 0; y < 12; y++) {
        if (x == 3) {
            g.setColor(Color.RED);
        } else {
            g.setColor(Color.WHITE);
        }
        g.fillOval(x * 30 + 50, y * 30 + 20, 25, 25);
    }
}
```

実行すると次のようになります（図9.23）。

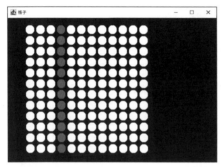

図9.23 ● 左から4番目を赤くする

　変数xが0のときに左端が描画されるので、4番目の列の表示を変更するには変数xが3の場合の処理を書きます。

```java
if (x == 3) {
```

変数xが3の場合は赤で描画するように指定しています。

```java
g.setColor(Color.RED);
```

練習

1. 上から4番目を赤くしてみましょう（図9.24）。

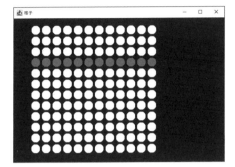

図9.24 ● 上から4番目を赤くする

2. ななめに赤くしてみましょう（図9.25）。

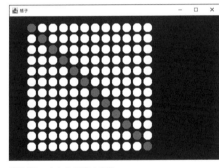

図9.25 ● ななめに赤くする

9.2.4 迷路ゲームを作る

　ここまでに出てきた要素を組み合わせて、迷路ゲームを作ってみましょう（図9.26）。左上に現れる「O」を動かして右下まで移動するゲームです。

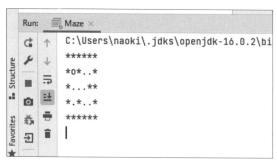

図9.26 ● 迷路ゲームの実行画面

　projava.Mazeという名前でクラスを作成して次のコードを入力してください。mainの行に throws IOExceptionが付いているので注意してください。これについては第12章の「12.1 ファイルアクセスと例外」で解説しています。

　「//」で始まる行は実行には関係ないコメントです。入力時には飛ばしても大丈夫です。

■ src/main/java/projava/Maze.java

```java
package projava;

import java.io.IOException;

public class Maze {
    public static void main(String[] args) throws IOException {
        record Position(int x, int y) {}
        int[][] map = {
            {1, 1, 1, 1, 1, 1},
            {1, 0, 1, 0, 0, 1},
            {1, 0, 0, 0, 1, 1},
            {1, 0, 1, 0, 0, 1},
            {1, 1, 1, 1, 1, 1}
        };
        var current = new Position(1, 1);
        var goal = new Position(4, 3);
        for (;;) {
            // 迷路の表示
            for (int y = 0; y < map.length; y++) {
                for (int x = 0; x < map[y].length; x++) {
                    if (x == current.x() && y == current.y()) {
                        System.out.print("o");
                    } else if (map[y][x] == 1) {
                        System.out.print("*");
                    } else {
                        System.out.print(".");
                    }
                }
                System.out.println();
```

```
        }
        // ゴール判定
        if (current.equals(goal)) {
            System.out.println("GOAL!!!");
            break;
        }
        // キー入力処理
        int ch = System.in.read();
        // 押された方向の座標を得る
        var next = switch(ch) {
            case 'a' -> new Position(current.x()-1, current.y());
            case 'w' -> new Position(current.x()  , current.y()-1);
            case 's' -> new Position(current.x()+1, current.y());
            case 'z' -> new Position(current.x()  , current.y()+1);
            default -> current;
        };
        // 押された方向が通路なら進む
        if (map[next.y()][next.x()] == 0) {
            current = next;
        }
        // Enterキーの入力を捨てる
        System.in.read();
    }
  }
}
```

実行すると、迷路が表示されます。「*」が壁で、「o」が現在位置です。[z] キーを入力して [Enter]（[Return]）キーを押すと下に進みます。[a] が左、[w] が上、[s] が右です（図9.27）。

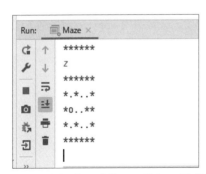

図9.27 ● [z] + [Enter]（[Return]）キーで下に進む

右下にたどりつくとゴールです（図9.28）。

```
Run:    Maze ×

▶   ↑    ******
🔧  ↓    *.*..*
■   ⇥    *...**
📷  ⇥    *.*.0*
      ******
📄      GOAL!!!

      Process finished with exit code 0
```

図9.28 ● 右下にたどりつくとゴール

それではプログラムを見ていきましょう。

```
public static void main(String[] args) throws IOException {
```

throws IOExceptionは、「このメソッドで例外IOExceptionが発生するので呼び出し側で処理するように」という印です。System.in.readメソッドを使うときに必要になります。throws句については第12章の「12.1 ファイルアクセスと例外」で説明します。

例外IOExceptionはjava.ioパッケージに属しているので、次のようなimport文も必要になります。

```
import java.io.IOException;
```

移動後の横位置xと縦位置yをまとめて扱うために、レコードでPositionを定義しています。

```
record Position(int x, int y) {}
```

迷路の地図をint型の2次元配列で用意しています。0が通路、1が壁です。

```
int[][] map = {
    {1, 1, 1, 1, 1, 1},
    {1, 0, 1, 0, 0, 1},
    {1, 0, 0, 0, 1, 1},
    {1, 0, 1, 0, 0, 1},
    {1, 1, 1, 1, 1, 1}
};
```

現在位置を表す変数としてcurrentを用意しています。この現在位置はPositionレコードを使って保持します。最初の位置が左上になるようにします。

```
var current = new Position(1, 1);
```

　ゴールの位置をgoal変数で用意しています。ゴールもPositionレコードで表します。右下がゴールになるようにしています。

```
var goal = new Position(4, 3);
```

　ゴールにたどりつくまで処理を無限に繰り返すので、条件など何も指定しないforループを使っています。

```
for (;;) {
```

　迷路の表示で二重のループを行っています。外側のループはmap.length回で縦方向の処理を表します。また、縦方向の処理なので変数はyとしています。内側のループでは横方向の処理をするので変数名にxを使います。それぞれの行の配列の要素数だけ繰り返すようにしています。

```
for (int y = 0; y < map.length; y++) {
    for (int x = 0; x < map[y].length; x++) {
```

　変数currentの値とx、yの値が一致するときは、現在位置の表示なので「o」を表示します。

```
if (y == current.y() && x == current.x()) {
    System.out.print("o");
```

　地図データが1のときは壁を表すということで「*」を表示します。

```
} else if (map[y][x] == 1) {
    System.out.print("*");
```

　if-elseラダーの書き方をしています。
　現在位置でも壁でもない場合には、通路として「.」を表示します。スペースを表示すると空白があることに気づきにくいので何かを表示するようにしています。

```
} else {
    System.out.print(".");
```

1行の最後に改行を行うようにしています。

```
System.out.println();
```

迷路を表示したあとで、現在位置がゴールであれば「GOAL!!!」と表示して、break文でループを抜けます。ループを抜けると続きにコードはないのでそのままプログラムが終了します。

```
if (current.equals(goal)) {
    System.out.println("GOAL!!!");
    break;
```

レコードの値が等しいかどうかを判定するときは==演算子ではなくequalsメソッドを使うことに注意してください。

System.in.readメソッドで入力を1文字受け取ります。このreadメソッドを使うために、throws IOExceptionがmainの行に必要になっていました。

```
int ch = System.in.read();
```

受け取った入力文字がなんであるかによって、移動した位置を表すPositionオブジェクトを作成して、移動先を保持する変数nextに割り当てます。文字を表すときは「'」（シングルクォーテーション）で囲むのでしたね。

```
var next = switch(ch) {
    case 'a' -> new Position(current.x()-1, current.y());
    case 'w' -> new Position(current.x()  , current.y()-1);
    case 's' -> new Position(current.x()+1, current.y());
    case 'z' -> new Position(current.x()  , current.y()+1);
```

移動以外のキーが押された場合には現在位置に移動するようにします。こうすることで、移動用のキー以外では移動しないことになります。

```
    default -> current;
```

移動先のデータが0、つまり通路であれば、現在位置を表す変数currentにnextの内容を割り当てることで移動します。壁の場合は移動しません。

```
if (map[next.y()][next.x()] == 0) {
    current = next;
```

移動方向の入力は対応するキーと［Enter］（［Return］）キーの入力だったので、［Enter］
（［Return］）キーが入力された分を読み込んで無視します。

```
System.in.read();
```

ここまで処理をしたら、迷路表示に戻って繰り返します。

この迷路プログラムには、文法的に難しいものは使っていません。使っているメソッドも入
力を受け取る System.in.read メソッドと文字を出力する System.out.print や System.out.
println メソッド、そして同値判定のための equal メソッドだけです。変数、比較演算子、for
と if と switch 式と record、配列を知っていて、文字の扱いがわかっていれば、それぞれの行
は理解できるのではないかと思います。一方で、全体の動きの理解は難しいかもしれません。
さらに、このコードを一から考えて書くことを考えると、もっと難しいのではないかと思い
ます。

文法要素の理解だけではない何かが必要であることがおわかりいただけるのではないでしょ
うか。しかしながら、その「何か」というのは世の中ではっきりと整理されておらず、どのよう
なトレーニングをすればよいかという道筋もよくわかっていません。ただ、文法を理解するだ
けでは足りないことと、知識だけではなくトレーニングが必要ということは確かです。この本
では単なる文法の説明ではなく、プログラムを組むということの説明になるよう心掛けて、ト
レーニングとなるように練習を用意するようにしています。また、ループの難しさについては、
この章から第13章「処理の難しさの段階」にかけて、段階を追って説明しています。

練習

1. 右上がゴールになるようにしてみましょう。
2. 左下がスタートになるようにしてみましょう。
3. もっと大きい迷路を定義してみましょう。
4. wasz が上左右下になっていますが、uhjn を上左右下になるようにしてみましょう。
5. ゴールの位置に「G」と表示するようにしてみましょう。
6. 一歩進むごとに現在位置の表示を「o」と「O」で切り替えるようにしてみましょう。
7. 現在地のまわり2マスだけ表示するようにしてみましょう。つまり、5×5マスが表示
   されるようにします。
8. 何も入力せずに［Enter］（［Return］）キーを押したり、2文字入力して［Enter］
   （［Return］）キーを押したりすると、[z] キーなどを押しても移動しなくなります。どの
   ような操作をすれば移動が行えるようになるか考えてみましょう。

第10章

データ構造の処理

データをまとめて扱うデータ構造、そして繰り返し処理の構文を紹介しました。そうするとやりたくなるのがデータ構造の要素の処理です。Javaではデータ構造の要素の処理を行う方法がいくつか用意されているので説明します。

10.1 データ構造を拡張for文で扱う

Listや配列に格納されたすべての値を処理したい場合があります。例えばListの値をすべて表示するようなときです。for文はJava 5で拡張されて、値をまとめたものを扱えるようになりました。これを拡張for文といいます。

10.1.1 基本for文でのListの要素の処理

拡張for文に対して、これまでに紹介したfor文を基本for文といいます。まずは基本for文でListの処理を行ってみましょう。

「projava.ForEachListSample」という名前でクラスを作成して次のリストを入力してみましょう。ここでのfor文は「strs.fori」と入力して［Tab］キーを押すと補完されます。このように、値のあとにキーワードを入力して行う補完を「後置補完」といいます。詳しくは、第19章の「19.1 補完機能を使いこなす」で解説しています。

■src/main/java/projava/ForEachListSample.java

`Java`

```java
package projava;

import java.util.List;

public class ForEachListSample {
```

```
public static void main(String[] args) {
    var strs = List.of("apple", "banana", "grape");
    for (int i = 0; i < strs.size(); i++) {
        var str = strs.get(i);
        System.out.println(str);
    }
}
}
```

実行結果は次のようになります。

実行結果

```
apple
banana
grape
```

要素3つを指定してListを用意しています。

```
var strs = List.of("apple", "banana", "grape");
```

前の章でも出てきたfor文の基本的な形で、繰り返す回数としてListの要素数であるstrs.size()を指定しています。

```
for (int i = 0; i < strs.size(); i++) {
```

こうすると0から「要素数−1」まで、変数iが更新されながら処理が繰り返されます。ここでは要素数が3つなので、iの値は0、1、2となります。Listのインデックスは0から「要素数−1」までになるので、すべての要素の処理ができます。

```
var str = strs.get(i);
```

ここでは取得した要素を表示しています。

```
System.out.println(str);
```

Listの要素を扱うといっても、基本for文を使う場合は特別なことはありません。ループの回数としてsizeメソッドで得た要素数を指定することと、ループ変数を使ってListの要素を取り出すことを覚えておきましょう。

練習

1. 次のように用意されたListのすべての要素を表示するプログラムを基本for文を使って書いてみましょう。

```Java
var names = List.of("yusuke", "kis", "sugiyama");
```

10.1.2 拡張for文によるListの要素の処理

基本for文でのList処理は、ループ用の変数が必要で、やりたいことと比べれば少しまわりくどくなっています。Java 5からはfor文が拡張されて、配列やListの処理に対応しました。

先ほどのコードではfor文に「'for'ループは拡張'for'ループに置換できます（'for' loop can be replaced with enhanced 'for'）」という警告が表示されます（図10.1）。警告が出ていない場合は［F2］キーを押してください。

```
for (int i = 0; i < strs.size(); i++) {
    'for' ループは拡張 'for' ループに置換できます            ⋮
    拡張 'for' に置換  Alt+Shift+Enter    その他のアクション...  Alt+Enter
}
```

図10.1 ● 拡張for文に置き換えることができるという警告

［Alt］＋［Shift］＋［Enter］（［Shift］＋［Option］＋［Return］）キーを押すと拡張for文に置き換えられます。

■ src/main/java/projava/ForEachListSample.java

```Java
for (var str : strs) {
    System.out.println(str);
}
```

スッキリしました。ループを回すために用意されていた変数iも不要になっています。やりたいことと直接関係ない変数が減るのは、それだけでプログラムの見通しがよくなります。

拡張for文の構文は次のようになっています。

構文　拡張for文

```
for (var 変数 : 配列やList) {
    繰り返す処理
}
```

　後置補完で拡張for文を入力する場合、「strs.for」と入力して［Tab］キーを押すことで補完されます。

　拡張for文によって、変数strsに割り当てられたListの要素を変数strに割り当てながらすべての要素の処理が行われます。

```
for (var str : strs) {
```

　最初は動きを把握しづらいかもしれませんが、そのときは変換元の基本for文を想像してみてください。想像できないときはfor文に入力カーソルを持っていって［Alt］＋［Enter］（［Option］＋［Return］）キーを押すと「for-eachループをインデックスを用いたループに置換（Replace for-each loop with indexed 'for' loop）」というメニューが出るので、いったん基本for文に変換してみてもよいでしょう。

練習

1. 次のように用意されたListのすべての要素を拡張for文を使って表示するプログラムを書いてみましょう。

```
var names = List.of("yusuke", "kis", "sugiyama");
```

10.1.3　拡張for文による配列の要素の処理

　次に配列の要素の処理を拡張for文で書いてみましょう。

　「projava.ForEachArraySample」という名前でクラスを作って、次の処理を書いてください。配列でもListのときと同様に、nums.forで［Tab］キーを押すと拡張for文が補完されます。

■src/main/java/projava/ForEachArraySample.java

`Java`

```java
package projava;

public class ForEachArraySample {
    public static void main(String[] args) {
        var nums = new int[]{2, 3, 5, 7};
        for (int num : nums) {
            System.out.println(num);
        }
    }
}
```

実行すると次のように表示されます。

```
実行結果
2
3
5
7
```

ここでは次のように拡張for文を使っています。

```
for (var num : nums) {
```

配列numsの要素がそれぞれ変数numに割り当てられながら「繰り返す処理」が行われます。

配列とListでは要素数や要素の取り方が違うので、基本for文による処理ではそれぞれに対応したコードが必要になります。拡張for文を使うと、配列でもListでも同じ書き方で要素の処理ができます。

練習

1. 拡張for文を使って、次の配列のすべての要素を表示してみましょう。

```
var names = new String[]{"yusuke", "kis", "sugiyama"};
```

10.1.4　値の集合の処理のパターン

値の集合の処理にはパターンがあります。そのパターンをいくつか見てみましょう。

■ 条件に合う要素を抜き出して新しいListを作る

Listから5文字以上の文字列を抜き出して、新しいListを作る処理を考えてみます。ここではList.of("yamamoto", "kis", "sugiyama")を処理してみましょう。続きを読む前に自分で考えてみるのもいいですね。

「projava.StreamSample1」という名前でクラスを作って次のコードを試してみてください。

■src/main/java/projava/StreamSample1.java

`Java`

```
package projava;

import java.util.ArrayList;
import java.util.List;
```

```java
public class StreamSample1 {
    public static void main(String[] args) {
        var data = List.of("yamamoto", "kis", "sugiyama");

        var result = new ArrayList<String>();
        for (var s : data) {
            if (s.length() >= 5) {
                result.add(s);
            }
        }
        System.out.println(result);
    }
}
```

実行結果は次のようになります。「yamamoto」「sugiyama」を含んだListができています。

実行結果

```
[yamamoto, sugiyama]
```

コードでは、まずこの結果を格納するArrayListを用意します。

```java
var result = new ArrayList<String>();
```

そしてループの中で、条件を満たした文字列をArrayListに追加します。

```java
result.add(s);
```

条件に合う要素の個数を数える

他のパターンの処理として、5文字以上の文字列の個数を数えてみます。「projava.Stream Sample2」という名前でクラスを作って次のコードを試してみてください。

■src/main/java/projava/StreamSample2.java

Java

```java
package projava;

import java.util.List;

public class StreamSample2 {
    public static void main(String[] args) {
        var data = List.of("yamamoto", "kis", "sugiyama");

        var result = 0;
```

```
        for (var s : data) {
            if (s.length() >= 5) {
                result++;
            }
        }
        System.out.println(result);
    }
}
```

5文字以上の文字列は「yamamoto」「sugiyama」の2件なので実行結果として「2」が表示されます。

実行結果

2

コードとしては、まず個数を数えるための変数resultを用意して0を入れておきます。

```
var result = 0;
```

ループの中では、条件を満たす文字列があったら、値を1増やします。

```
result++;
```

共通するパターン

値の集合の処理を見てみましたが、どちらも条件に合うデータを抜き出してまとめる処理になっていました。そして、データをまとめる処理としては「新しいListを作る」「個数を数える」というものでしたが、次のような定型のパターンがありました。

```java
var result = 初期値;
for (var s : data) {
    if (s.length() >= 5) {
        resultに新たな結果を加える処理;
    }
}
```

まとめると表10.1のようになります。

表10.1 ● 値の集合の処理のパターン

処理	初期値	結果を加える処理
新しいList	`new ArrayList<String>()`	`result.add(s)`
個数を数える	`0`	`result++`

　このように、データの処理ではこのようなパターンになることが多くあります。入門書的には「パターンを覚えて使いこなしましょう」となるのですが、プログラムの世界では、このようによく出てくるパターンはライブラリなどで使いまわせるようにして、プログラマーが覚えて何度も書く必要をなくしていきます。

　データの処理のパターンを使いまわせるようにしたのが、次の節で紹介するStreamです。ただ、実際のコードではStreamを使うとしても、プログラミング能力の面ではこういった処理を自分で書けるようになっておくほうが好ましいです。

　ここで挙げた処理を、単に表示するだけのサンプルよりも難しいと感じた人も多いのではないでしょうか。ここで違いは集計用の変数が必要になっていることです。このような、ループ内の処理をまたがって結果を管理するような変数が必要になると、難しさは少し上がります。

練習

1. `List.of("apple", "banana", "grape")` について、次の処理を考えてみましょう。
   - 5文字ちょうどの文字列を表示する
   - 5文字ちょうどの文字列を取り出した新たなListを作る
   - 5文字ちょうどの文字列の個数を数える
   - 5文字ちょうどの文字列のすべてが「p」を含むか確認する
   - 5文字ちょうどの文字列のどれか1つでも「p」を含むか確認する

10.2　Stream

　データの処理のパターンを見ましたが、こういったパターンは値の集合の処理として実際によく出てきます。その割に、実際に書こうとすると頭を使います。たまに間違えてトラブルになったりもします。このような、よく出てくるようなパターンは使いまわせたほうがいいですね。値の集合に対する処理を使いまわす仕組みがStreamです。

10.2.1　IntelliJ IDEAによるStreamへの変換

　IntelliJ IDEAが賢いので、今回出てきたパターンをIntelliJ IDEAの機能を使ってStreamに変換することができます。for文に入力カーソルを持っていって［Alt］＋［Enter］（［Option］＋［Return］）キーを押すとメニューが出ます。画面キャプチャは省きますが、次のようなメニュー操作でコードが変換されます。

　5文字以上の文字列のListを作るコード（StreamSample1.java）は［collectに置換（Replace with collect）］メニューで次のようなコードに変換されます。

```java
var result = data.stream().filter(s -> s.length() >= 5).collect(
        Collectors.toCollection(ArrayList::new));
```

　5文字以上の文字列の数を数えるコード（StreamSample2.java）は［count()に置換（Replace with count())］メニューで次のようなコードに変換されます。

```java
var result = (int) data.stream().filter(s -> s.length() >= 5).count();
```

　これらがStreamを使った処理です。このコードを例にStreamの処理を見ていきましょう。

10.2.2　Streamの構成

　生成されたコードの中には難しい書き方になっている部分もありますが、難しい部分はあとまわしにして全体の構成を見てみましょう。

　ここで、数を数えるコードの変換例を整理すると次のようになります。

```java
var result = (int) data.stream() ─────────────── Streamソース
        .filter(s -> s.length() >= 5) ─────────── 中間処理（値を操作する）
        .count(); ───────────────────────── 終端処理（値をまとめる）
```

　Streamの処理は、値の集合からStreamを取り出す「Streamソース」、値を操作する「中間処理」、最後に値をまとめる「終端処理」の3つの部分に分かれます。

　ここではListからStreamソースを取り出して、中間処理として長さ5以上の文字列だけを処理するようにフィルターし、最後に終端処理として個数を数えています。Stream処理は基本的にはメソッド呼び出しを続けて書くメソッドチェーンの形で書きます。メソッドチェーンについては、第11章の「11.3.2　メソッド呼び出しの組み合わせ」で解説しています。

　この例では改行が入っていますが、Javaでは改行はスペースと同じ扱いで、「;」までが1行とみなされます。Stream処理ではStreamソースや中間処理、終端処理をそれぞれ「.」から始

まるよう改行する書き方がよく使われます。

10.2.3 ラムダ式

先のコード例の中間処理のように、Streamではラムダ式が多く使われます。

```
.filter(s -> s.length() >= 5)
```

ラムダ式についてはSwingでボタンの処理をするときにも出てきました。「必要なときにこの
処理を呼び出してください」というときに処理をラムダ式の形で渡すのでしたね。
ラムダ式は次のような形式になります。

構文　ラムダ式

受け取った値を使うための変数 -> 処理

ここで、「受け取った値を使うための変数」の名前は、変数名として使えるものであれば何
でもかまいません。続く処理の中ではその名前で受け取った値を使います。次の例では先ほど
使った変数名をsからaに変更しています。

```
.filter(a -> a.length() >= 5)
```

ラムダ式については、第11章の「11.2.1 ラムダ式」でさらに詳しく説明します。

10.2.4 Streamソース

Streamソースは、Streamの取り出し口です。トンカツにかけるソースは「Sauce」ですが、
ここでのソースは「Source」で「発生源」のような意味で使われています。プログラムの話で
出てくる「ソースコード」などの「ソース」もすべて「Source」のほうです。
ここまで出てきた処理ではListからStreamを得ました。ListからStreamを取り出すときに
はstreamメソッドを使います。

```
var result = data.stream()
```

JShellで試してみましょう。JShellの起動を忘れた人は［Alt］＋［F12］（［Option］＋［F12］）キー
でターミナル画面を開いて、「jshell」と入力しましょう。
まずはStreamを試すためのListを用意します。

```
jshell> var names = List.of("yamamoto", "kis", "sugiyama")
names ==> [yamamoto, kis, sugiyama]
```

streamメソッドでStreamを取り出します。

```
jshell> names.stream().toList()
$2 ==> [yamamoto, kis, sugiyama]
```

結果がわかりやすくなるよう、toListメソッドでListに変換しています。ここでは元のデータもListなのであまり意味がないですが、以降の例と同じ形になるようにしています。

次に配列でStreamを試してみます。

```
jshell> var strarray = new String[]{"test", "hello", "world"}
strarray ==> String[3] { "test", "hello", "world" }
```

配列からStreamを取り出すには、Arrays.streamメソッドかStream.ofメソッドを使います。

```
jshell> Arrays.stream(strarray).toList()
$4 ==> [test, hello, world]

jshell> Stream.of(strarray).toList()
$5 ==> [test, hello, world]
```

Stream.ofメソッドも内部でArrays.streamメソッドを呼び出しているだけなので、動きとしてはどちらも同じです。どちらを使うかは好みですが、個人的にはStream.ofメソッドのほうがStreamが返ってくることがわかりやすくてよいと思います。

決まった値を持つStreamを作るときはStream.ofメソッドを使います。

```
jshell> Stream.of("test", "hello", "world").toList()
$6 ==> [test, hello, world]
```

複数行の文字列から1行ずつStreamで取り出すときはlinesメソッドを使います。

```
jshell> """
   ...> test
   ...> hello
   ...> world
   ...> """.lines().toList()
$7 ==> [test, hello, world]
```

ほかにも、Streamを受けとれると便利だなというところでは、ほとんどの場合Streamを返す処理が用意されています。

10.2.5 終端処理

Streamでの処理から最終的な結果を取り出すのが終端処理です。IntelliJ IDEAが変換したコードでは、終端処理は**表10.2**のようになっていました。

表10.2 ● 終端処理

処理	終端処理
新しいList	collect(Collectors.toCollection(ArrayList::new))
個数を数える	count()

それでは、終端処理について詳しく見てみましょう。

▬▬ Streamに直接用意されている終端処理

まずはStreamの結果をListに格納するtoListメソッドです。

```
jshell> names.stream().toList()
$8 ==> [sugiyama, kis, yamamoto]
```

元々がListなので、ここではあまり意味がありませんが、あとで説明する中間処理をはさんでいくと役に立ってきます。件数を数えるにはcountメソッドを使います。

```
jshell> names.stream().count()
$9 ==> 3
```

▬▬ allMatchとその仲間

すべての要素が条件を満たすかどうか確認するにはallMatchメソッドを使います。

```
jshell> names.stream().allMatch(s -> s.contains("y"))
$10 ==> false
```

すべての要素がこの条件に合う場合にtrueを返します。allMatchメソッドには、ラムダ式で条件を渡します。ここでは「y」を含むかどうかを確認しています。namesリストの中で「kis」が「y」を含まないのでfalseになっています。

条件を満たすものが1つでもあればよい場合にはanyMatchメソッドを使います。

```
jshell> names.stream().anyMatch(s -> s.contains("y"))
$11 ==> true
```

「yamamoto」「sugiyama」が「y」を含むので true になります。

条件を満たすものが1つもないことを確認する場合には noneMatch メソッドを使います。

```
jshell> names.stream().noneMatch(s -> s.contains("y"))
$12 ==> false
```

「yamamoto」「sugiyama」が「y」を含むので false になります。

すべての要素が「n」を含まないことを noneMatch メソッドで確認すると、true になります。

```
jshell> names.stream().noneMatch(s -> s.contains("n"))
$13 ==> true
```

▓▓▓ Collectors

Stream に直接用意されている終端処理以外に、いろいろな終端処理が Collectors クラスにまとまっています。Collectors にまとめられた終端処理は collect メソッドを介して使います。

例えば文字列を連結する場合には joining メソッドを使います。

```
jshell> names.stream().collect(Collectors.joining())
$14 ==> "yamamotokissugiyama"
```

joining メソッドの引数に区切り文字を与えると、与えた文字で区切られます。

```
jshell> names.stream().collect(Collectors.joining("/"))
$15 ==> "yamamoto/kis/sugiyama"
```

いままで List を取るには toList メソッドを使っていましたが、このメソッドは Java 16 で導入されたものです。Java 15 以前では Collectors の toList メソッドを使う必要がありました。

```
jshell> names.stream().collect(Collectors.toList())
$16 ==> [yamamoto, kis, sugiyama]
```

このとき ArrayList が返ってくるので、値の変更が可能です。toList メソッドの場合にはイミュータブルな List が返ってくるので値の変更はできません。

IntelliJ IDEA が生成したコードでは次のように toCollection メソッドを使っていますが、動きとしては Collectors.toList メソッドと同じです。

```
collect(Collectors.toCollection(ArrayList::new))
```

ArrayListを返すことを明示したい場合はこのように書きますが、現実的にはあまり出番はないように思います。

forEach

結果を1つずつ出力する例のStream版を見てみましょう。Streamを使わずに書くと次のようになります。

```java
for (var s : data) {
    if (s.length() >= 5) {
        System.out.println(s);
    }
}
```

このような場合にはforEachメソッドを使います。

```
jshell> names.stream().forEach(s -> System.out.println(s))
sugiyama
kis
yamamoto
```

中間処理がない場合、List自体がforEachメソッドを持っているので、Streamを介さずに呼び出すことができます。

```
jshell> names.forEach(s -> System.out.println(s))
sugiyama
kis
yamamoto
```

IntelliJ IDEAでfor文をStreamに変換するときには［forEachに置換］メニューを使います。このときforEachメソッドは次のようになりますが、引数に使われているのは上の例のラムダ式をメソッド参照という形で書き換えたものです。

```java
forEach(System.out::println)
```

メソッド参照については第11章の「11.2.2 メソッド参照」で詳しく説明します。

3

Javaの文法

10

データ構造の処理

10.2.6　中間処理

Streamに流れる値を変換したり取捨選択するのが中間処理です。

■■■ 要素に対する処理

処理するメソッドをフィルターする場合はfilterメソッドを使います。ラムダ式で渡した条件がtrueになる値だけ処理が行われます。例えば文字列の長さが5文字より長いものを取り出すと次のようになります。

```
jshell> names.stream().filter(s -> s.length() >5).toList()
$17 ==> [yamamoto, sugiyama]
```

値を加工する場合はmapメソッドを使います。値を加工する処理をラムダ式で渡します。文字列を大文字に変換すると次のようになります。

```
jshell> names.stream().map(s -> s.toUpperCase()).toList()
$18 ==> [YAMAMOTO, KIS, SUGIYAMA]
```

■■■ 全体に対する処理

要素をいくつか飛ばして処理を始めるときはskipメソッドを使います。1件飛ばしてみます。

```
jshell> names.stream().skip(1).toList()
$19 ==> [kis, sugiyama]
```

処理する要素数を制限するときはlimitメソッドを使います。2件までに制限してみます。

```
jshell> names.stream().limit(2).toList()
$20 ==> [yamamoto, kis]
```

要素を並べ替えるときはsortedメソッドを使います。

```
jshell> names.stream().sorted().toList()
$21 ==> [kis, sugiyama, yamamoto]
```

要素の重複を省く場合はdistinctメソッドを使います。ここではもともと重複がないので結果が変わっていません。

3

```
jshell> names.stream().distinct().toList()
$22 ==> [yamamoto, kis, sugiyama]
```

次のようにデータを重複させて試してみると、重複している「abc」が省かれています。

```
jshell> Stream.of("abc", "cde", "abc").distinct().toList()
$23 ==> [abc, cde]
```

練習

1. `var strs = List.of("apple", "banana", "orange", "pineapple");`

  があるとき、次の処理をStreamを使って書いてみましょう。

  - 6文字以上のものを大文字にして表示
  - 6文字以上のものの文字数の合計を表示
  - すべての文字列がaを含んでるかどうか判定
  - cを含むものが1つでもあるかどうか判定

10

10.2.7 Optional

　値があると思って処理をしていたのに実際は値がなかった、というのはJavaのプログラムでの不具合の多くを占めています。Optionalはそのような不具合を減らすための仕組みです。

　findFirstメソッドやfindAnyメソッドでは、見つかった値がOptionalに格納されて返ります。Optionalは値があるかないかを管理するクラスです。

```
jshell> names.stream().findAny()
$24 ==> Optional[yamamoto]
```

　findFirstメソッドとfindAnyメソッドの使い分けとしては、必ず先頭の要素じゃないと困るという場合以外はfindAnyメソッドを使うのがいいでしょう。

　要素がない場合はemptyという値が返ってきています。

```
jshell> Stream.of().findAny()
$25 ==> Optional.empty
```

　それではOptionalの使い方を見ていきます。Optionalに値を設定するにはOptional.ofメソッドを使います。

```
jshell> var o = Optional.of("test")
o ==> Optional[test]
```

値がないことを表すときはOptional.emptyメソッドを使います。

```
jshell> Optional.empty()
$27 ==> Optional.empty
```

Optionalから値を取り出すときはgetメソッドが使えます。

```
jshell> o.get()
$28 ==> "test"
```

ただし、getメソッドでは値がないときに例外NoSuchElementExceptionが発生します。

```
jshell> Optional.empty().get()
|  例外java.util.NoSuchElementException: No value present
|        at Optional.get (Optional.java:143)
|        at (#26:1)
```

getメソッドではなくorElseメソッドを使うと、値がないときの代わりの値を指定できます。

```
jshell> Optional.empty().orElse("無")
$29 ==> "無"
```

値があるときにはその値が返ります。

```
jshell> o.orElse("無")
$30 ==> "yamamoto"
```

mapメソッドで値を加工することができます。

```
jshell> o.map(s -> s.toUpperCase()).orElse("無")
$31 ==> "TEST"
```

値を持っているかどうかはisPresentメソッドやisEmptyメソッドで判定できます。

```
jshell> o.isPresent()
$32 ==> true
```

```
jshell> o.isEmpty()
$33 ==> false
```

値があるときだけ処理を行うというときにはifPresentメソッドが使えます。

```
jshell> o.ifPresent(s -> System.out.println(s))
yamamoto
```

isPresentメソッドとifPresentメソッドは見間違いやすいので気をつけてください。

10.3 基本型のStream処理

int型やlong型、double型の3つの基本型については専用のStreamクラスが用意されています。それぞれIntStreamとLongStream、DoubleStreamです。この本で説明していませんが、long型はint型よりも大きな値が扱える整数型です。約21億以上の値を扱うときに使います。

10.3.1 IntStreamで整数の処理

IntStreamでのint型の処理を見てみます。まず、処理を試すための配列を用意します。

```
jshell> var nums = new int[]{2, 5, 3}
nums ==> int[3] { 2, 5, 3 }
```

Streamソース

int型の配列からIntStreamを得るには、Arrays.streamメソッドかIntStream.ofメソッドを使います。IntStream.ofメソッドも内部でArrays.streamメソッドを呼び出しているだけなのでどちらを使っても動作は変わりませんが、IntStream.ofのほうがIntStreamを返すことがわかりやすいでしょう。

```
jshell> IntStream.of(nums).sum()
$36 ==> 10
```

終端処理としてsumメソッドを呼び出すと合計を取得できます。
数値範囲を指定してIntStreamを生成するときは、rangeメソッドを使います。引数には開

始値と終了値を指定します。終了値の1つ前の値までが生成されます。

```
jshell> IntStream.range(0, 10).toArray()
$37 ==> int[10] { 0, 1, 2, 3, 4, 5, 6, 7, 8, 9 }
```

toArrayメソッドでint配列を取得できます。

rangeClosedメソッドの場合は、終了値を含む数列を生成します。

```
jshell> IntStream.rangeClosed(0,10).toArray()
$38 ==> int[11] { 0, 1, 2, 3, 4, 5, 6, 7, 8, 9, 10 }
```

iterateメソッドは引数に初期値、繰り返し条件、次の値を得る計算を指定するので、for文のようなことができます。

```
jshell> IntStream.iterate(0, i -> i < 10, i -> i + 1).toArray()
$39 ==> int[10] { 0, 1, 2, 3, 4, 5, 6, 7, 8, 9 }
```

iterateメソッドは引数を2つにして、真ん中の繰り返し条件を省略することもできます。その場合、無限に値が生成されていくのでlimitメソッドなどで要素数を限定する必要があります。

```
jshell> IntStream.iterate(123, i -> (i * 211 + 2111) % 1000).limit(10).toArray()
$40 ==> int[10] { 123, 64, 615, 876, 947, 928, 919, 20, 331, 952 }
```

ここで次の値を得る計算に、元の数に何かを掛けて何かを足して何かで割った余りを求めています。その結果、でたらめに見える数列が得られました。でたらめに見える数のことを乱数といいます。ただ、実際には計算で求めているため予測が可能で、でたらめというわけではありません。このように計算で求める乱数を疑似乱数といいます。ここで使った、何かを掛けて何かを足して何かで割った余りを求めて疑似乱数を生成する手法を、線形合同法といいます。

疑似乱数はRandomクラスでも次のように生成できます。intsメソッドの引数は、個数、最小値、最大値を1つ増やしたもの、の3つです。

```
jshell> new Random().ints(10, 0, 100).toArray()
$41 ==> int[10] { 90, 96, 78, 14, 93, 69, 26, 65, 8, 45 }
```

中間処理

中間処理も見てみましょう。mapメソッドで値の加工ができます。

```
jshell> IntStream.of(nums).map(n -> n * 2).toArray()
$42 ==> int[3] { 4, 10, 6 }
```

filter メソッドで値をフィルターできます。

```
jshell> IntStream.of(nums).filter(n -> n < 5).toArray()
$43 ==> int[2] { 2, 3 }
```

sorted メソッドで並べ替えもできます。

```
jshell> IntStream.of(nums).sorted().toArray()
$44 ==> int[3] { 2, 3, 5 }
```

10.3.2 StreamとIntStreamの行き来

　オブジェクトの Stream と基本型の IntStream などを行き来する必要もあります。IntStream からオブジェクトの Stream を得るときは mapToObj メソッドを使います。

```
jshell> IntStream.of(nums).mapToObj(n -> "*".repeat(n)).toList()
$45 ==> [**, *****, ***]
```

逆にオブジェクトの Stream から IntStream を得るときは mapToInt メソッドを使います。

```
jshell> names.stream().mapToInt(s -> s.length()).toArray()
$46 ==> int[3] { 8, 3, 8 }
```

　Java では基本型とオブジェクトの型は区別する必要があるので、Stream と IntStream など を意識して使い分ける必要があります。このように基本型とオブジェクトの扱いが分かれてい るのはJavaの弱点です。現在、その弱点を解消するためのプロジェクトが進行中です。Java 17 の次のLTSまでには対応できることを望んでいます。

> **練習**
>
> 1. StringクラスのrepeatメソッドはJava 11で導入されたためJava 8では使えません。 "test"を3回連結して"testtesttest"を出力する処理を、IntStreamを利用して実装 してみましょう。

これまで、文字列や日付の操作、Swing GUI部品の制御などJavaで用意されたメソッドを使って
きましたが、メソッドを自分で宣言することもできます。この章ではメソッドの宣言やメソッドの
使いこなしについて見ていきます。

11.1　メソッドの宣言

　　メソッドは実行の単位で、Javaのプログラムはメソッドを呼び出していくことで処理が進ん
でいきます。プログラムを組む視点では、処理をメソッドにまとめて呼び出していくことでプ
ログラムを構築していくとも言えます。

11.1.1　JShellでのメソッド宣言

　　まずはJShellでメソッドを宣言してみましょう。

基本的なメソッド

メッセージを表示するメソッドmessageを宣言してみます。

```
jshell> void message() { System.out.println("Hello");}
|   次を作成しました: メソッド message()
```

　　IntelliJ IDEAでは、「sout」入力［Tab］キー押下で入力できたのに面倒ですね。メソッド
を宣言したときには「Hello」は表示されていないことに注意してください。ここで宣言した

message メソッドは次のように呼び出します。

```
jshell> message()
Hello
```

「Hello」が表示されました。

メソッドの宣言を改行を入れて整理すると次のようになっています。

```
void message() {
    System.out.println("Hello");
}
```
`Java`

JShell でも改行を含めて入力することができますが、紙面での見やすさと操作性から、ここでは1行で入力することにしています。

message メソッドは呼び出すたびに同じ動作を行うメソッドでした。このようなメソッドの宣言は次のようになります。

構文　メソッドの宣言

```
void メソッド名() {
    動作
}
```

メソッド名に使える文字は、変数やレコードと同じくアルファベットや数字などで、数字で始めることはできません。大文字で始めることもできますが、変数と同様に慣習としては小文字で始めます。

void は戻り値がないということを表します。ここでは message というメソッド名で System.out.println("Hello") という動作を指定しています。この動作は宣言時には実行されず、メソッドを呼び出したときに実行されます。また、JShell であってもメソッド宣言での動作のコードの行末には「;」が必要なので注意してください。このようにして宣言したメソッドは「メソッド名()」で呼び出します。ここでは message() として呼び出しました。

練習

1. 「Hi!」と表示する hi メソッドを宣言してみましょう。
2. 宣言した hi メソッドを呼び出してみましょう。

引数のあるメソッド

先ほどの message メソッドは呼び出すたびに同じ動作をしていました。次に、引数を与えて、その値を使って処理をするようにしてみましょう。

```
jshell> void greeting(String name) { System.out.println("Hello " + name);}
|   次を作成しました: メソッド greeting(String)
```

次のように引数に「kis」を与えて greeting メソッドを呼び出すと「Hello kis」と表示されます。

```
jshell> greeting("kis")
Hello kis
```

引数を「yamamoto」にして greeting メソッドを呼び出すと「Hello yamamoto」と表示されます。

```
jshell> greeting("yamamoto")
Hello yamamoto
```

このように引数によって動きが変わっていることがわかります。今回宣言したメソッドを整理すると次のようになっています。

```java
void greeting(String name) {
  System.out.println("Hello " + name);
}
```

引数を受け取って動作を行うメソッドの定義は次のようになります。

> **構文**　引数のあるメソッドの定義
>
> ```
> void メソッド名 (引数の型 処理中で使う変数) {
>     処理
> }
> ```

greeting メソッドでは String 型の引数を用意して処理中で name という名前の変数で使えるように宣言しています。これまで変数は var を使って型を指定せずに宣言できましたが、メソッドの引数の型は必ず指定する必要があります。複数の引数を受け取る場合は「,」(カンマ)で区切ります。

ここで「処理中で使う変数」のことを仮引数と呼ぶことがあります。仮引数に対して

greeting("kis") のように呼び出し時に指定する引数を実引数といいます。メソッド宣言時は引数としてどんな値が渡されるかわからないので「仮」の引数、呼び出すときには引数としての値が決まっているので「実」の引数ということだと思います。

練習

1. greetingメソッドとまったく同じく、"Hello " に続いて受け取った引数を表示するメソッドをvoid salutation(String person)に続けて宣言してみましょう。
   salutationもgreetingと同じく挨拶という意味です。
2. 引数として数値を受け取って、その回数だけ「Hello」と表示するメソッドhellohelloを宣言してみましょう。hellohello(1)として呼び出すと「hello」、hellohello(2)として呼び出すと「hellohello」が表示されます。
3. hellohello(3)として呼び出して動きを確認してみましょう。

戻り値のあるメソッド

引数を取り、戻り値のあるメソッドを宣言してみます。

```
jshell> int twice(int x) { return x * 2;}
|   次を作成しました: メソッド twice(int)
```

呼び出しは次のようになります。

```
jshell> twice(5)
$33 ==> 10
```

メソッドの宣言を整理すると次のようになっています。

`Java`

```java
int twice(int x) {
  return x * 2;
}
```

メソッドの宣言の形は次のようになります。

構文　戻り値のあるメソッドの宣言

```
戻り値の型 メソッド名 ( 引数の型 処理中で使う変数 ) {
    処理
}
```

メソッドが結果として返す値を戻り値や返り値と言います。ただ、「返り値」は口頭で使うと殺伐とした感じがあるのと、そういった殺伐とした感じに変換ミスをしてしまいがちなので、この本では「戻り値」を使っています。

　メソッドが戻り値を返す場合、戻り値の型を指定する必要があります。ここでもvarは使えないので型を明示する必要があります。

　メソッドの結果として値を返すときはreturn文を使います。

構文　return文

```
return 戻り値;
```

　戻り値の型を指定しているにもかかわらずreturn文がないときには構文エラーになります。

```
jshell> int twice(int x) { System.out.println(x * 2);}
|  エラー:
|  return文が指定されていません
|  int twice(int x) { System.out.println(x * 2);}
|                  ^--------------------------^
```

　return文があると、そこでメソッドの処理を終えて呼び出し元に戻るので、戻り値のないメソッドでも処理を打ち切るときにreturn文を使うことがあります。

練習

1. 与えられた数字を2倍するメソッドを int dbl(int n) から始めて宣言してみましょう。※doubleは「予約語」となっていてメソッド名に使えません。
2. 宣言したメソッドdblを呼び出してみましょう。
3. 与えられた数字を3倍するメソッドtripleを宣言して呼び出してみましょう。
4. 与えられた文字列を2回繰り返すメソッドを宣言して呼び出してみましょう。
5. 与えられた2つの整数のうち大きいほうを返すメソッドmax2を宣言してみましょう。条件演算子を使います。
6. 与えられた3つの整数のうち一番大きい数値を返すメソッドmax3を宣言してみましょう。

11.1.2　staticメソッドの宣言

　それではソースファイルの形で書いたプログラムで、メソッドを宣言してみましょう。「projava.MethodSample」という名前でクラスを作成します。

■src/main/java/projava/MethodSample.java

```Java
package projava;

public class MethodSample {
    public static void main(String[] args) {
        var result = twice(3);
        System.out.println(result);
    }

    static int twice(int x) {
        return x * 2;
    }
}
```

実行すると次のように6が表示されます。

実行結果

```
6
```

このサンプルではtwiceメソッドを宣言しています。メソッドの宣言は次のようになっています。

```
static int twice(int x) {
    return x * 2;
}
```

JShellで宣言したときと違うのはstaticが付いていることです。メソッドの宣言の前にstaticと付けるとstaticメソッドになります。mainメソッドもstaticメソッドになっています。staticメソッドから呼び出す同じクラス内のメソッドはstaticメソッドにする必要があると覚えておきましょう。

このメソッドを次のように呼び出しています。

```
var result = twice(3);
```

第5章の「5.1.7 staticメソッドとインスタンスメソッド」でstaticメソッドの呼び出しは「クラス名.メソッド名(引数)」のようになると説明しましたが、ここではメソッド名だけで呼び出しています。これは、同じクラス内のstaticメソッドの呼び出しではクラス名を省略できるためです。クラス名を省略せずに書くと次のようになります。

```
var result = MethodSample.twice(3);
```

■■■ mainメソッドの正体

これまでおまじないとして「public static void main(String[] args)」というメソッドを宣言してきました。今だとpublic以外の意味はわかるのではないでしょうか。publicは、このメソッドがどこからでも使えることを表します。詳しくは第14章の「14.1.2 アクセス制御（可視性）」で解説します。

public以外を見れば、Stringの配列を引数にとって戻り値を返さないmainという名前のstaticメソッドを宣言していることがわかると思います。mainメソッドは、宣言自体に特別なことはなく、Javaのプログラムはこのように宣言されたメソッドから始まるという決まりがあってプログラムの入り口になっています。ここで、引数にString配列を受け取っていますが、これはコマンドラインから呼び出したときに指定したパラメータが入ります。受け取ったパラメータは変数argsで扱えるようにしています。コマンドラインからの呼び出しは、第14章の「14.4.4 コマンドラインパラメータ」で説明します。

11.1.3 インスタンスメソッドの宣言

メソッドにはstaticメソッドとインスタンスメソッドの2種類があります。staticメソッドの作り方を勉強したので、次にインスタンスメソッドを作ってみましょう。ここではレコードに対してインスタンスメソッドを宣言してみます。

■■■ まずはstaticメソッドを宣言してみる

まずはレコードとstaticメソッドを使うサンプルを見てみましょう。「projava.InstanceMethodSample」という名前でクラスを作成して次のコードを入力してください。

■src/main/java/projava/InstanceMethodSample.java

```java
package projava;

public class InstanceMethodSample {
    record Student(String name, int englishScore, int mathScore){}

    public static void main(String[] args) {
        var kis = new Student("kis", 60, 80);
        var a = average(kis);
        System.out.println("平均点は%d点です".formatted(a));
    }

    static int average(Student s) {
        return (s.englishScore() + s.mathScore()) / 2;
    }
}
```

実行すると次のようになります。

実行結果

平均点は70点です

まずはStudentという名前でString型のname、int型のenglishScoreとmathScoreという
コンポーネントを持ったレコードを定義しています。

```
record Student(String name, int englishScore, int mathScore){}
```

staticメソッドとしてaverageメソッドを宣言しています。

```
static int average(Student s) {
    return (s.englishScore() + s.mathScore()) / 2;
}
```

ここでは、受け取ったStudentオブジェクトのenglishScoreとmathScoreの平均を返し
ます。

呼び出し側のmainメソッドでは、Studentオブジェクトを用意しています。

```
var kis = new Student("kis", 60, 80);
```

このStudentオブジェクトをaverageメソッドに渡しています。

```
var a = average(kis);
```

englishScoreが60、mathScoreが80だったので平均して70となっていました。

インスタンスメソッドを宣言する

では、averageメソッドをStudentレコードに持たせてインスタンスメソッドにしてみます。

■src/main/java/projava/InstanceMethodSample.java

```
public class InstanceMethodSample {
    record Student(String name, int englishScore, int mathScore){
        int average() {
            return (this.englishScore() + this.mathScore()) / 2;
        }
    }

    public static void main(String[] args) {
```

Java

```
            var kis = new Student("kis", 60, 80);
            var a = kis.average();
            System.out.println("平均点は%d点です".formatted(a));
        }

    }
```

averageメソッドの引数がなくなって、受け取った引数sの代わりにthisに対して
englishScoreメソッドなどを呼び出しています。

```
int average() {
    return (this.englishScore() + this.mathScore()) / 2;
}
```

このthisはメソッドが呼び出されたオブジェクト自身を表します。このthisは省略できる
ので、次のように書くことができます。

```
return (englishScore() + mathScore()) / 2;
```

呼び出しではaverage(kis)だったものがkis.average()になっています。

```
var a = kis.average();
```

「averageメソッドに変数kisを渡す」が「kisのaverageメソッドを呼び出す」のようになっ
ています。

練習

1. 「(名前)さんの平均点は(平均)点です」と表示するshowResultメソッドをStudent
   レコードに用意してみましょう。

11.1.4 IntelliJ IDEAにメソッドを宣言してもらう

メソッドの宣言方法がよくわからないというときには、とりあえず呼び出しコードを書いて、
IntelliJ IDEAにメソッド宣言してもらうと楽です。

例えば、mainメソッドの最後に次のように、Studentオブジェクトに対してmaxScoreメソッ
ドを呼び出すコードを書いてみます。

```java
int max = kis.maxScore();
System.out.println("最高点は%d点です".formatted(max));
```

　StudentレコードにはmaxScoreメソッドは宣言されていないので、当然エラーの表示になります。この行で［Alt］+［Enter］（［Option］+［Return］）キーを押すと、メソッド作成のメニューが表示されます（**図10.1**）。

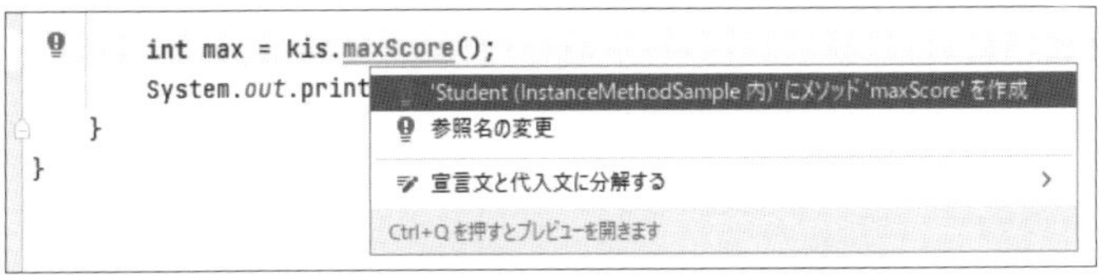

図10.1 ● メソッドの作成メニュー

　メニューが選ばれた状態で［Enter］（［Return］）キーを押すとメソッドが作成されて、戻り値の型を選ぶメニューが表示されます（**図10.2**）。

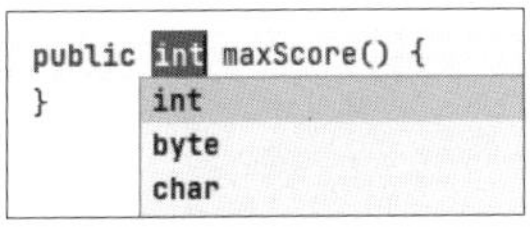

図10.2 ● 戻り値の選択

　「int」を選んで［Enter］（［Return］）キーを押すと次のようになります。

```java
public int maxScore() {
    return 0;
}
```

　あとは、0の代わりにenglishScoreとmathScoreの大きいほうを返すコードを書きます。Math.maxメソッドは2つの数値のうち大きいほうを返すメソッドです。

```java
public int maxScore() {
    return Math.max(englishScore(), mathScore());
}
```

　実行すると、次のように大きいほうの点数である80点が表示されます。

実行結果

```
平均点は70点です
最高点は80点です
```

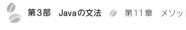

「メソッドが欲しいな」というのは呼び出し側コードを書いているときが多いので、先に呼び出し側コードを書いてメソッド宣言を行うというのは、実際にメソッドを考えるときの順番にも合っています。

11.2 ラムダ式とメソッド参照

前章でStreamの解説の際にラムダ式をたくさん使いましたが、あまり詳しく説明していませんでした。ここで改めてラムダ式の構文について見てみましょう。

11.2.1 ラムダ式

ラムダ式は名無しのメソッドと考えることもできます。そこで、次のようなメソッド宣言をラムダ式で表すことを考えてみましょう。

```Java
int twice(int x) {
    return x * 2;
}
```

メソッド宣言から戻り値の型とメソッド名を消します。これはまだラムダ式ではありません。

```
(int x) {
    return x * 2;
}
```

引数と処理の間を -> で結びます。これがラムダ式です。

```Java
(int x) -> {
    return x * 2;
}
```

1行で表すと次のようになります。

```Java
(int x) -> { return x * 2; }
```

処理が1行の場合は中カッコ「{」、「}」を省略できます。そのとき return があれば省略します。セミコロン（;）も省略する必要があります。

```Java
(int x) -> x * 2
```

引数の型は省略できます。

```Java
(x) -> x * 2
```

引数が1つのときはカッコ「(」、「)」も省略できます。

```Java
x -> x * 2
```

これでStreamの章で見かけたラムダ式の形になりました。IntStreamのmapメソッドで使ってみると、次のようになります。

```
jshell> IntStream.range(0,3).map(x -> x * 2).toArray()
$11 ==> int[3] { 0, 2, 4 }
```

まとめると次のようになります。

- メソッド宣言からメソッド名と戻り値の型を取り除き、引数の閉じカッコ「)」と処理開始の中カッコ「{」の間に「->」を入れたものがラムダ式
- 処理が1行のとき、中カッコ「{」、「}」を省略できる。そのときreturnやセミコロン「;」も省略する
- 引数の型は省略できる
- 引数が1つのときカッコ「(」、「)」を省略できる。そのとき型も省略する

ここではラムダ式の書き方について説明しましたが、ラムダ式がどういうときに使えるのか、詳しいことは第14章の「14.3　ラムダ式と関数型インタフェース」で解説します。

練習

1. 次のメソッドをラムダ式で表してみましょう。

```
boolean check(String s) {
    return s.contains("y");
}
```

2. 次のメソッドをラムダ式で表してみましょう。

```
void print(String s) {
    System.out.println(s);
}
```

3. 次のラムダ式をupperという名前のメソッドにしてみましょう。引数と戻り値の型は
   どちらもStringです。

   ```
   s -> s.toUpperCase()
   ```

4. 次のラムダ式をemptyという名前のメソッドにしてみましょう。引数の型はString、
   戻り値の型はbooleanです。

   ```
   s -> s.isEmpty()
   ```

11.2.2 メソッド参照

Stream処理ではラムダ式を多用しますが、条件にあてはまればメソッドをメソッド参照とし
て渡すことができます。twiceメソッドをラムダ式に変形させてIntStreamで使う例をあげま
したが、メソッド参照で使ってみると次のサンプルのようになります。

■src/main/java/projava/MethodRefSample.java
Java

```java
package projava;

import java.util.stream.IntStream;

public class MethodRefSample {
    public static void main(String[] args) {
        IntStream.range(0, 3)
                .map(MethodRefSample::twice)
                .forEach(System.out::println);
    }
    static int twice(int x) {
        return x * 2;
    }
}
```

結果は次のようになります。

実行結果
```
0
2
4
```

ここでは、次のようにメソッド参照を使っています。

```
.map(MethodRefSample::twice)
```

これはラムダ式で書くと次のようになります。

```
.map(x -> MethodRefSample.twice(x))
```

このように、ラムダ式で受け取った引数をメソッドにそのまま渡しているものはメソッド参照にできます。

構文　ラムダ式をメソッド参照に変換

引数 -> なにか . メソッド (引数)
　　　　↓
なにか :: メソッド

「n->"*".repeat(n)」であれば「"*"::repeat」になります。System.out.printlnはメソッド参照に置き換えられることが多く、「s -> System.out.println(s)」はSystem.out::printlnとなります。

もし次のように、「なにか」がなくメソッドだけで呼び出されているときは、staticメソッドであればクラス名、インスタンスメソッドであればthisが省略されているので、補ってメソッド参照に変換します。

```
.map(x -> twice(x))
```

今回はstaticメソッドなので、クラス名を補ってMethodRefSample::twiceとなります。

次のようにラムダ式の引数に対してメソッドを引数なしで呼び出す場合もメソッド参照に置き換えることができます。

```
s -> s.toUpperCase()
```

これはメソッド参照に置き換えると次のようになります。

```
String::toUpperCase
```

次のような規則です。

構文　インスタンスメソッド呼び出しをメソッド参照に変換

引数 -> 引数.メソッド()

↓

メソッドの属するクラス名::メソッド

ここで、メソッドの属するクラス名を指定する必要があるので、どのクラスのメソッドを呼び出しているか把握する必要があります。慣れるまでは、あとで説明するようにIntelliJ IDEAの機能を使って変換しましょう。

例えば次のStreamのラムダ式はメソッド参照に置き換えることができます。

```
jshell> Stream.of("apple", "grape").mapToInt(s -> s.length()).toArray()
$12 ==> int[2] { 5, 5 }
```

lengthメソッドはStringクラスのメソッドなので、String::lengthとなります。

```
jshell> Stream.of("apple", "grape").mapToInt(String::length).toArray()
$13 ==> int[2] { 5, 5 }
```

練習

1. 次のコードをメソッド参照を使って書き換えてみましょう。

```
IntStream.of(nums).mapToObj(n -> "*".repeat(n)).toList()          Java
```

11.2.3 IntelliJ IDEAでラムダ式とメソッド参照の変換

どのようなラムダ式がメソッド参照にできるか、その場合どのようにメソッド参照にするかは、慣れるまでわかりにくいですが、IntelliJ IDEAが助けてくれるのでうろ覚えで大丈夫です。IntelliJ IDEAの機能でラムダ式をメソッド参照に変換することができます。

ラムダ式に入力カーソルを合わせたときに表れるバルブをクリックするか、[Alt]＋[Enter]（[Option]＋[Return]）キーを押して、メニューから［ラムダをメソッド参照に置換（Replace lambda with method reference）］を選択すると、ラムダ式がメソッド参照に変換されます（図10.3）。

```
var names :List<String>  = List.of("yamamoto", "kis", "sugiyama");
names.forEach(s -> System.out.println(s));
              ラムダをメソッド参照に置換                     >
          ✍ 'forEach' の呼び出しをループに置換              >
          ✍ ラムダ本体を {...} に展開                       >
          Ctrl+Shift+I を押すとプレビューを開きます
```

図10.3 ● ラムダ式をメソッド参照に変換

逆に、メニューから［メソッド参照をラムダに置換（Replace method reference with lambda)］を選択すると、メソッド参照をラムダ式に変換できます（**図10.4**）。

```
var names :List<String>  = List.of("yamamoto", "kis", "sugiyama");
names.forEach(System.out::println);
          ✍ 'forEach' の呼び出しをループに置換              >
          ✍ メソッド参照をラムダに置換                     >
          ✍ メソッド契約を 'println' に追加                >
          Ctrl+Shift+I を押すとプレビューを開きます
```

図10.4 ● メソッド参照をラムダ式に変換

ラムダ式とメソッド参照のどちらがよいかですが、筆者はラムダ引数の名前を考えなくてよくなるのでメソッド参照のほうがよいと考えています。ここまでの例ではsやnなどをラムダの引数の名前にしていますが、メソッド参照を使うとここでどういった名前が適切かを考える必要がありません。

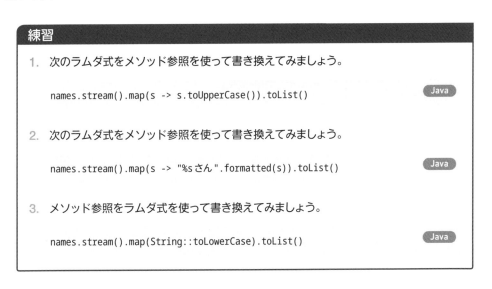

練習

1. 次のラムダ式をメソッド参照を使って書き換えてみましょう。

   `names.stream().map(s -> s.toUpperCase()).toList()`　　Java

2. 次のラムダ式をメソッド参照を使って書き換えてみましょう。

   `names.stream().map(s -> "%sさん".formatted(s)).toList()`　　Java

3. メソッド参照をラムダ式を使って書き換えてみましょう。

   `names.stream().map(String::toLowerCase).toList()`　　Java

11.3 メソッドの使いこなし

メソッドの宣言について勉強したので、メソッドについてもう少し考えてみます。

11.3.1 メソッドのオーバーロード

これまで標準APIのメソッドを呼び出すときに、引数の組み合わせを複数持つものがありました。例えば、`LocalTime.of`メソッドには時間、分だけではなく秒やナノ秒まで指定できるものがあります。

このように、引数の組み合わせの違う同じ名前のメソッドを複数定義することをオーバーロードといいます。オーバーロードを行う場合は、引数の省略として考えて、動作は同じになるようにしましょう。次のように、一番引数の多いメソッドに集約されていく形がいいと思います。

```Java
LocalTime of(int hour, int minute) {
    return of(hour, minute, 0);
}
LocalTime of(int hour, int minute, int second) {
    return of(hour, minute, second, 0);
}
LocalTime of(int hour, int minute, int second, int nanoOfSecond) {
    // 実際にLocalTimeのオブジェクトを生成する処理
}
```

実際の`LocalTime.of`の実装では、パフォーマンスを考慮して引数チェックを省略するためか、それぞれでオブジェクトを生成しています。

11.3.2 メソッド呼び出しの組み合わせ

メソッド呼び出しの組み合わせを見ておきましょう。次の2つのパターンを見てみます。

- メソッド呼び出しの結果に対してメソッドを呼び出す
- メソッドの引数にメソッド呼び出しの結果を渡す

例えば`repeat`メソッドの結果に対して`length`メソッドを呼び出すと次のようになります。

```
jshell> "tomato".repeat(5).length()
$10 ==> 30
```

このように、メソッド呼び出しの結果に対してメソッドを呼び出すことをメソッドチェーンといいます。チェーンというのは同じものがつながっているものという意味なので、メソッドがつながっているということです。Streamでの処理はメソッドチェーンの形で書いていました。

一方で、formattedメソッドの引数にjoinメソッドの結果を渡すと次のようになります。

```
jshell> "買い物は%sで%d円".formatted(String.join("と", "トマト", "レタス"), 600)
$11 ==> "買い物はトマトとレタスで600円"
```

このように呼び出すと、formattedメソッドに渡す引数が何なのか少しわかりにくくなっています。メソッドの引数にメソッド呼び出しの結果を渡すと、プログラムの見通しが悪くなることがよくあります。

■■■ 変数を使ってメソッド呼び出しの組み合わせを分解する

メソッド呼び出しの組み合わせで、formattedメソッドにjoinメソッドの結果を渡しましたが、この処理はちょっと複雑に見えます。そこで、いったんjoinメソッドの結果を変数に割り当てておくと、それぞれの行がシンプルで見やすくなります。

```
jshell> var items = String.join("と", "トマト", "レタス")
items ==> "トマトとレタス"

jshell> "買い物は%sで%d円".formatted(items, 600)
$13 ==> "買い物はトマトとレタスで600円"
```

また、ここではjoinメソッドの結果にitemsという名前を付けることができて、やりたいことがわかりやすくなっています。変数には「値に名前を付ける」という使い方もあります。また、変数の宣言でvarの代わりに型を明示すると、どういう値が返ってきているかをわかりやすくすることもできます。このような、値を説明するための変数を説明変数と呼ぶことがあります。

メソッドチェーンでも同様に、変数を介することでメソッドの組み合わせを分解できます。

練習

1. `"three times".repeat("abc".length())` を変数を使って分解してみましょう。

COLUMN

うまく名前を付けるのも実力のうち

　変数の名前をうまく付けるとプログラムがわかりやすくなりますが、うまく名前を付けるということはちょっとコツをつかめばできるというものでもありません。いろいろなプログラムを読んでどのような名前が適切か知ったり、いろいろなプログラムを書くときにいろいろな名前を使ってたまに失敗したり、いろいろな経験が必要です。うまく名前をつけることができる人というのは経験を積んだ人ということなので、つまりプログラムの実力がある人ということになります。いろいろ試行錯誤してうまく名前を付けることができるようになりましょう。

11.3.3　再帰とスタック

メソッドの中でそのメソッド自身を呼び出すことを再帰といいます。

```Java
void infinite() {
  infinite();
}
```

ここでinfiniteメソッドの中でinfiniteメソッド自身を呼び出しています。JShellで試してみましょう。

```
jshell> void infinite() { infinite();}
|  次を作成しました: メソッド infinite()
```

呼び出してみると次のように例外StackOverflowErrorが発生します。

```
jshell> infinite()
|  例外java.lang.StackOverflowError
|        at infinite (#7:1)
|        at infinite (#7:1)
|        ...
|        at infinite (#7:1)
|        at infinite (#7:1)
```

実際の表示は1000行くらいあります。

「スタック」があふれたという例外なのですが、スタックというのはローカル変数やメソッドの呼び出し情報が格納される領域です。「スタック」は積み上げるという意味ですが、メソッドを呼び出すたびにメソッドの情報がスタックに積み上げられていきます。

今回のプログラムのように無限にメソッドを呼び出していると、どこかでスタックの領域に

限界が来て、これ以上はメソッドを呼び出せないという状態になります。それがスタックオーバーフローです。

再帰によるループ

ループ構文ではプログラムの一部が何度も実行されます。再帰もループ構文と同様にプログラムの一部が何度も実行されますが、再帰のほうがループよりも多様な形の繰り返しに対応できるようになっています。

次のような for ループを再帰に書き換えることを考えてみましょう。

```Java
for (int i = 0; i < 5; ++i) {
    System.out.println(i);
}
```

for ループと同様の処理を再帰で書くと次のようになります。

■src/main/java/projava/RecLoop.java

```
package projava;

public class RecLoop {
    public static void main(String[] args) {
        loop(0);
    }

    static void loop(int i) {
        if (i >= 5) {
            return;
        }
        System.out.println(i);
        loop(i + 1);
    }
}
```

条件が満たされない場合は return 文でメソッドを抜けます。for ループでは条件が満たされる場合に処理を続けていたので、条件が反転しています。

```
if (i >= 5) {
    return;
}
```

再帰のコードでは処理が終わる条件を判定してメソッドを抜けるようにします。

メソッドの最後で、loopメソッド自身を呼び出して処理を繰り返します。このときforループでの繰り返し処理に当てはまる計算を行っています。

```
loop(i + 1);
```

そしてloopメソッドを呼び出すときにforループで変数の初期値にしていた値を渡します。

```
loop(0);
```

ただし、このプログラムも、24,000回繰り返すようにするとStackOverflowErrorが発生します。

再帰は難しい

再帰の理解は難しいと思いますが、これはメソッドの文法を覚えて使いこなせるようになればわかるというものでもありません。プログラミング言語の理解とプログラミングの理解が違うことを表すものでもあります。メソッドの構文についての理解はJava言語についての理解ですが、再帰についての理解はプログラミングそのものの理解です。Javaで再帰が理解できれば、それはプログラミングについて理解できたことになるので、PythonでもJavaScriptなど他のプログラミング言語でも再帰を書けるでしょう。

練習

1. 次のforループでの処理を再帰に書き換えてみましょう。

```java
for (int i = 3; i > 0; i--) {
    System.out.println(i);
}
```

第 **4** 部

高度なプログラミング

第12章

入出力と例外

この章では「入出力」について学んでいきます。多くのプログラムでは、そのプログラムだけで完結することは少なく、データをプログラムの外から受け取って、処理結果をプログラムの外に出力する必要があります。外部とのやりとりでは、プログラムで想定しないデータがやってきたり、やりとり自体できなかったりします。そのような場合は例外として対応します。この章では、ファイルとネットワーク、例外処理について見ていきます。

12.1　ファイルアクセスと例外

まずは入出力の基本としてファイルを扱います。今のコンピュータは記録装置にデータを保存するときにファイルという単位で名前を付けて管理しています。Javaでファイルを操作してみましょう。

12.1.1　ファイル書き込み

ファイルへの保存を行ってみます。「projava.WriteFile」という名前でクラスを作ります。

■src/main/java/projava/WriteFile.java

```java
package projava;

import java.io.IOException;
import java.nio.file.Files;
import java.nio.file.Path;

public class WriteFile {
    public static void main(String[] args) throws IOException {  ──────── ❶
        var message = """
                test
```

```
                message
                """;
        var p = Path.of("test.txt");
        Files.writeString(p, message);
    }
}
```

　ここでmainメソッドに付いているthrows IOExceptionは自分で入力する必要はありません
（❶）。writeStringに入力カーソルを持っていって［Alt］＋［Enter］（［Option］＋［Return］）キー
を押すとメニューが表示されるので［メソッドシグネチャに例外を追加します（Add exception
to method signature）］を選択します（図12.1）。これで自動的にthrows句が追加されます。こ
のときimport文も追加されます。

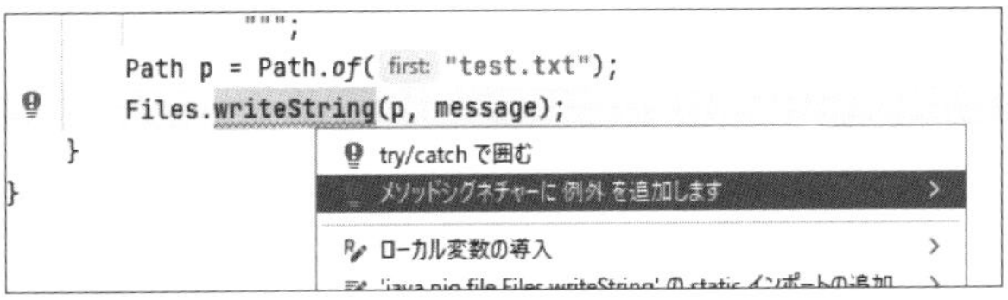

図12.1 ● 例外を追加

　第9章の「9.2.4 迷路ゲームを作る」でのサンプル（182ページ）にも出てきた、このthrows
句については後ほど説明します。
　Pathでファイル名を指定します。ここでは「test.txt」というファイル名にしています。

```
var p = Path.of("test.txt");
```

Files.writeStringメソッドを使って、ファイルに文字列を保存します。

```
Files.writeString(p, message);
```

　最初の引数が保存位置、2番目の引数が書き込む文字列です。実行するとsrcフォルダや
targetフォルダと同じ階層にtest.txtというファイルができているはずです（図12.2）。

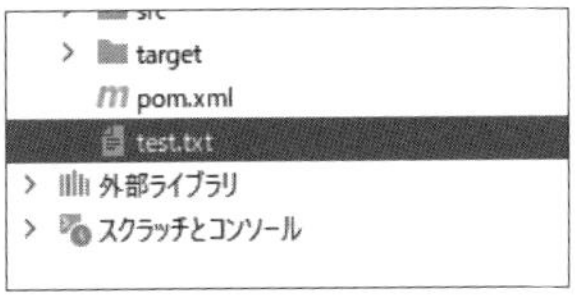

図12.2 ● ファイルができている

ファイルの内容を確認すると、次のようにプログラムで指定した文字列が保存されています。

■test.txt

```
test
message
```
テキスト

Filesクラスにはファイルの操作に関するメソッドが用意されています（**表12.1**）。

表12.1 ● Filesクラスのファイル操作関連メソッド

メソッド名	説明
String readString(Path)	ファイルを文字列として読み込む
Path writeString(Path, String)	ファイルに文字列を書き込む
long size(Path)	ファイルサイズを得る
FileTime getLastModifiedTime(Path)	最終更新日時を得る
boolean exists(Path)	ファイルがあるかどうか確認する
boolean isDirectory(Path)	フォルダかどうか確認する
Stream<Path> list(Path)	ファイル一覧を得る

Path.ofメソッドはJava 11から導入されたので、Java 8ではPaths.getメソッドを使います。

```
Path p = Paths.get("test.txt");
```

Java 8ではvarによる型推論も使えないので、型を明示する必要があります。

12.1.2 ファイル読み込み

ファイルを書き込めたら、今度は読み込んでみましょう。「projava.ReadFile」という名前でクラスを作ります。ここでもmainメソッドのthrows句は、先ほどのWriteFileサンプルと同じように、readStringメソッドに入力カーソルを持っていってIntelliJ IDEAの補完機能を使って入力しましょう。

■src/main/java/projava/ReadFile.java

```
package projava;

import java.io.IOException;
import java.nio.file.Files;
import java.nio.file.Path;

public class ReadFile {
    public static void main(String[] args) throws IOException {
```
Java

```
        var p = Path.of("test.txt");
        String s = Files.readString(p);
        System.out.println(s);
    }
}
```

前のサンプルで「test.txt」ファイルを作成した状態で実行すると次のように表示されます。

実行結果

```
test
message
```

ファイルの内容を変更していると、その内容が反映されます。

ファイルの内容を文字列として読み込むときにはFiles.readStringメソッドを使います。

```
String s = Files.readString(p);
```

12.1.3 例外

これまでにも何度か出てきましたが、例外は「プログラムを動かしたら正しく動作できなかった」ということを表す仕組みです。改めて例外について見てみましょう。

ReadFileサンプルで読み込むファイル名を「test.txta」に変更して動かしてみましょう。

```
var p = Path.of("test.txta");
```
`Java`

実行すると図12.3のようなメッセージが表示されます。

```
C:\Users\naoki\java\jdk\jdk-17\bin\java.exe "-javaagent:C:\Program Files\JetBrains\IntelliJ IDEA Community
Exception in thread "main" java.nio.file.NoSuchFileException Create breakpoint : testa.txt
    at java.base/sun.nio.fs.WindowsException.translateToIOException(WindowsException.java:85)
    at java.base/sun.nio.fs.WindowsException.rethrowAsIOException(WindowsException.java:103)
    at java.base/sun.nio.fs.WindowsException.rethrowAsIOException(WindowsException.java:108)
    at java.base/sun.nio.fs.WindowsFileSystemProvider.newByteChannel(WindowsFileSystemProvider.java:236)
    at java.base/java.nio.file.Files.newByteChannel(Files.java:380)
    at java.base/java.nio.file.Files.newByteChannel(Files.java:432)
    at java.base/java.nio.file.Files.readAllBytes(Files.java:3288)
    at java.base/java.nio.file.Files.readString(Files.java:3366)
    at java.base/java.nio.file.Files.readString(Files.java:3325)
    at shinjava.FileRead.main(FileRead.java:10)
```

図12.3 ● スタックトレース

これはスタックトレースといいます。スタックというのはメソッドを呼び出すたびにメソッドの情報を積んでいく領域のことでした。「トレース」は追跡という意味なので、スタックトレースはメソッド呼び出し情報の追跡という意味になります。

最初の行には発生した例外とメッセージが表示されます。例外が出て「うまく動かない」ときには必ずチェックしましょう。わからない例外が発生していることも多いと思いますが、「わからない例外が出ている」ということがわかることも大切です。ここではNoSuchFileExceptionという例外が出ています。例外は基本的に「〜Exception」という名前になっています。

2行目は、例外が発生したメソッドとそのファイル上の位置が表示されます。そのあとは、そのメソッドを呼び出したメソッドとその位置、さらにそのメソッドを呼び出したメソッドとその位置……のように並んでいきます。どこかに自分が書いたプログラムがあるはずなので、そこをチェックしましょう。IntelliJ IDEAではプロジェクト中のファイルは強調表示されています。また、ファイル名をクリックするとその位置がエディタで開きます。

12.1.4 　throwsで例外を押しつける

Files.readStringメソッドなどを呼び出す場合、例外IOExceptionを処理しないといけないことになっています。けれどもまだ例外の処理は勉強していないので、「ここでは処理をしたくない」ということを表すためにthrows IOExceptionをmainメソッドに付けてきました。

メソッドへのthrows句の付け方は次のようになります。

> **構文**　throws句
>
> 戻り値の型　メソッド名（引数）throws　例外クラス名　[，例外クラス名…] {
> 　　処理
> }

メソッドを呼び出すときにどの例外を処理しないといけないかは、ドキュメントを見ればわかります。readStringメソッドで［Ctrl］＋［Q］（［Control］＋［J］）キーを押すとドキュメントが表示されます（図12.4）。

```
Path p = Path.of( first: "test.txt");
String s = Files.readString(p);
System.out.println(s);        java.nio.file.Files
catch (NoSuchFileExcepti      public static String readString(@NotNull java.nio.file.Path path)
System.out.println("フ        throws java.io.IOException
```

図12.4 ● readStringのドキュメント

ここでreadStringメソッドにも「throws IOException」が付いていることがわかります。readStringメソッドも、例外IOExceptionの処理をしたくないといって、呼び出し側に例外

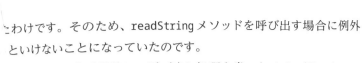

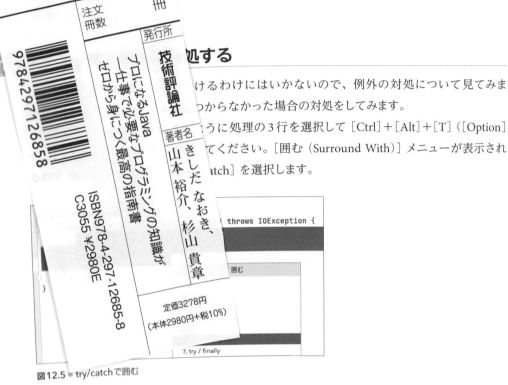

わけです。そのため、readString メソッドを呼び出す場合に例外□□□□□□を押し□□□□□ception を処理しない といけないことになっていたのです。

□□□□□□□□プログラムを□□ときには作業手順的に、呼び出し処理を書いたメソッドに throws □□□□□□□□を□しないと:いけないということがエディタ上のエラーなどでわかったあとで、□□□□□□□□□［Return］）キーを押して［メソッドシグネチャに例外を追加しま□□□□□□□ signature)］を選択し、自動的に throws を付けることになると思

□□□処する

□□□けるわけにはいかないので、例外の対処について見てみま□□□からなかった場合の対処をしてみます。

□□□□ように処理の 3 行を選択して［Ctrl］＋［Alt］＋［T］（［Option］□□□□てください。［囲む（Surround With）］メニューが表示され□□□atch］を選択します。

図12.5 ● try/catch で囲む

すると、次のようになります（**図12.6**）。

```java
public static void main(String[] args) throws IOException {
    try {
        Path p = Path.of( first "testa.txt");
        String s = Files.readString(p);
        System.out.println(s);
    } catch (IOException e) {
        e.printStackTrace();
    }
}
```

図12.6 ● try/catch で囲まれる

このまま実行すると、今までと同様にスタックトレースが表示されます。printStackTrace

メソッドは、スタックトレースを表示するメソッドです。

それでは、ファイルが見つからなかった場合の処理を行って　　　　が見つ
かったときには例外NoSuchFileExceptionが発生していたので、　　　　こと　　な
ります。

IOExceptionの部分をNoSuchFileExceptionに変更して、e.printStackTrace()の部分を
メッセージ表示に置き換えます。全体としては次のようになります。

■src/main/java/projava/ReadFile.java

```java
package projava;

import java.io.IOException;
import java.nio.file.Files;
import java.nio.file.NoSuchFileException;
import java.nio.file.Path;

public class ReadFile {
    public static void main(String[] args) throws IOException {
        try {
            var p = Path.of("test.txta");
            String s = Files.readString(p);
            System.out.println(s);
        } catch (NoSuchFileException e) {
            System.out.println("ファイルがみつかりません:" + e.getFile());
        }
    }
}
```

実行すると次のように表示されます。

実行結果

ファイルがみつかりません:test.txta

ファイルが見つからない場合にコードの次の部分が実行され、ファイルが見つからなかった
ことがわかるメッセージ表示になりました。

```java
} catch (NoSuchFileException e) {
    System.out.println("ファイルがみつかりません:" + e.getFile());
}
```

それでは例外処理の構文を見てみましょう。例外の処理をするときにはtry句を使います。
例外が発生するかもしれない処理を「try {」と「}」で囲んで、発生する例外についてcatch
句で指定して処理します。

構文	try 〜 catch

```
try {
    例外が発生するかもしれない処理
} catch (捕まえる例外1 変数) {
    例外の処理
} catch (捕まえる例外2 変数) {
    例外の処理
} ...
```

今回はNoSuchFileExceptionに対処するので、catch句で指定しています。発生した例外をここではeという名前の変数で扱えるようにしています。

```
} catch (NoSuchFileException e) {
```

例外NoSuchFileExceptionでは、getFileメソッドで見つからなかったファイル名を得ることができるので、ここで表示しています。

```
System.out.println("ファイルがみつかりません:" + e.getFile());
```

今回、例外が発生するかもしれない処理はreadStringメソッドの呼び出しだけです。例外処理をする必要があるのはreadStringメソッドの行だけなので、次のように例外処理の範囲を狭めることもできます。

■src/main/java/projava/ReadFile.java

```java
var p = Path.of("test.txta");
String s;
try {
    s = Files.readString(p);
} catch (NoSuchFileException e) {
    System.out.println("ファイルがみつかりません:" + e.getFile());
    return;
}
System.out.println(s);
```

しかしこのように書くと処理が細切れになってしまって、本来やりたかった処理が見づらくなってしまいます。例外の処理はひとまとまりの処理に対して行うほうがよいでしょう。

tryブロック内で例外が発生すると、ブロック内のそれ以降の行は実行されません。例外が発生してもしなくても行いたい処理がある場合には、最後にfinallyブロックを書きます。

4

高度なプログラミング

12

入出力と例外

> **構文** finally ブロック
>
> ```
> try {
>     例外が発生するかもしれない処理
> } catch（捕まえる例外 変数）{
>     例外の処理
> } finally {
>     例外が発生してもしなくても行われる処理
> } ...
> ```

例外処理の書き方に慣れるまではIntelliJ IDEAの機能で生成するといいでしょう。例外処理の書き方よりも、例外処理の考え方を理解することが重要です。書き方のせいで考え方の理解が難しくなっては本末転倒なので、積極的にIDEの機能を使って、プログラムの考え方に慣れていきましょう。書き方はそのあとで落ち着いて練習していけばいいと思います。

> **練習**
>
> 1. WriteFile.javaから throws IOException を消して、try〜catchでの例外処理を行ってみましょう。処理はe.printStackTrace()にします。

12.1.6 検査例外と非検査例外

String型の formatted メソッドで、%で指定した書式文字列に対して値の数が少ないときは例外 MissingFormatArgumentException が発生していました。

```
jshell> "Hello. %s".formatted()
|    例外java.util.MissingFormatArgumentException: Format specifier '%s'
```

けれどもこれまで、formatted メソッドを使うプログラムに throws 句や try 句などは書いていません。例外には、catch して処理をするか throws 句で誰かに押しつけないといけない検査例外と、コード中で処理をしなくてもいい非検査例外とがあります。例外 IOException は検査例外なので throws 句か try 句を書く必要がありましたが、MissingFormatArgument Exception は非検査例外なので気にせずにコードを書けていました。検査例外と非検査例外の区別について見ていきましょう。

例外は、「継承」という仕組みを使って分類されています（**図12.7**）。

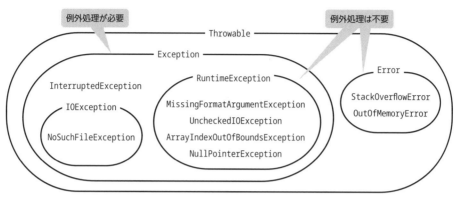

図12.7 ● 例外の分類

　例外はすべて Throwable というクラスに属しています。Throwable はさらに Error と Exceptionに分類されます。ErrorにはStackOverflowErrorのような、どのメソッドでも発生する可能性がある例外が含まれます。メモリが足りないなどプログラムの実行ができなくなった場合に発生します。このような例外はプログラム中での対処が難しいので通常は処理しません。プログラム中で処理する例外はExceptionになります。そのうち RuntimeExceptionに属するものはthrows 句やtry 句など例外の処理は不要です。

　まとめると、ErrorかRuntimeExceptionに属する例外は非検査例外で、それ以外は throws 句や try 句などで例外の処理が必要になる検査例外です。例外 MissingFormatArgument Exception は RuntimeException に属するので例外処理が不要で、IOException は Runtime ExceptionにもErrorにも属さないので例外処理が必要なため throws 句などが必要でした。

　「エラーが発生した」というと、用語どおりに受け取ると構文エラーか、Error に属するものが発生したという意味になります。例外が発生したり、期待どおりに動作しなかったりすることを「エラーが発生した」とだけ表現する人もいますが、それでは何が起きたのかわかりません。人に説明・質問するときは構文エラーが発生したのか、例外が発生したのか、またどのようなエラー・例外が発生したのか、期待どおりに動かなかった場合はどのように動いたのかなど、正確に伝えるように心がけましょう。

　また、例外NoSuchFileExceptionは例外IOExceptionの一種であるという関係があるので、例外 IOException を処理すれば例外NoSuchFileExceptionも処理することになります。

練習

1. InterruptedExceptionは検査例外か非検査例外か、図12.7から考えてみましょう。
2. UncheckedIOExceptionは検査例外か非検査例外か、図12.7から考えてみましょう。

12.1.7 例外を投げる

「例外を投げる」ということについても見てみましょう。多いのは、検査例外の処理をしたくないけどthrowsも書きたくないというときに、検査例外を受け取って代わりに非検査例外を投げるというものです。

```Java
    } catch (IOException ex) {
        throw new UncheckedIOException(ex);
    }
```

例外UncheckedIOExceptionは例外IOExceptionを非検査例外として扱いたいときに使う例外です。例外はthrowを使って投げます。「throw」は投げるという意味です。

構文　例外を投げる
throw 例外オブジェクト

例外オブジェクトは、Throwableに属するクラスのオブジェクトである必要があります。

12.2 ネットワークでコンピュータの外の世界と関わる

今どきのソフトウェアは、1台のコンピュータの中で処理を行うだけでは不十分です。ほとんどのソフトウェアが、ネットワークからデータを取ってきたり、ネットワークにデータを送信したりします。それでは、ネットワークで通信するプログラムを書いてみましょう。

12.2.1 サーバーとクライアント

通信では、通信が来るのを待っているプログラムと、そうやって待っているプログラムに対して接続しにいくプログラムに分かれます。通信を待つプログラムをサーバー、サーバーに接続しにいくプログラムをクライアントといいます。では、簡単な通信を行うサーバーと、そのサーバーに接続しにいくクライアントを作ってみます。

まずサーバー側をSimpleServerという名前のクラスで作成します。

■src/main/java/projava/SimpleServer.java

```Java
package projava;

import java.io.IOException;
import java.io.InputStream;
```

```
import java.net.ServerSocket;
import java.net.Socket;

public class SimpleServer {
    public static void main(String[] args) throws IOException {
        var server = new ServerSocket(1600);
        System.out.println("Waiting...");
        Socket soc = server.accept();
        System.out.println("connect from " + soc.getInetAddress());
        InputStream input = soc.getInputStream();
        System.out.println(input.read());
        input.close();
        soc.close();
    }
}
```

Windowsでは最初の実行時に**図12.8**のような警告が出ます。どこからのネットワークアクセスを受け付けるかという指定です。［パブリックネットワーク］はどこからのアクセスでも受け付けるという設定なので、チェックを外しておいたほうがいいでしょう。［プライベートネットワーク］だけにチェックを入れることをお勧めします。［アクセスを許可する］ボタンをクリックするとダイアログが閉じます。

図12.8 ● ［Windowsセキュリティの重要な警告］ダイアログ

SimpleServerを実行すると次のような表示が出ます。

実行結果

```
Waiting...
```

この状態でクライアント側プログラムを「`projava.SimpleClient`」という名前で作って実行します。

■src/main/java/projava/SimpleClient.java

```java
package projava;

import java.io.IOException;
import java.io.OutputStream;
import java.net.Socket;

public class SimpleClient {
    public static void main(String[] args) throws IOException {
        var soc = new Socket("localhost", 1600);
        OutputStream output = soc.getOutputStream();
        output.write(234);
        output.close();
        soc.close();
    }
}
```

SimpleClientを実行すると、何も表示せずにプログラムが終わります。実行ウィンドウを［SimpleServer］タブに切り替えると、「234」が表示されています（図12.9）。

図12.9 ● SimpleServerの表示

このプログラムで、サーバーとクライアントの対応は次のようになっています。それぞれ解説していきます（図12.10）。

SimpleServer.java

```
Socket soc = server.accept();
System.out.println(...);
InputStream input = soc.getInputStream();
System.out.println(input.read());
```

接続

送信

SimpleClient.java

```
var soc = new Socket("localhost", 1600);
OutputStream output = soc.getOutputStream();
output.write(234);
```

図12.10 ● サーバーとクライアントの対応

ところで、この章のサンプルプログラムの変数の宣言では、newで生成したオブジェクトの割り当てなど右辺に型が書いてある変数にはvarを使い、メソッドの戻り値を割り当てる場合

は型を明示しています。メソッドの戻り値の場合には紙面では型がわかりにくいためです。

12.2.2 ソケット通信とTCP/IP

通信を行うときはソケットという言葉がよく使われます。ソケットは他のプログラムとやりとりするための仕組みです。

他のコンピュータとの通信で使われるのが、TCP/IPという通信方式で、簡単にいうとインターネットの通信方式です。IPが通信先の指定方法、TCPがデータの転送方法、と考えておくといいでしょう。

Javaではソケットを利用するクラスとしてSocketクラスが用意されています。

通信の待ち受けとポート番号

まずはサーバー側で通信の待ち受けを行います。通信の待ち受けを行うには、まずServerSocketオブジェクトを得ます。

```
var server = new ServerSocket(1600);
```

ここで、コンストラクタにはポート番号を指定します。1台のコンピュータで複数のプログラムが通信待ち受けを行うことがあるため、どのプログラムと通信するかを特定するのがポート番号です。65535までの数字が指定できますが、1023までは用途が決まっているので、それ以外の用途では1024以降の数字を指定します。

同じポート番号で複数の待ち受けを行うことはできないので、SimpleServerを2つ同時に動かそうとすると2つ目では次のような例外が発生します。

実行結果

```
Exception in thread "main" java.net.BindException: Address already in use : bind at
java.base/sun.nio.ch.Net.bind0(Native Method)
    at java.base/sun.nio.ch.Net.bind(Net.java:552)
    at java.base/sun.nio.ch.Net.bind(Net.java:541)
    at java.base/sun.nio.ch.NioSocketImpl.bind(NioSocketImpl.java:643)
    at java.base/java.net.ServerSocket.bind(ServerSocket.java:395)
    at java.base/java.net.ServerSocket.<init>(ServerSocket.java:281)
    at java.base/java.net.ServerSocket.<init>(ServerSocket.java:172)
    at projava.SimpleServer.main(SimpleServer.java:17)
```

BindExceptionという例外が発生して「Address already in use」、つまりアドレスがすでに使われているというメッセージが出力されています。

■■■ サーバーへの接続

　サーバー側で実際にクライアントからの接続を待ち受けるのがacceptメソッドです。クライアントからの接続があったときに、そのクライアントとやりとりするためのSocketオブジェクトが返されます。

```
Socket soc = server.accept();
```

　クライアント側では、Socketオブジェクトを生成するときのコンストラクタに、接続先のドメイン名かIPアドレスと、ポート番号を指定します。

```
var soc = new Socket("localhost", 1600);
```

　「localhost」はプログラムを動かしているのと同じコンピュータを示します。また、今回はサーバーが1600番ポートで待ち受けているので、同じポート番号を指定します。サーバーに接続できると、サーバーと通信するためのSocketオブジェクトが返ります。これでサーバー、クライアント共に相手と通信するためのSocketオブジェクトを得たので、データの送受信を行っていきます。通信が終わったらソケットを閉じるためにcloseメソッドを呼び出します。

```
soc.close();
```

練習

1.　サーバー、クライアント共にポート番号を1600から1700に変えて試してみましょう。

12.2.3　OutputStreamでのデータ送信

　Javaでデータを入出力する場合にはInputStreamクラスとOutputStreamクラスを使います。入力がInputStreamで出力がOutputStreamです。Streamと付いていますが、第10章「データ構造の処理」で取り上げたStreamとは無関係です。

　まずはデータ送信に使うOutputStreamを見てみましょう。OutputStreamはデータを出力するときに使われるクラスです。今回はソケットへの出力ですが、ファイルなど他の出力にも使われます。ソケットに対してデータを送信するときにはgetOutputStreamメソッドでOutputStreamオブジェクトを得ます。

```
OutputStream output = soc.getOutputStream();
```

writeメソッドでデータを送信します。ここで送信できるのは0～255の数値です。

```
output.write(234);
```

文字列データを送る場合には、あとで説明するWriterを使います。

通信が終わってOutputStreamオブジェクトに用がなくなったらcloseメソッドを呼び出して閉じます。

```
output.close();
```

12.2.4　InputStreamでのデータ受信

InputStreamクラスはデータを入力するときに使われるクラスです。OutputStreamクラスと同様、InputStreamクラスもファイルなど他の入力にも使われます。ソケットからデータを受信するときにはgetInputStreamメソッドでInputStreamオブジェクトを得ます。

```
InputStream input = soc.getInputStream();
```

データを実際に受信するのがreadメソッドです。

```
System.out.println(input.read());
```

通信が終わってInputStreamオブジェクトに用がなくなったらcloseメソッドを呼び出して閉じます。

```
input.close();
```

今回はクライアントが数値を送信してサーバー側で受信するという手順になっていました。通信プログラムでは、サーバーとクライアントのやりとりがかみ合っている必要があるため、送受信の内容や順番などの取り決めが必要になります。このような通信のやりとりの取り決めのことをプロトコルといいます。

ネットワークのプログラムでの送受信は、プロトコルに従って行うことになります。

IPアドレス

IPアドレスで接続先のコンピュータを指定して、ポート番号でそのコンピュータ上のプログラムを指定するのがIPです。IPアドレスは「192.168.0.2」のような255までの数字4つを「.」

（ドット）で区切って表されます。ただ、例えば技術評論社のサイトのIPアドレスは執筆時点で「104.22.58.251」ですが、このようなアドレスの数字をたくさん覚えるのはつらいものです。そこで「gihyo.jp」のような名前にIPアドレスを割り当てて覚えやすくするのがドメイン名です。今回は「localhost」というドメイン名を指定しています。これは 127.0.0.1 というIPアドレスに割り当てられて、そのコンピュータ自身に接続します。

192.168 で始まるアドレスは、事業所や家庭内で自由に使えるアドレスでプライベートアドレスといいます。

TCPとUDP

TCPはインターネットでの通信に使われるデータのやりとりの取り決めです。TCPの他にはUDPがあります。TCPは送信がエラーなく終わればデータが届いていることが保証されるプロトコルで、確実にデータを送ることができます。一方、UDPはデータが受け取られたかどうかは保証されませんが、受取確認がない分だけ速く通信できます。ファイルのように全体を間違いなく受け取る必要がある場合にはTCPが使われて、ライブ動画のように一部が欠けても問題ない代わりに速く通信したい場合にUDPが使われます。TCP通信ではSocket、ServerSocket クラスを使いますが、UDP通信には DatagramSocket クラスを使います（**表12.2**）。

表12.2 ● TCPとUDP

プロトコル	Javaのクラス	特徴	速度	用途
TCP	Socket、ServerSocket	送信の保証がある	遅い	ファイル転送など
UDP	DatagramSocket	送りっぱなし	速い	動画や音声のストリーミング

TCP/IP/UDP などプロトコル名はPで終わることが多いのですが、このPはプロトコル（Protocol）のPです。

12.2.5 try-with-resources

実は今回の SimpleServer や SimpleClient のようなコードはあまりよくありません。途中で例外が発生したときにclose が呼び出されずに終わるかもしれないからです。SimpleServer や SimpleClient では例外が発生するとプログラム自体が終わるので問題はありませんが、何度も通信を行うようなプログラムでは、使わないソケットが確保されたままになって問題になることがあります。close が必要な場合に必ずclose できる構文として try-with-resources という書き方があります。

SimpleServer を try-with-resources で書き換えると次のようになります。

■src/main/java/projava/SimpleServer.java

```java
public class SimpleServer {
    public static void main(String[] args) throws IOException {
        var server = new ServerSocket(1600);
        System.out.println("Waiting...");
        try (Socket soc = server.accept();
             InputStream input = soc.getInputStream())
        {
            System.out.println("connect from " + soc.getInetAddress());
            System.out.println(input.read());
        }
    }
}
```

SimpleClientをtry-with-resourcesで書き換えると次のようになります。

■src/main/java/projava/SimpleClient.java

```java
public class SimpleClient {
    public static void main(String[] args) throws IOException {
        try (var soc = new Socket("localhost", 1600);
             OutputStream is = soc.getOutputStream())
        {
            is.write(234);
        }
    }
}
```

構文は次のようになります。

構文 try-with-resources

```
try (closeが必要なオブジェクトの変数割り当て) {
    処理
}
```

サーバー側では、次のようにtryのあとでSocketとInputStreamの変数を用意しています。

```
try (Socket soc = server.accept();
     InputStream input = soc.getInputStream())
```

クライアント側では、tryのあとでSocketとOutputStreamの変数を用意しています。

```
try (var soc = new Socket("localhost", 1600);
     OutputStream is = soc.getOutputStream())
```

このようにすると、処理が終わって try ブロックを抜けるときに自動的に Socket や Input Stream、OutputStream の close メソッドが呼び出されます。

> **練習**
>
> 1. SimpleServer を起動せずに SimpleClient を実行すると例外 java.net.ConnectEx ception が発生します。例外処理をして「サーバーが起動していません」とメッセージを出すようにしてみましょう。

12.3 Webの裏側を見てみる

　検索をするのもメールを送るのも買い物をするのも動画を観るのも、ほとんどがブラウザ上で行われるようになっています。ブラウザでは通信に HTTP というプロトコルを使い、画面は HTML というマークアップ言語を使って構成されます。このように、HTTP で通信を行って HTML で画面を構築するという枠組みを Web といいます。Web はもともとはクモの巣という意味ですが、HTML で書かれた世界中の文章がクモの巣のようにリンクしあっていく形を指して World Wide Web と呼ばれ、今ではインターネットといえば Web という感じになっています。

　ここでは、HTTP プロトコルがどのようなものか見てみましょう。プログラムの説明は少し難しいかもしれませんが、大切なのはインターネット上の通信がこのように実現されているということを知ることです。説明を読み飛ばしてもかまわないので、プログラムを動かして雰囲気だけでもつかんでおいてください。

12.3.1 HTTP

　HTTP は HyperText Transfer Protocol の略で、Web 上で使われる転送プロトコルです。現在では多くの通信が HTTP ベースになっています。ところで「HTTP プロトコル」というと「P」もプロトコルを表すので「プロトコル」かぶりが起きてしまいますが、プロトコルの話をしていることがわかりやすくなるので使われることも多いです。

12.3.2 HTTPクライアント

　HTTP は TCP を使ったプロトコルなので、Socket を使って実装することができます。まずは Web サーバーに接続するクライアントを作成します。projava.WebClient というクラスで次のコードを入力してください。

■src/main/java/projava/WebClient.java

```java
package projava;

import java.io.BufferedReader;
import java.io.IOException;
import java.io.InputStreamReader;
import java.io.PrintWriter;
import java.net.Socket;

public class WebClient {

    public static void main(String[] args) throws IOException {
        var domain = "example.com";
        try (var soc = new Socket(domain, 80);
             var pw = new PrintWriter(soc.getOutputStream());
             var isr = new InputStreamReader(soc.getInputStream());
             var bur = new BufferedReader(isr))
        {
            pw.println("GET /index.html HTTP/1.1");
            pw.println("Host: " + domain);
            pw.println();
            pw.flush();
            bur.lines()
                .limit(18)
                .forEach(System.out::println);
        }
    }
}
```

　今回のサンプルプログラムを実行すると、日付など細かな部分は変わりますが次のような表示になります。

実行結果

```
HTTP/1.1 200 OK
Accept-Ranges: bytes
Age: 64282
Cache-Control: max-age=604800
Content-Type: text/html; charset=UTF-8
Date: Sat, 28 Aug 2021 02:23:44 GMT
Etag: "3147526947"
Expires: Sat, 04 Sep 2021 02:23:44 GMT
Last-Modified: Thu, 17 Oct 2019 07:18:26 GMT
Server: ECS (sab/5708)
Vary: Accept-Encoding
X-Cache: HIT
Content-Length: 1256

<!doctype html>
```

```
<html>
<head>
    <title>Example Domain</title>
```

　プログラムをおおまかに説明すると、example.comの80番ポートに接続して文字列を3行送信、受け取った文字列の18行分を表示というもので、処理自体は単純なものです。HTTPはリクエストを送るとレスポンスが返ってくる、一往復のプロトコルです。リクエストとして3行の文字列を送信、そして受け取ったレスポンスを表示していることになります。

　ここで、接続先にしているexample.comはこういった例として使うためのドメインです。ブラウザでhttp://example.com/ にアクセスすると次のように表示されます（図12.11）。

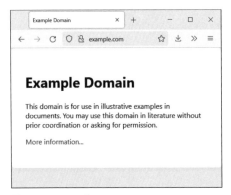

図12.11 ● example.com

ReaderとWriter

　HTTPは文字列で通信を行うプロトコルです。InputStreamクラスやOutputStreamクラスを使ってデータの入出力ができましたが、文字列の入出力には不向きです。Javaでは、文字列を入出力するためにReaderクラスとWriterクラスが用意されています。

　文字列を扱うとき、文字をどのようにデータとして表すかという文字エンコーディングが問題になります。現在では世界中の文字を統一的に扱えるUnicodeという文字集合が主流になっています。Unicodeをデータとして表すときの文字エンコーディングとしては、ファイルの保存やネットワークでのやりとりをするときはデータのムダなく扱えるUTF-8が使われます。一方Javaで内部的に使っている文字エンコーディングは、Unicodeを効率よく処理できるUTF-16です。そうすると、データを送信するときはUTF-16からUTF-8へ、データを受信するときはUTF-8からUTF-16へ変換する必要があります。古いサイトでは、JISで定められた文字集合をコンピュータで扱いやすく符号化したShift JISでテキストが扱われていることもあるので、Shift JISでの対応が必要になることもあります。

　そういった文字エンコーディングの変換を行ってくれるのがReaderクラスとWriterクラス

です。実際には1行単位での入出力ができるBufferedReaderクラスとPrintWriterクラスを多くの場合使います。

プログラムを見ると、出力用にはOutputStreamからPrintWriterオブジェクトを生成しています。

```
var pw = new PrintWriter(soc.getOutputStream());
```

PrintWriterオブジェクトに対してprintlnメソッドで1行単位の出力が行えます。

```
pw.println("GET /index.html HTTP/1.1");
```

入力用にはBufferedReaderオブジェクトを生成しますが、InputStreamからBufferedReaderオブジェクトを直接生成することはできないので、InputStreamReaderオブジェクトを経由させています。

```
var isr = new InputStreamReader(soc.getInputStream());
var bur = new BufferedReader(isr))
```

BufferedReaderオブジェクトからはreadLineメソッドで1行入力ができますが、今回はlinesメソッドで文字列のStreamを得ています。

```
bur.lines()
```

▬▬▬ HTTPリクエストとHTTPメソッド

HTTPは、クライアントからサーバーにどういうデータが欲しいか要求し、サーバーがクライアントにデータを返答するという形式で通信を行います。クライアントからの要求をHTTPリクエスト、サーバーからの返答をHTTPレスポンスといいます。

送信しているリクエスト文字列を見てみましょう。

まず最初に「GET /index.html HTTP/1.1」を送信しています。

```
pw.println("GET /index.html HTTP/1.1");
```

送信しているリクエスト文字列は次のような形式になっています。

```
HTTPメソッド リソース HTTP/バージョン
```

最初の部分はHTTPメソッドと呼ばれ、どういう操作を行うかを表しています。主に使うのはGETとPOSTですが、他にも**表12.3**のようなものがあります。

表12.3 ● HTTPメソッド

HTTPメソッド	説明
GET	データの取得
POST	データの送信
PUT	データの作成か書き換え
DELETE	データの削除

　POSTもPUTもデータ送信ですが、PUTの場合は同じデータを何度送っても上書きされて結果として同じになるという場合に使います。SNSでいえば、投稿は同じデータを2回送ると2件の投稿になり1回だけ送る場合と結果が違うのでPUTは使えませんが、プロフィール更新であれば同じデータを何回送ってもプロフィールに違いは出ないのでPUTが使えます。今回はデータを取得するのでGETを指定しています。

　リソース部分は操作するデータを表します。今回は/index.htmlというファイルを扱うことを示しています。バージョンには1.0か1.1を指定できますが、通常は1.1を指定します。

　2行目以降に送るのは、リクエストの詳細情報を表すリクエストヘッダーです。リクエストヘッダーには**表12.4**のようなものがあります。

表12.4 ● リクエストヘッダー

リクエストヘッダー	説明
Host	アクセスしているドメイン
User-Agent	ブラウザ種別
Referer	リンク元

　Hostヘッダーは必ず指定しないといけません。ドメイン名の仕組みとして、1つのIPアドレスに複数のドメイン名を割り当てることができるので、1つのWebサーバーで複数のドメイン名のサイトを処理することがあります。ただ、TCP/IPの仕組み上、どのドメイン名でアクセスされたのかサーバー側からはわからないので、クライアント側からHostヘッダーでドメイン名を指定する必要があります。

```
pw.println("Host: " + domain);
```

　空行を送るとリクエストは終了で、サーバーからのレスポンスを待つことになります。

```
pw.println();
```

ソケットへの出力は、ある程度まとまってから一気に行うという仕組みになっているので、printlnメソッドを呼び出した時点ですぐに送信されるわけではありません。そこでflushメソッドで強制的に送信を行っています。

```
pw.flush();
```

HTTPでの改行コードはCR + LFというコードでなければなりませんが、printlnメソッドではLFのみが送られます。一応、規格ではLFのみでも処理できるように推奨されているので、現在使われているWebサーバーでは問題ないはずです。しかし、正しいWebクライアントを作るときには改行コードなども規格どおりにしましょう。HTTPはRFC 2616という文書で規格が決まっています。

とはいえ、RFCに完全に従った処理はなかなか手間がかかるので、実用的なプログラムを作る場合は、あとで紹介するような、用意されたライブラリを使うほうがよいでしょう。

HTTPレスポンスとステータスコード

リクエストを送信すると、サーバーからレスポンスが返ってきます。サーバーからのレスポンスを見ると、1行目は次のようになっています。

```
HTTP/1.1 200 OK
```

HTTPレスポンスは次のような形式になっています。見る必要があるのはステータスコードだけです。

HTTP/バージョン　ステータスコード　メッセージ

ステータスコードには表12.5のようなものがあります。200であればエラーなくドキュメントが得られたということです。

表12.5 ● ステータスコード

コード	説明
200	正常に終了
403	閲覧許可がない
404	情報が見つからない
301、302	リダイレクト
500	内部エラー

2行目以降はレスポンスの詳細情報がレスポンスヘッダーとして送られてきます。レスポンスヘッダーには**表12.6**のようなものがあります。

表12.6 ● レスポンスヘッダー

レスポンスヘッダー	説明
Content-Type	ドキュメントの種類
Last-Modified	最終更新日時
Content-Length	データサイズ

　Content-Typeヘッダーはドキュメントの種類を指定するヘッダーです。

```
Content-Type: text/html; charset=UTF-8
```

　ブラウザはこのヘッダーを元にファイルの処理方法を決めます。このときに指定するのはMIMEタイプという形式で、text/htmlのようになります（**表12.7**）。文字エンコーディングを指定する場合はcharsetを続けて指定します。

表12.7 ● MIMEタイプ

ファイル種別	MIMEタイプ	よくある拡張子
HTML	text/html	.html
テキストファイル	text/plain	.txt
JPEG画像	image/jpeg	.jpg
PNG画像	image/png	.png

　MIMEはMultipurpose Internet Mail Extensionsの略で日本語で書くと多目的メール拡張という意味です。名前からわかるように元々はメールにファイルを添付するための規格でしたが、ファイル種別指定形式がMIMEタイプとしてメール以外でも使われるようになりました。
　空行でレスポンスヘッダーが終わって、その後からがドキュメント本体になります。ここではHTMLが送られてきています。ブラウザはこのHTMLを解釈して画面を構築します。

```
<!doctype html>
<html>
<head>
 ...
```

12.3.3　**HTTPSで安全なWebアクセス**

　TCP/IPの通信ではサーバーとクライアントの間に複数の中継点を経由します。ゲートウェイ
といいます。もしそのゲートウェイに悪い人がいれば、通信の中身を盗み見ることが可能です。
大事な契約だったり銀行の口座だったり盗み見られると困る情報はたくさんあります。また、
ゲートウェイに悪者がいると、本来の接続先とは違うサーバーに転送するということも可能に
なります。銀行のサイトのふりをしたサーバーに転送されてしまうと、いくら途中経路が暗号化
されていてもパスワードが盗まれるということが起きてしまいます。そこで、ソケット接続の
接続先が正しいことを証明し、通信を暗号化するSSL（Secure Socket Layer）という仕組みが
使われるようになりました。SSLを標準化したものがTLS（Transport Layer Security）です。あ
わせてSSL/TLSと呼ばれることもあります。サイト主が認証局に登録し、通信時に相手先を
保証する仕組みです。そして、HTTP通信をSSL/TLSで行うようにしたものがHTTPSです。

　最近のブラウザでは、HTTPSで接続すると鍵マークが表示されて、認証局などの情報を確
認することができます（**図12.12**）。

図12.12 ● HTTPSでの接続

■src/main/java/projava/WebClient.java

```java
public static void main(String[] args) throws IOException {
    var domain = "www.google.com";

    SocketFactory factory = SSLSocketFactory.getDefault();
    try (Socket soc = factory.createSocket(domain, 443);
        var pw = new PrintWriter(soc.getOutputStream());
        var isr = new InputStreamReader(soc.getInputStream());
        var bur = new BufferedReader(isr))
```

　SSL/TLSを使うと言っても、コードが変わるのはソケットを用意する部分だけです。
SSLSocketFactory.getDefaultメソッドでSocketFactoryオブジェクトを得ます。

```
SocketFactory factory = SSLSocketFactory.getDefault();
```

　SocketFactoryオブジェクトに対してアドレスとポート番号を指定してcreateSocketメソッ

ドを呼び出すと、SSL通信を行うSocketオブジェクトが得られます。

```
try (var soc = factory.createSocket(domain, 443);
```

これらのクラスを使うために、次の2行のimport文が必要です。

```
import javax.net.SocketFactory;
import javax.net.ssl.SSLSocketFactory;
```

HTTPSではポート443が標準的に使われます。あとの処理はHTTPの場合と同じです。このことからもHTTPSはSSLを使ったHTTP通信であることがわかります。

URL

HTTPやHTTPSを知ってURLを見てみると、構成がわかりやすくなります（図12.13）。プロトコルはHTTPかHTTPSかを表します。他のプロトコルが指定されることもあります。接続先はサーバーのアドレスを示します。また、ポートはHTTPでの80番やHTTPSでの443番のときには省略できます。通常は省略されていますが、開発用のサーバーは80番などの標準ポートを使わないことも多く、その場合には指定が必要になります。パスの部分がドキュメントを指定する部分で、サーバーに渡されます。

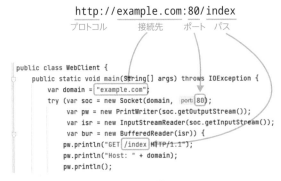

図12.13 ● URLとHTTPリクエストの対応

12.3.4　Webクライアントライブラリ

ここまではソケットプログラミングでHTTPアクセスをしてみました。ただ、HTTPの仕様を把握していろいろなサーバーへ接続できるようにしたり、画像を送信できるようにしたり、そしてそれをプログラム中で利用しやすくすることは結構大変です。

そこで実用的には、あらかじめ用意されたWebクライアントライブラリを使います。

　Javaに標準で用意されているものとしては、初期から用意されていたURLConnectionとJava 11で正式採用されたHttpClient APIがあります。

HttpClient API

　この本ではHttpClient APIについて説明します。projava.WebClient2というクラスを作成して次のプログラムを入力してください。

■src/main/java/projava/WebClient2.java

```java
package projava;

import java.io.IOException;
import java.net.URI;
import java.net.http.HttpClient;
import java.net.http.HttpRequest;
import java.net.http.HttpResponse;

public class WebClient2 {
    public static void main(String[] args)
            throws IOException, InterruptedException {
        HttpClient client = HttpClient.newHttpClient();
        URI uri = URI.create("https://example.com/");
        HttpRequest req = HttpRequest.newBuilder(uri).build();
        HttpResponse<String> response = client.send(
                req, HttpResponse.BodyHandlers.ofString());
        String body = response.body();
        body.lines()
            .limit(5)
            .forEach(System.out::println);
    }
}
```

　実行すると次のように表示されます。

実行結果

```
<!doctype html>
<html>
<head>
    <title>Example Domain</title>
```

　HttpClient APIは大きくHttpClientの用意、HttpRequestの用意、用意したHttpRequestを送ってレスポンスの処理の3つの部分に分かれます。

　まず、HttpClient.newHttpClientメソッドを使ってHttpClientオブジェクトを取得します。

```
HttpClient client = HttpClient.newHttpClient();
```

HttpClientではタイムアウトやプロキシなど通信の設定を指定することもできます。

次にリクエストをHttpRequestとして準備しますが、ここではURIクラスを使ってhttps://example.com/ を指定します。

```
URI uri = URI.create("https://example.com/");
HttpRequest req = HttpRequest.newBuilder(uri).build();
```

ここで、HTTPSを指定していることにも注意してください。用意されたライブラリを使うと、プロトコル名を指定するだけで適した方式で通信を行ってくれます。

HttpClientに対してsendメソッドでHttpRequestを送りますが、そのときレスポンスの処理方法をBodyHandlerとして指定します。

```
HttpResponse<String> response = client.send(
        req, HttpResponse.BodyHandlers.ofString());
```

BodyHandlerは、HttpResponse.BodyHandlersに基本的なものが用意されているので、通常はこのうちのどれかを使えば十分でしょう（**表12.8**）。ここではofStringを利用して、レスポンスを文字列として受け取るようにしています。

表12.8 ● BodyHandler

BodyHandler	bodyの型
ofString	String
ofLines	Stream<String>
ofFile	Path
ofByteArray	byte[]
ofInputStream	InputStream

HttpResponseに対してbodyメソッドを呼び出すとデータ本体が得られます。BodyHandlerとしてofStringを指定していたので、String型としてデータを得ることができます。

```
String body = response.body();
```

HttpResponseからはレスポンスヘッダーなども得ることができます。

あとは受け取ったデータから先頭の5行を表示しています。

```
body.lines()
    .limit(5)
    .forEach(System.out::println);
```

ここでレスポンスヘッダーは表示せず、データ本体であるHTMLだけを表示しています。

12.3.5 Webサーバーを作る

ここまではWebサイトに接続するプログラムを作りました。それでは逆にWebブラウザから接続を受け付けるサーバーを作ってみましょう。

■src/main/java/projava/WebServer.java

```java
package projava;

import java.io.BufferedReader;
import java.io.IOException;
import java.io.InputStreamReader;
import java.io.PrintWriter;
import java.net.ServerSocket;
import java.net.Socket;

public class WebServer {
    public static void main(String[] args) throws IOException {
        var server = new ServerSocket(8880);
        for (;;) {
            try (Socket soc = server.accept();
                var isr = new InputStreamReader(soc.getInputStream());
                var bur = new BufferedReader(isr);
                var w   = new PrintWriter(soc.getOutputStream()))
            {
                System.out.println("connected from " + soc.getInetAddress());
                bur.lines()
                   .takeWhile(line -> !line.isEmpty())
                   .forEach(System.out::println);
                w.println("""
                    HTTP/1.1 200 OK
                    Content-Type: text/html

                    <html><head><title>Hello</title></head>
                    <body><h1>Hello</h1>It works!</body></html>
                    """);
            }
        }
    }
}
```

　実行しても何も表示されませんが、ブラウザからhttp://localhost:8880にアクセスすると
図12.14のようになります。表示されない場合は「Content-Type: text/html」の行の後に空
行があるか確認してください。HTTPでは、レスポンスヘッダーとデータ本体の間に改行コー
ドが2つ必要になるため、この空行がないとブラウザで何も表示されません。

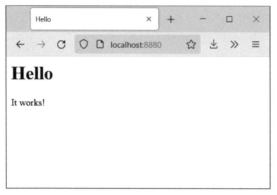

図12.14 ● ブラウザからのアクセス

　このとき、ブラウザから送られてきたリクエストヘッダーが表示されます。

実行結果

```
connect from /127.0.0.1
GET / HTTP/1.1
Host: localhost
User-Agent: Mozilla/5.0 (Windows NT 10.0; Win64; x64; rv:91.0) Gecko/20100101 Firefox
/91.0
Accept: text/html,application/xhtml+xml,application/xml;q=0.9,image/webp,*/*;q=0.8
...
```

　このプログラムは一度起動すると終了しないので、動作確認が終わったら［停止（Stop）］ボ
タンなどで終了させる必要があります（図12.15）。

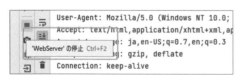

図12.15 ● ［停止］ボタンで終わらせる

処理としてはWebクライアントの逆になります。

まず8880番ポートで待ち受けするソケットを用意します。

```
var server = new ServerSocket(8880);
```

今回は何度もリクエストを受け付けるために、処理全体を無限ループで囲みます。for文に何も指定しなければ無限ループになります。

```
for (;;) {
```

acceptメソッドで通信を待ち受けて、クライアントから接続を受け取ったら、その接続を管理するソケットからBufferedReaderとPrintWriterを得ます。これらが確実にcloseされるようtry-with-resources構文を使っています。

```
try (Socket soc = server.accept();
     var isr = new InputStreamReader(soc.getInputStream());
     var bur = new BufferedReader(isr);
     var w   = new PrintWriter(soc.getOutputStream()))
```

接続を受け取ったら、リクエストヘッダーを読み込むのですが、ここで条件が成り立つ間Streamを処理するtakeWhileメソッドを使って、リクエストヘッダー終了の合図である空行がくるまで出力処理を行うようにしています。

```
bur.lines()
   .takeWhile(line -> !line.isEmpty())
   .forEach(System.out::println);
```

レスポンスとしてはステータスコードとして200を送って、Content-Typeヘッダーにtext/htmlを指定しています。

```
HTTP/1.1 200 OK
Content-Type: text/html
```

レスポンスのHTMLとして次のようなものを返しています。

```
<html><head><title>Hello</title></head>
<body><h1>Hello</h1>It works!</body></html>
```

このHTMLをブラウザが解釈して、前ページの図12.14が表示されます。

 MIMEタイプの変更

ここでContent-Typeをtext/htmlとしてHTMLを指定していますが、text/plainにしてみましょう。

```
w.println("""
        HTTP/1.1 200 OK
        Content-Type: text/plain
```

プログラムを実行しなおしてブラウザからアクセスすると、これをHTMLとして解釈するのではなく単なる文字列情報として受け取って、そのままの内容が表示されます（図12.16）。

図12.16 ● ブラウザからのアクセス

第13章 処理の難しさの段階

プログラムは処理によって難しさが違います。この章では、プログラムの処理がどのように難しくなるか段階を追って説明します。

13.1 ループの難しさの段階

　ここまでの章で基本的なプログラムの書き方がわかってきたと思います。ただ、Javaの文法やAPIを勉強しても、それだけでさまざまな処理が書けるようになるわけではありません。プログラムにはプログラムそのものが持つ難しさがあり、少しずつ難しさが変わります。

　Streamでは、データごとの処理をした結果を最後にまとめるというような処理を簡潔に書けました。しかしデータごとの処理が他のデータによって影響されるような処理は書けません。そのような処理は、Streamでできる処理よりは少しプログラムとして難しくなります。この章では、そういったStreamでは書けない、他のデータによってデータごとの処理が変わるようなプログラムについて、難しくなっていく段階ごとに紹介していきたいと思います。

　難しい内容になるので、一度で理解できなくても気にせずに進んで、そういう考え方があるということをまず知っておいてください。プログラムに慣れてきたら読み返して理解を深めていくとよいと思います。

13.1.1 他のデータを参照するループ

　まずは他のデータを参照する必要があるループを紹介します。このような処理はStreamでは書けないので、forループなどを使う必要があります。

重複するデータを取り除く

文字列の同じ文字が続く部分から、重複部分を取り除いた文字列を作る処理を考えてみます。「abcccbaabcc」の重複部分を取り除くと「abcbabc」になります。この処理を行うためには、いまから処理するデータのほかに直前のデータを参照することが必要です。

それでは、projava.RemoveDuplicateというクラスで次のプログラムを入力してください。

■src/main/java/projava/RemoveDuplicate.java

```java
package projava;

public class RemoveDuplicate {
    public static void main(String[] args) {
        var data = "abcccbaabcc";

        var builder = new StringBuilder();
        for (int i = 0; i < data.length(); i++) {
            char ch = data.charAt(i);
            if (i > 0 && ch == data.charAt(i - 1)) {
                continue;
            }
            builder.append(ch);
        }
        var result = builder.toString();
        System.out.println(data);
        System.out.println(result);
    }
}
```

実行すると、次のように元の文字列と重複を取り除いた文字列が表示されます。

実行結果

```
abcccbaabcc
abcbabc
```

では、どのようにして重複を取り除いているか見てみましょう。
まず、処理するデータを文字列で持っています。

```
var data = "abcccbaabcc";
```

結果の文字列を構築するために、StringBuilderクラスを使います。StringBuilderクラスは、どんどん値を追加して文字列を構築していくときに使うクラスです。

```
var builder = new StringBuilder();
```

文字列の長さ分、処理を繰り返します。

```
for (int i = 0; i < data.length(); i++) {
```

配列の要素数分繰り返すループを書くときに、IntelliJ IDEA では data.fori という後置補完が使えましたが、残念ながら文字列の要素数分繰り返すループでは使えません。

文字列から文字を取り出すには charAt メソッドを使います。文字を扱う型は char 型でした。

```
char ch = data.charAt(i);
```

この文字が1つ前の文字と一致するかどうかを確認したいのですが、先頭の要素の場合には確認の必要がないため、変数 i の値が0より大きいときにだけ1つ前の文字との比較を行います。&& 演算子では、最初の式が false になる場合は後の式を実行しません。そのおかげで、i が0のときに data.charAt(i - 1) を呼び出してしまうことはありません。

```
if (i > 0 && ch == data.charAt(i - 1)) {
```

1つ前の値と同じ文字だった場合には、続きの処理をせず continue で次の文字の処理に移ります。

```
continue;
```

先頭の文字の場合か、1つ前の文字とは別の文字だった場合、StringBuilder オブジェクトに append メソッドを使って文字を追加します。

```
builder.append(ch);
```

すべての文字の処理が終わったら、toString メソッドで StringBuilder オブジェクトに構築された文字列を取得します。

```
var result = builder.toString();
```

これで重複を省いた文字列が変数 result に割り当てられたので、元の文字列と共に表示します。

```
System.out.println(data);
System.out.println(result);
```

拡張for文で書き直す

このプログラムで、1つ前の文字を覚えておくようにすれば拡張for文を使って書き直せます。

■ src/main/java/projava/RemoveDuplicate.java

```java
char prev = 0;
var builder = new StringBuilder();
for (char ch : data.toCharArray()) {
    if (ch == prev) {
        continue;
    }
    builder.append(ch);
    prev = ch;
}
var result = builder.toString();
```

1つ前の文字を覚える変数としてprevを用意します。prevは英語のpreviousの略で、「前の」という意味です。next（次の）と共に変数名やメソッド名でよく使われます。

このとき、データに現れない数値として0を割り当てて初期化しています。

```
char prev = 0;
```

ループを拡張for文で書きます。toCharArrayメソッドで、文字列中の文字を格納した配列を取得しています。

```
for (char ch : data.toCharArray()) {
```

1つ前の文字と一致するかどうかは、変数prevと比較して確認します。

```
if (ch == prev) {
    continue;
}
```

同じ文字が続かなかった場合はStringBuilderオブジェクトにappendメソッドを使って文字を追加します。そのあと、今回の文字を「1つ前の文字」として変数prevで覚えておきます。

```
builder.append(ch);
prev = ch;
```

これで、重複を省いた文字列を作る処理を拡張for文で書き直すことができました。

> **練習**
>
> 1. 奇数番目の文字を、続く偶数番目の文字と入れ替えて出力するようにしてみましょう。続く文字がない場合はそのまま出力します。例えば "abcde" に対して "badce" と出力します。
>
> 2. 1つ後の要素と比べて大きいほうを格納した配列を作ってみましょう。最後の要素は最後にそのまま出力されます。例えば、{3, 6, 9, 4, 2, 1, 5} に対して {6, 9, 9, 4, 2, 5, 5} が生成されます。

13.1.2　隠れた状態を扱うループ

　単純に他のデータを参照する必要がある処理を見てみましたが、他のデータから得られる隠れた状態を考えないといけない処理は、さらに少しプログラムを書く難しさが変わります。

■ ランレングス圧縮

　前のサンプルでは重複したデータを取り除いていましたが、データを取り除く代わりに連続した個数を出力してみましょう。今回はアルファベットだけの文字列について考えます。

　aaaのようにaが3つ続くときはa3、aaaaaのように5つ続けばa5としてもいいのですが、その場合は文字がないことを表すa0や1文字だけを表すa1は現れません。0や1といった数字がムダになってしまうので、連続した個数から2を引いた数を出力します。つまり、aが2つ続いた場合にa0、aが11個続いた場合にa9になるようにします。また、今回は数字1つで表したいので、同じ文字が11個よりも多く続いたときは、12個目からは改めて出力します。Aが12個続いた場合はa9a、Aが13個続いた場合はa9a0になります。

　そうすると、abbcccbaaaabccccccccccccdddはab0c1ba2bc9cd1と表せます。たくさん続いているcは12個続いています。

　変換結果を見ると、元データよりも短くデータを表現できていることがわかります。データをそのデータより短く表現することを圧縮といいます。このプログラムのように、同じデータが続くときにデータが続く長さを記録することによってデータを短くする手法をランレングス圧縮といいます。計算負荷が少ないので、昔のパソコンで同じ色が続くようなイラスト画像の圧縮に使われることがありました。

　このような処理では、得られるデータから直接判断するのではなく、データから得られる間接的な状態での判断が必要になります。このような状態はプログラマーが自分で見つけないといけないため、直接データを見て判断できる場合より難しさが上がっているといえます。ただ多くの場合では、その隠れた状態さえ見つけてしまえば、プログラム自体は難しくありません。

逆に、プログラムは簡単そうなのに自分で組もうとすると難しいということにもなります。

　重複するデータを取り除くサンプルをベースに実装してみると次のようになります。「//」で始まる行はコメントとみなされてプログラムの実行には関係ないので、入力しなくてもかまいません。

■src/main/java/projava/RunLengthCompression.java

```java
package projava;

public class RunLengthCompression {
    public static void main(String[] args) {
        final var COUNTER_BASE = -1;
        var data = "abbcccbaaaabcccccccccccddd";

        var count = COUNTER_BASE;
        char prev = 0;
        var builder = new StringBuilder();
        for (var ch : data.toCharArray()) {
            if (prev == ch) {
                // 同じ文字が続くとき
                count++;
                if (count == 9) {
                    builder.append('9');
                    count = COUNTER_BASE;
                    prev = 0;
                }
            } else {
                // 違う文字が来たとき
                if (count >= 0) {
                    // 前の文字が連続していたので数字を出力
                    builder.append((char) ('0' + count));
                    count = COUNTER_BASE;
                }
                builder.append(ch);
                prev = ch;
            }
        }
        // 最後の文字が連続していれば数字を出力
        if (count >= 0) {
            builder.append((char) ('0' + count));
        }
        var result = builder.toString();
        System.out.println(data);
        System.out.println(result);
    }
}
```

実行すると次のように表示されます。

```
abbcccbaaaabcccccccccccddd
ab0c1ba2bc9cd1
```

それではプログラムを見ていきます。まず、今回はデータが連続した個数から2を引いた数字を出力するので、1番目の文字を出力するとしたら-1が出ることになります。そこでこの-1を基準になる数値として変数COUNTER_BASEで扱います。

```
final var COUNTER_BASE = -1;
```

変数の宣言にfinalを付けると変更のできない変数になります。finalが付いて固定値を割り当てた変数を名前付き定数や、単に定数といいます。第14章の「14.1.5 フィールド」でも改めて解説します。

変数dataに、判定する文字列を用意します。

```
var data = "abbcccbaaaabcccccccccccddd";
```

同じ文字が連続した個数を数えるための変数としてcountを用意します。初期値は先ほどのCOUNTER_BASEです。

```
var count = COUNTER_BASE;
```

1つ前の文字を覚えておく変数と、結果出力用のStringBuilderオブジェクトを用意するのは、重複を取り除く拡張for版サンプルのままです。

```
char prev = 0;
var builder = new StringBuilder();
```

重複を取り除くサンプルと同様に、1文字ずつ処理をするループを開始します。

```
for (var ch : data.toCharArray()) {
```

同じ文字が続くとき、重複を取り除くときには次のループまで処理を飛ばしていましたが、今回は重複を数えるために変数countの値を増やしています。

```
    if (prev == ch) {
        count++;
```

countが9まできたら、9を出力します。

```
    if (count == 9) {
        builder.append('9');
```

9を出力したあとの文字は改めて出力をするので、ループ開始前の状態と同じになるよう、変数countをCOUNTER_BASEに、1つ前の文字を0にします。

```
    count = COUNTER_BASE;
    prev = 0;
```

else句では違う文字が来たときの処理を行います。

```
    } else {
```

変数countの値が0以上であれば、直前に同じ文字が続いていたということで数字を追加します。countの値はCOUNTER_BASEに戻します。

```
    if (count >= 0) {
        builder.append((char) ('0' + count));
        count = COUNTER_BASE;
    }
```

重複を取り除くサンプルと同様に、現在の文字をbuilderに追加して、1つ前の文字として現在の文字を変数prevに割り当てます。

```
    builder.append(ch);
    prev = ch;
```

ループを抜けたときに最後の文字が連続していれば数字を出力します。

```
    if (count >= 0) {
        builder.append((char) ('0' + count));
    }
```

練習

1. 受け取った文字列のアルファベットを、最初は小文字で出力し、0を受け取ったら次か らのアルファベットは大文字に、1を受け取ったら次からのアルファベットを小文字で出 力してみましょう。

　例：　aa0bcd1efg1gg0abc　➡　aaBCDefgggABC

2. 文字列を受け取って、数字以外はそのまま出力し、数字が来たら直前の文字をその数 字に1を足した文字数分出力してください。

　例：　ab0c1ba2bc9cd1　➡　abbcccbaaaabcccccccccccddd

（サンプルプログラムと逆の変換になります。圧縮されたデータから元のデータを取り出 すプログラムになりますが、このような処理を圧縮に対して展開といいます。）

13.2　状態遷移と正規表現

　隠れた状態を扱う処理を見てみましたが、状態の変化がもっと複雑になると、状態がどのよ うに変わるかを一度整理しておく必要があります。データによって状態が変わっていくことを 状態遷移といいます。

13.2.1　状態遷移の管理とenum

　文字列が小数点付きの数値の表示として妥当かどうか判定するプログラムを考えてみま しょう。「123」や「123.5」は妥当ですが、「12.」のように小数点で終わったり「.3」のように小 数点で始まったり、「1.2.3」のように小数点が2回出てくると不適です。また「012」のように先 頭に0が付いてもいけません。ただし「0.12」のように直後に小数点がくればOKです。「12.30」 のように小数点以下が0で終わるのは有効数字を表しているということでOKとします。

　これを整理すると次の図13.1のようになります。このような図を状態遷移図といいます。

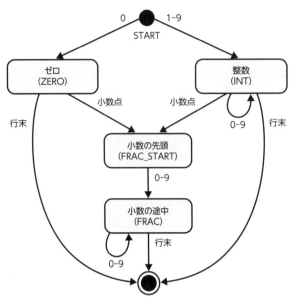

図13.1 ● 実数判定の状態遷移図

このような、状態が入力によって変わっていくモデルをステートマシンやオートマトンといいます。この状態遷移を実装すると次のようになります。

■ src/main/java/projava/CheckFloat.java

```java
package projava;

public class CheckFloat {

    enum FloatState {
        START, INT, FRAC_START, FRAC, ZERO
    }

    static boolean check(String data) {
        var state = FloatState.START;
        for (char ch : data.toCharArray()) {
            switch (state) {
                case START -> { // 開始
                    if (ch == '0') {
                        state = FloatState.ZERO;
                    } else if (ch >= '1' && ch <= '9') {
                        state = FloatState.INT;
                    } else {
                        return false;
                    }
                }
                case ZERO -> { // 頭のゼロ
                    if (ch == '.') {
```

```
                        state = FloatState.FRAC_START;
                    } else {
                        return false;
                    }
                }
                case INT -> { // 整数部
                    if (ch >= '0' && ch <= '9') {
                        state = FloatState.INT;
                    } else if (ch == '.') {
                        state = FloatState.FRAC_START;
                    } else {
                        return false;
                    }
                }
                case FRAC_START, FRAC -> { // 小数部
                    if (ch >= '0' && ch <= '9') {
                        state = FloatState.FRAC;
                    } else {
                        return false;
                    }
                }
            }
        }
        return switch (state) {
            case ZERO, INT, FRAC -> true;
            default -> false;
        };
    }

    public static void main(String[] args) {
        System.out.println(check(""));       // false
        System.out.println(check("012"));    // false
        System.out.println(check(".12"));    // false
        System.out.println(check("12."));    // false
        System.out.println(check("1.2.3"));  // false
        System.out.println(check("1..3"));   // false
        System.out.println(check("0"));      // true
        System.out.println(check("12"));     // true
        System.out.println(check("12.3"));   // true
        System.out.println(check("0.3"));    // true
        System.out.println(check("12.30"));  // true
    }

}
```

状態を表す値をenumとして用意しています。enumはプログラム中で利用する値をまとめて
扱えるようにする型です。

```
enum FloatState {
    START, INT, FRAC_START, FRAC, ZERO
}
```

FRACは小数部を表すfractionの略です。

状態を表す変数stateを用意します。初期状態はSTARTになります。

```
var state = FloatState.START;
```

1文字ずつ繰り返します。

```
for (char ch : data.toCharArray()) {
```

状態によって分岐するようswitch文を使います。

```
switch (state) {
```

それぞれの状態ごとに処理を書きます。状態遷移図のとおりにstateの値が変化していることを確認してください。状態遷移先のない文字を受け取ったときには、falseを返します。

```
case START -> {
    if (ch == '0') {
        state = FloatState.ZERO;
    } else if (ch >= '1' && ch <= '9') {
        state = FloatState.INT;
    } else {
        return false;
    }
}
```

すべての文字を処理したときに、行末への遷移が可能な状態であればtrueを、それ以外であればfalseを返して判定処理終了です。

```
return switch (state) {
    case ZERO, INT, FRAC -> true;
    default -> false;
};
```

それぞれの分岐を状態遷移図と見比べると、それぞれの分岐ではなにも難しいことをしていないように見えます。しかし状態遷移全体としては、文字列が小数として受け入れ可能かどう

かを判定する、少し複雑な処理になっているのがわかります。

　こういった状態遷移は、例えばネットショップのシステムであれば「注文→入金待ち→出荷待ち→配送済み」という状態遷移のように、システムを組んでいるといろいろなところでみつかります。

　こういった処理は、やりとりが正常に進む場合はいいのですが、キャンセルが入ったり在庫切れがあったりといった処理が入ったときに、状態遷移を正しく把握してシステムを作らないと辻褄が合わなくなりがちです。

　プログラムの状態を正しく把握できるようになりましょう。

練習

1. 小数部の最後が0で終わると不適になるように判定を変更してみましょう。「12.30」や「12.0」は不適です。
2. 先頭に負の符号を表す − を付けることができるように判定を変更してみましょう。「−123」はOKですが「−−123」や「−12−3」は不適です。

13.2.2　正規表現

　状態遷移を考えて、実数の文字列が妥当かどうかを検証するプログラムを作りました。ただ、こういう文字列の判定はよく必要になる処理で、わざわざ状態遷移図を考えなくても済むように正規表現という仕組みがあります。今回の状態遷移は (0|[1-9][0-9]*)(\\.[0-9]+)? という正規表現で表せます。

　Javaで正規表現を扱うクラスは java.util.regex パッケージにまとめられています。そのパッケージの中の Pattern クラスと Matcher クラスを使って先ほどの状態遷移の処理を書き換えると次のようになります。

■src/main/java/projava/CheckFloat.java

```java
static Pattern pat = Pattern.compile("(0|[1-9][0-9]*)(\\.[0-9]+)?");
static boolean check(String data) {
    Matcher mat = pat.matcher(data);
    return mat.matches();
}
```

正規表現の構文

それでは (0|[1-9][0-9]*)(\\.[0-9]+)? という正規表現が何を表しているのか、少しずつ

見ていきましょう。

　まず正規表現の特殊文字をまとめておきます。文字に関する正規表現をまとめると**表13.1**のようになります。

表13.1 ● 文字に関する正規表現

表現	説明
. （ドット）	なんでも1文字
[ ]	いずれかの文字。範囲指定できる
|	いずれかの表現
\	機能を打ち消す。Java文字列中では \\
( )	グループ化する
^	行頭
$	行末

　前半の (0|[1-9][0-9]*) を見てみます。0は0という文字自身を表します。特別な意味がある文字以外は、その文字自体を表します。[1-9] の部分で、[ ] で囲まれた部分はそのうちのどれか1文字を表します。ここでは1-9という範囲を指定しているので、0以外の数字を表します。[0-9]* のように * が付くと、その文字が0文字以上続くことを表します。何文字あってもいいし、なくてもいいということです。[1-9][0-9]* をあわせると、「0以外の数字で始まって、数字が0文字以上続く」ということを表します。| はどちらかになることを表すので、(0|[1-9][0-9]*) は「0か、0以外の数字で始まって数字が0文字以上続く」ということを表します。カッコは正規表現をグループ化します。

　後半の (\\.[0-9]+)? を見てみます。\\. は小数点の . を表します。単体の . だけだと「なんでも1文字」を表すため、その機能を打ち消すために \ を付けています。Javaの文字列で \ を表すときは \\ となります。つまりプログラム中の (\\.[0-9]+)? は、正規表現としては (\.[0-9]+)? となります。[0-9]+ のように + が付くと、その文字が1文字以上続くことを表します。* の場合は文字がなくてもよかったのですが、+ の場合は1文字は必要ということになります。\\.[0-9]+ で、「小数点で始まって数字が1文字以上続く」ということを表します。(\\.[0-9]+)? のように、? が付くと省略可能ということを示します。

　* と + に該当する状態遷移を先ほどの状態遷移図でみると、* を使っている整数の繰り返しは INT だけなのに対して、+ を使っている状態遷移は FRAC_START と FRAC に分かれています。これは、状態遷移としては [0-9]+ が [0-9][0-9]* に分解されることを表しています。

　出現回数に関する正規表現は**表13.2**のようになります。

表13.2 ● 出現回数に関する正規表現

表現	説明
?	あるかないか
*	何回か繰り返す。なくてもよい
+	何回か繰り返す。1つは必要

Javaの標準APIで使える正規表現は、PatternクラスのJavadocで説明されています。

Javaの正規表現API

Javaで正規表現を使うときには、Pattern.compileメソッドで正規表現を解析して、文字列解釈用のステートマシンを管理するPatternオブジェクトを得ます。

```
static Pattern pat = Pattern.compile("(0|[1-9][0-9]*)(\\.[0-9]+)?");
```

Patternオブジェクトに対してmatcherメソッドで文字列を渡すと、文字列を解釈する過程を管理するMatcherオブジェクトが得られます。先ほどの状態遷移のサンプルでいうと、状態を表す変数stateや、forループでの文字の処理がどこまで進んだかといったことに該当する情報が、Matcherオブジェクトで管理されます。

```
Matcher mat = pat.matcher(data);
```

Matcherオブジェクトに対してmatchesメソッドを呼び出すと、文字列全体が正規表現に適合するかを判定できます。

```
return mat.matches();
```

文字列が正規表現に適合するかどうかを判定するだけであれば、matchesメソッドが使えます。

■src/main/java/projava/CheckFloat.java

```
return data.matches("(0|[1-9][0-9]*)(\\.[0-9]+)?");
```

Stringクラスには、matchesメソッドの他にも、文字列を置換するreplaceAllメソッドや分割するsplitメソッドで正規表現が使えます。

ただ、内部ではPatternオブジェクトが生成されます。正規表現からステートマシンを生成する処理はそれなりに時間がかかるので、同じ正規表現を何度も使う場合には、Patternクラ

4

高度なプログラミング

13

処理の難しさの段階

スを使って正規表現を使いまわせるようにしたほうがよいでしょう。

IntelliJ IDEAの正規表現支援機能

　正規表現は、簡単なものであれば確認なく書くことができますが、少し難しくなると動かして確認しながら書きたくなります。そのときわざわざ正規表現を使ったテストプログラムを書くのは面倒です。IntelliJ IDEAは、正規表現の入力を支援する機能を持っています。

　Pattern.compile メソッドのように正規表現を受け取るメソッドの引数部分で［Alt］＋［Enter］（［Option］＋［Return］）キーを押すと、［正規表現の確認（Check RegExp）］や［RegExpフラグメントの編集（Edit RegExp Fragment）］を含むメニューが表示されます（**図13.2**）。

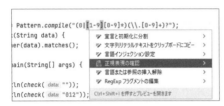

図13.2 ● 正規表現入力支援のメニュー

13.3　スタックとキュー

　実用的なプログラムを組むときに必須のデータの扱い方として、スタックとキューがあります。スタックやキューをうまく使うと、データの扱い方の幅が広がります。ここでは、スタックとキューを使う処理について見ていきましょう。

13.3.1　スタックとキュー

　第11章で、スタックはJavaのローカル変数などが格納された領域という説明をしましたが、元々はデータの扱い方にスタックという方法があります（**図13.3**）。スタック（Stack）というのは本の山のように何かが積み上げられた状態を指す言葉です。本をどんどん積んでいくと、最後に積んだものを最初に取り出す、最初に積んだものは最後に取り出すことになります。このように先に入れたものは後で出すことを「先入れ後出し」といい、英語でいうと First In Last Out なのでFILOといいます。「後入れ先出し」でもあるのでLIFOともいいます。

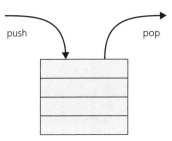

図13.3 ● スタック

先に入れたものが先に出てくるデータの扱い方もあります。例えばお店の行列は先に並んだ人が先に出てきます。これを「先入れ先出し」、英語だと First In First Out で FIFO といいます。このようなデータの扱い方をキュー（Queue）といいます（**図13.4**）。

図13.4 ● キュー

13.3.2 ツリーの探索

スタックとキューを使う処理として探索を見てみましょう。データを調べて最適な答えを見つけることを探索といいます。List や配列上を探索する場合には、単純に頭から順に調べていくことができます。しかし、迷路や第15章「継承」で説明するツリーなど、途中で分岐のあるようなデータの場合、すべてのデータを処理するには少し工夫が必要です。

分岐のあるデータをすべて処理するときの方法は、大きく分けて2つあります。まず、データをたどっていって行き止まりまでたどりついたら次の分岐を進むという方法です。これは深いところまでたどりつくことを優先するので深さ優先探索（Depth-First Search：DFS）といいます（**図13.5**）。

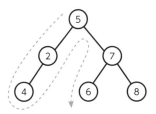

図13.5 ● 深さ優先探索

もう1つは、すべての分岐を処理して、それぞれの分岐の処理を少しずつ深くしていく方法です。幅を広くとることを優先するので幅優先探索（Breadth-First Search：BFS）といいます

（図13.6）。

図13.6 ● 幅優先探索

　深さ優先探索ではスタックを、幅優先探索ではキューを使うので、第9章で出てきた迷路を見ていきます。

再帰による深さ優先探索

　まずは深さ優先探索の処理を見てみます。プログラムでは幅優先探索よりも深さ優先探索を使うことが多くなります。例えばディレクトリ内のファイルをすべてコピーするとき、ディレクトリを1つずつ深くまでコピーしていきます。深さ優先探索では行き止まりにたどりついたときに元の分岐に戻る必要があります。戻る位置を覚えるために使います。実際にコードを書くときには、スタックを直接使うよりも再帰を使ってプログラムを組むと自然なコードになりやすいです。

　そこで、まず再帰を使った深さ優先探索の処理を見てみましょう。迷路をゴールまでたどる処理を書いてみます。

■src/main/java/projava/TraverseDeep.java

```java
package projava;

public class TraverseDeep {
    public static void main(String[] args) {
        int[][] map = {
                {1, 1, 1, 1, 1, 1, 1},
                {1, 0, 1, 0, 0, 0, 1},
                {1, 0, 0, 0, 1, 1, 1},
                {1, 0, 1, 0, 0, 2, 1},
                {1, 1, 1, 1, 1, 1, 1}
        };
        traverse(map, 1, 1);
        char[] ch = {'.', '*', 'G', 'o'};
        for (int[] row : map) {
            for (int cell : row) {
                System.out.print(ch[cell]);
            }
            System.out.println();
        }
```

```
        }

        static boolean traverse(int[][] map, int curX, int curY) {
            switch (map[curY][curX]) {
                case 0: break; // 通路なので続きの処理
                case 2: return true; // ゴール
                default: return false; // 通れない
            }
            map[curY][curX] = 3; // 通った印
            if (traverse(map, curX + 1, curY) ||
                traverse(map, curX - 1, curY) ||
                traverse(map, curX, curY + 1) ||
                traverse(map, curX, curY - 1)) {
                return true;
            }
            map[curY][curX] = 0; // ゴールにたどりつかなかったので通った印を戻す
            return false;
        }
    }
```

実行結果を見てみると、次のようにゴールへの道筋を見つけられています。

実行結果

```
*******
*o*...*
*ooo***
*.*ooG*
*******
```

表13.3 ● 迷路データの要素

番号	要素
0	通路
1	壁
2	ゴール
3	一度通ったところ

　traverseメソッドを見てみましょう。迷路データの要素は表13.3のようになっています。0の場合は通路なので次の処理へ、2の場合はゴールなので到達を表すtrueを返しています。それ以外の値は壁か一度通ったところなので、進めないことを表すfalseを返します。

```
switch (map[curY][curX]) {
    case 0: break; // 通路なので続きの処理
    case 2: return true; // ゴール
    default: return false; // 通れない
}
```

　->による新しい形式の構文ではreturnを直接使えず「case 2 -> return true;」という書き方ができないので、古い構文を使っています。また、switch文でのbreakはループを抜けるのではなくswitch文を抜けるので注意が必要です。

　処理が進むときは後戻り防止のために、すでに通った場所であることを示す3を割り当て

ます。

```
map[curY][curX] = 3; // 通った印
```

　右、左、下、上に移動して、同じ処理を行うよう traverse メソッドを再帰呼び出ししています。

```
if (traverse(map, curX + 1, curY) ||
    traverse(map, curX - 1, curY) ||
    traverse(map, curX, curY + 1) ||
    traverse(map, curX, curY - 1)) {
    return true;
}
```

　どれかの方向の traverse メソッド呼び出しでゴールに到達したことを表す true が返ってくれれば、そのままゴールに到達したとして true を返します。ゴールに到達しなかった場合は、すでに通った場所の印を元に戻しています。

```
map[curY][curX] = 0; // ゴールにたどりつかなかったので通った印を戻す
return false;
```

13.3.3 メソッドの再帰呼び出しをスタックを使った処理に置き換える

　メソッドの再帰呼び出しでは、Java の実行環境に用意されたスタックを使っていることが隠されています。自分のコードでスタックを明示的に使って書きなおしてみましょう。

■ src/main/java/projava/TraverseDeep.java

```
static boolean traverse(int[][] map, int curX, int curY) {        Java
    record Position(int x, int y) {}

    var stack = new ArrayDeque<Position>();
    stack.push(new Position(curX, curY));
    for (Position p; (p = stack.pollFirst()) != null ;) {
        switch (map[p.y()][p.x()]) {
            case 0: break; // 通路なので続きの処理
            case 2: return true; // ゴールなので終了
            default: continue; // 通れないので他のマスの処理
        }
        map[p.y()][p.x()] = 3;
        stack.push(new Position(p.x() + 1, p.y()));
        stack.push(new Position(p.x() - 1 , p.y()));
        stack.push(new Position(p.x(), p.y() + 1));
        stack.push(new Position(p.x(), p.y() - 1));
```

```
    }
    return false;
}
```

　今回、通った場所の印を元に戻す処理を入れていないので、一度通ったところはすべて表示されます。

実行結果
```
*******
*o*ooo*
*ooo***
*o*ooG*
*******
```

　行きつくところまでたどって探索していることがわかりますね。

　再帰をスタックでの処理に置き換える場合、引数で受け取っていた値をまとめてスタックに積む必要があるので、スタックに積むデータをまとめるためのレコードを用意しています。

　ここではint型のxとyを保持するPositionレコードを用意します。

```
record Position(int x, int y) {}
```

　引数で受け取るmapに関しては変更がないのでスタックに積む必要がなく、レコードに含んでいません。

　スタックとしてArrayDequeオブジェクトを用意します。JavaにはStackというクラスもありますが実装が古く、スタックを扱う場合にはArrayDequeのほうが適切です。Dequeはデックと読み、先頭や末尾への追加削除の性能が良いデータ構造です。両端キューとも呼ばれます。

```
ArrayDeque<Position> stack = new ArrayDeque<>();
```

　最初のtraverseメソッド呼び出し時に渡していた引数を、pushメソッドでスタックに積みます。

```
stack.push(new Position(curX, curY));
```

　スタックからpollFirstメソッドで値を取り出すとともに、nullではないときに処理を続けるよう判定しています。

```
for (Position p; (p = stack.pollFirst()) != null ;) {
```

(p = stack.pollFirst()) != null のような、変数に割り当てつつ値を判定するという書き方はループの条件で使うことがあるので、覚えておくといいでしょう。

switch文は再帰の場合とほとんど同じですが、default句で壁などを処理する場合に、続きの処理を飛ばしてループを繰り返すcontinue文を使っています。

```
switch (map[p.y()][p.x()]) {
    case 0: break; //　通路なので続きの処理
    case 2: return true; //　ゴールなので終了
    default: continue; //　通れないので他のマスの処理
}
```

switch文の中でbreak文とcontinue文を使うと、それぞれ抜ける制御文が違うので注意が必要です。break文はswitch文を抜けて、continue文はその外側のfor文の続きの処理を行います。

再帰処理の代わりに再帰のときにメソッドに与えるはずだった引数を、レコードに格納してスタックに積んでいます。

```
stack.push(new Position(p.x() + 1, p.y()));
stack.push(new Position(p.x() - 1 , p.y()));
stack.push(new Position(p.x(), p.y() + 1));
stack.push(new Position(p.x(), p.y() - 1));
```

このように、再帰の処理をスタックを使った処理に置き換えることができます。ただ、今回は後戻りのときに「一度通った印」を戻す処理を入れていません。スタックを使った処理では後戻りの処理が難しくなるためで、再帰のほうが後戻りの処理は書きやすくなります。

13.3.4　幅優先探索とキュー

それでは、キューを使って幅優先探索の処理を書いてみましょう。準備として、迷路の探索で、ゴールの1つ上の壁に穴をあけてどちらからもゴールできるようにしてみます。

■src/main/java/projava/TraverseDeep.java

```
int[][] map = {
        {1, 1, 1, 1, 1, 1, 1},
        {1, 0, 1, 0, 0, 0, 1},
        {1, 0, 0, 0, 1, 0, 1},
        {1, 0, 1, 0, 0, 2, 1},
        {1, 1, 1, 1, 1, 1, 1}
};
```

そうすると、スタックを使った処理では遠回りするほうの経路が結果として出てきます。

```
実行結果
*******
*o*ooo*
*ooo*o*
*.*..G*
*******
```

　深さ優先探索のプログラムでは、どういう経路でもゴールにたどりつければ終了しているので、最短経路が見つかるとは限りません。最短経路を見つけたいときには幅優先探索を使います。幅優先探索を行うには、スタックで行っていた処理をキューで行うようにします。コードとしてスタックの処理を手っ取り早くキューにするには、pollFirstメソッドで最近追加した要素を取り出す代わりにpollLastメソッドを使って最後に追加した要素を取り出します。

■src/main/java/projava/TraverseDeep.java

```java
for (Position p; (p = stack.pollLast()) != null ;) {
```

　そうすると、次のように最短でゴールにたどりつく経路が見つかると、遠回りする経路ではゴールまでたどりつかず探索が終わっています。

```
実行結果
*******
*o*oo.*
*ooo*.*
*o*ooG*
*******
```

実際にキューを使うときは、変数の型をQueueにして、変数名も適切なものにします。

```java
Queue<Position> queue = new ArrayDeque<>();
```

そうすると、値を入れるメソッドはofferメソッドになります。

```java
queue.offer(new Position(curX, curY));
```

また、値を取り出すメソッドはpollメソッドになります。

```java
for (Position p; (p = queue.poll()) != null ;) {
```

　もっと複雑なデータから最適な答えを得ようとすると、ここで挙げたように愚直にすべての経路を調べていくような探索ではプログラムが終わらなくなってきます。そういった場合には、例えばゴールに近づく方向を優先的に探索するなどの、データの特性に合わせた工夫が必要になります。今回はゴールまでのステップ数が一番短い経路を最適ということにしましたが、データから最適な答えを得るような問題を最適化問題といいます。最適化問題を解くための手法にはいろいろなものがあって、ほとんどの手法が乱数をうまく使うような仕組みになっています。そういった手法の1つに遺伝的アルゴリズムなどがあります。AIで使われる機械学習のディープラーニングも最適化問題を解くための手法の1つと言えます。

13.3.5　計算の複雑さの階層

　この迷路探索も状態遷移を扱うプログラムです。オートマトンの一種ですが、深さ優先探索ではスタックを使いました。スタックを使うオートマトンをプッシュダウンオートマトンといいます。スタックのないオートマトンは有限オートマトンといいます。

　プッシュダウンオートマトンは、有限オートマトンにはできない処理を行うことができます。これは、スタックや再帰の考え方を使わないと書けないプログラムがあるということを表します。

　プッシュダウンオートマトンにスタックをもう1つ追加するとチューリングマシンとなって、計算可能なすべての処理を実行できます。幅優先探索はキューを使いましたが、キューはスタックを2つ使って実装することができるためチューリングマシンで処理できます。

　ループのない計算である組み合わせ論理と合わせて、計算を処理するために必要な構造をまとめると図13.7のようになります。

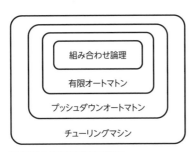

図13.7 ● 計算の複雑さの階層

　計算の複雑さの階層は、処理の難しさにも関連します。まずはスタックを使わずに書けるプログラムを確実に書けるようになっていきましょう。

第**14**章

クラスとインタフェース

4

高度なプログラミング

クラスやインタフェースは、Javaのプログラムを構成する重要な仕組みです。ここまでいろいろなプログラムを組んできたことからわかるように、実はクラスやインタフェースを理解しなくてもAPIの使い方がわかればそれなりにプログラムは組めます。第6部で扱うWebアプリケーション開発の章もここまでの知識で読めるでしょう（なので、この章は後回しにしても大丈夫です）。しかし、少し実用的なプログラムを書くようになると、クラスやインタフェースの理解は大切になってきます。

14

クラスとインタフェース

14.1 クラス

クラスはJavaの基本になる仕組みです。Javaのプログラムはクラスをもとに構成します。すべてのコードはクラスに属する形で記述します。また、プログラムで扱うデータはクラスで分類して整理します。

前章までのサンプルもすべてクラスの中にコードを書いてきましたが、コードの置き場としてクラスを使っていただけで、クラスの機能を使っていたわけではありません。

ただ、クラスを扱うときに使う重要な仕組みは実はレコードとしてすでに使っています。レコードはクラスの特別な形だと考えることができます。ほかに、enumと、この後で説明するインタフェースもクラスの一種といえます。

そこで、まずはレコードをもとにクラスの機能を説明します。

次のようにレコードを使ったプログラムを書いてみます。

■src/main/java/projava/ClassSample.java

```java
package projava;

public class ClassSample {
    record Student(String name, int score) {}
```

`Java`

```java
    public static void main(String[] args) {
        var s = new Student("kis", 89);
        System.out.println(s);
    }
}
```

実行すると次のように表示されます。

実行結果

```
Student[name=kis, score=89]
```

このレコードをクラスに変換してみましょう。レコードの定義部分に入力カーソルを持っていって［Alt］＋［Enter］（［Option］＋［Return］）キーを押して、メニューから［レコードをクラスに変換（Convert record to class）］を選択します（**図14.1**）。

```
public class ClassSample {
💡 record Student(String name, int score) {}
   ☞ レコードをクラスに変換            >
   ☞ アクセス修飾子の変更            >  [] args) {
  publ                              "kis"  score
```

図14.1 ● レコードからクラスへの変換

レコードが次のようなクラスに展開されます。このコードにはクラスの大切な要素がほぼすべて詰まっているので、このクラスをもとに解説していきましょう。

■src/main/java/projava/ClassSample.java

`Java`

```java
static final class Student {
    private final String name;
    private final int score;

    Student(String name, int score) {
        this.name = name;
        this.score = score;
    }

    public String name() {
        return name;
    }

    public int score() {
        return score;
    }

    @Override
    public boolean equals(Object obj) {
```

```
            ...
        }

        @Override
        public int hashCode() {
            ...
        }

        @Override
        public String toString() {
            ...
        }
    }
```

14.1.1 クラスのメンバー

クラスの要素となるものをクラスのメンバーといいます。クラスのメンバーには次の4つがあります。

- コンストラクタ
- フィールド
- メソッド
- ネステッドクラス

メソッドについては第11章「メソッド」で解説しているので、この章では他のメンバーについて解説します。コンストラクタは厳密にはクラスのメンバーには入りませんが、ここではまとめてメンバーとしています。

14.1.2 アクセス制御 (可視性)

レコードをクラスに変換した際にできたメソッドの定義にはpublicが付いています。

```
public String name() {
    return name;
}
```

これはアクセス修飾子と呼ばれ、クラスやクラスのメンバーがどこから使えるかというアクセス制御を指定します。アクセス制御は、可視性と言うこともあります。

アクセス修飾子は3種類ありますが、なにも書かないことを含めるとアクセス制御には4段階があります (表14.1)。

表14.1 ● アクセス修飾子

アクセス修飾子	範囲
private	同じクラス
指定なし（パッケージプライベート）	同じパッケージ
public	制限なし
protected	同じパッケージか、継承したクラス

　privateは同じクラス内だけで使えます。publicはどこからでも使えます。まずはこの2つを使いこなせるようになりましょう。アクセス修飾子を付けない場合は同じパッケージから使えます。これはパッケージプライベートと呼ばれます。ここまでのサンプルでは、アクセス修飾子を気にせずメソッドの定義を勉強するために、アクセス修飾子を付けずパッケージプライベートにしていますが、他のクラスから使う予定のないメンバーはprivateが適切です。他のクラスから使うメンバーだけpublicにしましょう。

　第18章「JUnitとテストの自動化」で説明するJUnitでのユニットテストでは、パッケージが同じテストクラスからメソッドを呼び出すので、他のクラスから使う予定はないけどテストをしたいというメソッドもパッケージプライベートにします。

　protectedは継承先か同じパッケージのクラスから使えます。継承については第15章で解説します。

14.1.3 コンストラクタ

　オブジェクトを生成するときに呼び出される特別なメソッドがコンストラクタです。コンストラクタはクラスと同じ名前のメソッドのように定義しますが、必ずそのクラスのオブジェクトを返すため、戻り値は指定しません。

```
Student(String name, int score) {
    this.name = name;
    this.score = score;
}
```

デフォルトコンストラクタ

　これまで見てきたサンプルプログラムでは、コンストラクタを定義していませんでした。何もコンストラクタを定義しない場合は、引数なしで何もしないコンストラクタが自動的に定義されます。このようなコンストラクタをデフォルトコンストラクタといいます。ただし、1つでもコンストラクタの定義を記述すると、デフォルトコンストラクタは定義されなくなるので注意が必要です。

例えばClassSampleクラスでいえば、次のようなコンストラクタが定義されていることになります。

```
public class ClassSample {
    public ClassSample() {
    }
}
```

■■■ コンストラクタのオーバーロード

メソッドのオーバーロードと同様に、引数の違う複数のコンストラクタを定義することもできます。その場合、メソッドのオーバーロードと同じく、なるべく引数の多いコンストラクタに処理をまとめるほうがいいでしょう。コンストラクタから別のコンストラクタを呼び出す場合は、thisをメソッドのように使って呼び出します。

```
Student(String name, int score) {
    this.name = name;
    this.score = score;
}

Student(String name) {
    this(name, 0);
}

Student() {
    this("no name");
}
```

thisを使った別コンストラクタの呼び出しは、処理の先頭で行う必要があります。

14.1.4 this

第11章「メソッド」でレコードにメソッドを追加するときにも使いましたが、thisはそのオブジェクト自身を表します。メソッドの場合は、そのメソッドが呼び出されたオブジェクトになります。コンストラクタの場合は、生成されているオブジェクトになります。フィールドの場合も、クラスの中でフィールド名だけで利用していてもthisが省略されていることになります。ClassSampleクラスのnameメソッドでは次のようなthisが省略されたことになります。

```
public String name() {
    return this.name;
}
```

引数にフィールド名と同じ名前を付けたとき、その名前だけを使う場合には引数のほうが
優先されます。この場合、フィールドを指定したいときにはthisを付けます。フィールドに割
り当てる値をコンストラクタやメソッドの引数として受け取る場合、フィールドと同じ名前の
変数名を使って、thisを使ってフィールドを指定して割り当てるということがよく行われます。
次の項で説明するセッターメソッドでよく使われる形です。

```java
public void setName(String name) {
    this.name = name;
}
```

14.1.5　フィールド

　オブジェクトに関する情報を保持するのがフィールドです。finalを付けると変更できない
フィールドになり、finalがない場合は変更できるフィールドになります。レコードのコンポー
ネントの値は、次のようなfinalフィールドで保持されています。

```java
private final String name;
private final int score;
```

　フィールドはprivateにすることが多く、クラスの外から使う場合には読み書き用のメソッ
ドを定義します。レコードではコンポーネントと同名のメソッドを経由して利用しています。

■■■ アクセッサメソッド

　Javaではクラスの外から値を読めるけど変更はクラスの中だけでしかできないといったアク
セス制御をするフィールドの宣言方法はありません。そういった制御をしたい場合はフィール
ドをprivateにして、読み込み用メソッドだけpublicなものを作ります。

```java
private String name;

public String getName(){
    return name;
}
```
`Java`

　読み書きが行える場合も、値の設定時に内容の検査などの処理を行えるように、フィール
ドをprivateにしておいてメソッドを介することがよくあります。

例えばnameフィールドの値を読み書き可能にするには次のようにします。

```Java
private String name;

public String getName(){
    return name;
}
public void setName(String name){
    this.name = name;
}
```

　フィールドにアクセスするためのメソッドを書くときには、getNameメソッドやsetNameメソッドのように、getまたはsetに続けてフィールド名の先頭を大文字で始めた名前にします。このようなメソッドをそれぞれゲッター、セッターといい、まとめてアクセッサと呼びます。

　ここでは渡された値をそのまま代入しているだけですが、例えばnameを20文字までに制限したいという場合には、setNameメソッドに文字数制限の処理を書けば、いろいろなところで文字数制限のためのコードを書く必要がなくなり、確実に文字数の制限ができます。

　レコードに用意されるnameメソッドのようなコンポーネントアクセスメソッドは、getNameという形ではないのでゲッターやアクセッサとは呼ばれません。

インスタンスフィールドとstaticフィールド

　メソッドにインスタンスメソッドとstaticメソッドがあったように、フィールドにもインスタンスフィールドとstaticフィールドがあります。インスタンスフィールドはインスタンスごとに領域が用意されますが、staticフィールドはクラスに1つだけ領域が用意されます。

　JShellを使って確認してみます。まずString型のフィールドsを持つクラスAを定義します。

```
jshell> class A { String s;}
|   次を作成しました：クラス A
```

　クラスAのインスタンスを2つ用意して、それぞれ変数a1と変数a2で保持します。

```
jshell> var a1 = new A()
a1 ==> A@28c97a5

jshell> var a2 = new A()
a2 ==> A@6d5380c2
```

　変数a1で保持しているインスタンスのフィールドsに「Hello」、変数a2で保持しているインスタンスのフィールドsに「World」を割り当てます。

```
jshell> a1.s = "Hello"
$4 ==> "Hello"

jshell> a2.s = "World"
$5 ==> "World"
```

変数a1のフィールドsと変数a2のフィールドsを連結してみます。

```
jshell> a1.s + a2.s
$6 ==> "HelloWorld"
```

「Hello」と「World」が両方とも保持されていることがわかります。

次に、staticフィールドを持つクラスBを定義します。

```
jshell> class B { static String t;}
|   次を作成しました： クラス B
```

クラスBのインスタンスを2つ用意して、それぞれ変数b1と変数b2で保持します。

```
jshell> var b1 = new B()
b1 ==> B@28c97a5

jshell> var b2 = new B()
b2 ==> B@6d5380c2
```

変数b1を経由してstaticフィールドtに「Hello」を割り当ててみます。

```
jshell> b1.t = "Hello"
$10 ==> "Hello"
```

変数b2を経由してstaticフィールドtの値を確認すると、こちらも「Hello」になっています。

```
jshell> b2.t
$11 ==> "Hello"
```

今度は逆に、変数b2を経由してstaticフィールドtに「World」を割り当ててみます。

```
jshell> b2.t = "World"
$12 ==> "World"
```

変数b1を経由してstaticフィールドtの値を確認すると、「World」になっています。

```
jshell> b1.t
$13 ==> "World"
```

つまり、変数b1を経由しても変数b2を経由しても、同じstaticフィールドtを扱っていたということです。

どのような動作になるかがわかりにくくなるので、staticフィールドを扱う際は、インスタンスではなくクラスを経由して扱うようにします。

```
jshell> B.t
$14 ==> "World"
```

名前付き定数

staticかつfinalなフィールドは名前付き定数と呼ばれます。単に定数とも言います。正確には1や"Hello"のようなリテラルも定数なのですが、通常のやりとりで定数という場合には名前付き定数のことを指します。

定数はプログラム中で共通で使う値などに名前を付けて一箇所にまとめるときに使います。例えば画像を描画するサンプルプログラムでBufferedImageクラスのTYPE_INT_RGBという定数を使いましたが、次のように宣言されています。

■BufferedImage.java

```
public class BufferedImage {
    public static final int TYPE_INT_RGB = 1;
    public static final int TYPE_INT_ARGB = 2;
```
`Java`

定数の変数名は大文字で、単語を「_」(アンダースコア) 区切りにします。finalを付けるとプログラム中で誤って値を変更することがなく、コードを見るときも意図がわかりやすくなります。定数は意図せず変更されることもないため、ほとんどの場合どこからでも使えるようpublicにします。

抽象データ型

第11章の「11.1.3　インスタンスメソッドの宣言」で紹介したStudentレコードでは、名前や英語と数学の点数といった生徒に関する情報がまとめられると同時に、そうやってまとめた情報を操作する手続きもメソッドとして一緒にまとめることができました。このように、データとそれに関する手続きをまとめたものを抽象データ型といいます。

抽象データ型では、データと操作をひとまとまりに扱うことでプログラムの変更を一箇所にまとめることができます。

　また、抽象データ型では、アクセッサなどを使って値の変更について制約をかけることで、想定しない値が設定されにくいようにできます。

　Javaでは、クラスやレコードを使って抽象データ型を実現しています。Javaでプログラムを組むときには、クラスやレコードの抽象データ型としての性質を利用して、データと手続きをひとまとめにして扱いやすいように、またデータに対して誤った操作を行いにくいようにしていくことが大切です。

14.1.6 ネステッドクラスとインナークラス

　クラスの中で定義するクラスをネステッドクラスといいます。ネステッドというのは入れ子という意味です。逆に、ネステッドクラスを含んでいるクラスをアウタークラスといいます。

　ClassSampleクラスはアウタークラスで、その中で定義されたStudentクラスはネステッドクラスということになります。

```
public class ClassSample {
    static final class Student {
```

　ここで、Studentクラスにはstaticが付いていました。メソッドやフィールドにあったように、クラスにもインスタンスクラスとstaticクラスがあるのかというと、あります。ただし、staticが付いていないクラスはインスタンスクラスとは呼ばすにインナークラスといいます。staticクラスは正式な用語ではありませんが、staticなネステッドクラスを表す場合に使われます。クラスに付いたfinalは、15章で解説する継承ができないことを表します。

　staticクラスについてはstaticメソッドなどと同様、クラス名だけを書いたときには、クラス名の前にアウタークラスの記述が省略されています。

```
var s = new Student("kis", 89);
```

　アウタークラスを省略せずに書くと次のようになります。

```
var s = new ClassSample.Student("kis", 89);
```

　インナークラスは少し複雑な割に、実際に使う機会があまりないので、この本では説明は省略します。「クラスの中でクラスを定義するときはstaticを付ける」ということだけ心に留めておいてください。

14.2 インタフェース

インタフェースは複数のクラスに共通の性質を示すための仕組みです。ここで共通の性質というのは、同じように呼び出せるメソッドを持っているかどうかです。

つまりインタフェースは、複数のクラスが同じメソッドを持っていることを示す仕組みです。

14.2.1 インタフェースが欲しい状況

インタフェースが欲しい状況というのは、複数のクラスのメソッドを統一的に扱いたい場合です。例えば次のようなプログラムを考えます。

■src/main/java/projava/InterfaceSample.java

```java
import java.util.List;

public class InterfaceSample {
    record Student(String name, int score) {}
    record Teacher(String name, String subject) {}

    public static void main(String[] args){
        var people = List.of(new Student("kis", 80), new Teacher("hosoya", "Math"));
        for (var p : people) {
            var n = p instanceof Student s ? s.name() :
                    p instanceof Teacher t ? t.name() :
                                             "---";
            System.out.println("こんにちは%sさん".formatted(n));
        }
    }
}
```

実行結果は次のようになります。

実行結果

こんにちはkisさん
こんにちはhosoyaさん

ここでは次のような2つのレコードがあります。

```
record Student(String name, int score) {}
record Teacher(String name, String subject) {}
```

両方ともnameメソッドで名前を取り出すことができます。

4

高度なプログラミング

14

クラスとインタフェース

次のようにStudentオブジェクトとTeacherオブジェクトが入ったリストがあります。

```
var people = List.of(new Student("kis", 80), new Teacher("hosoya", "Math"));
```

このpeopleのそれぞれの名前を取り出し処理を行います。ここで変数pにはStudentオブジェクトかTeacherオブジェクトが割り当てられます。StudentにもTeacherにもnameメソッドがあるので次のように呼び出してよさそうですが、Javaはそこまで空気を読んでくれないので構文エラーになります。

```
for (var p : people) {
    System.out.println("こんにちは%sさん".formatted(p.name()));
}
```

Javaでは同じメソッドがあるというだけでは統一的に扱えず、型としてnameメソッドを持つことを示さないといけません。今の段階でnameメソッドを使おうとすると次のようになります。

```
for (var p : people) {
    var n = p instanceof Student s ? s.name() :
            p instanceof Teacher t ? t.name() :
                                     "---";
    System.out.println("こんにちは%sさん".formatted(n));
}
```

ここで登場するinstanceofはオブジェクトがある型として扱えるかどうか判定する演算子で、続く型（ここではStudentまたはTeacher）として扱える場合にtrueになります。このとき、変数名を指定しておくと、その変数に値が割り当てられます。

Studentオブジェクトならnameメソッドを呼び出し、Teacherメソッドならnameメソッドを呼び出し、それ以外なら「---」を返すという処理になっています。今回は「それ以外」ということにはならず、いずれかのnameメソッドを呼び出しているので、条件判定せずにnameメソッドを呼び出せるとすっきりします。

14.2.2　インタフェースを使ってメソッドを統一的に扱う

それではインタフェースを使って、StudentのnameメソッドとTeacherのnameメソッドを統一的に扱えるようにしてみましょう。手順としては次のようになります。

1. 統一的に扱いたいメソッドを持ったインタフェースを定義する
2. 統一的に扱いたいメソッドを持っているクラスにインタフェースを実装する
3. インタフェースを使ってメソッドを統一的に扱う

インタフェースを定義する

まず統一的に扱いたいシグネチャのメソッドを持ったインタフェースを定義します。シグネチャというのは、メソッド名・引数・戻り値といった、メソッドを特定するための情報です。name メソッドを持つことを示すために、Named というインタフェースを定義してみると次のようになります。

```Java
interface Named {
    String name();
}
```

インタフェース定義の構文は次のようになります。

> **構文** インタフェース定義
>
> ```
> interface インタフェース名 {
>     メンバー
> }
> ```

ここでメソッド定義では次のように戻り値とメソッド名、必要なら引数の定義だけを書いて、メソッドの処理は書きません。

```
String name();
```

インタフェースでは「こういった引数、戻り値を持つメソッドが必要」というシグネチャが示すことができればいいので処理を書く必要がありません。このように、メソッドの形だけをシグネチャとして示して実装を持たないメソッドを抽象メソッドと呼びます。

インタフェースを実装する

統一的に扱いたいメソッドを持っているクラスに、インタフェースを実装します。

さて、このインタフェース Named を使って Student レコードと Teacher レコードをまとめて扱えるようにしてみましょう。インタフェースを実装するには、クラスやレコードの定義での「{」の前に implements を書いたあとでインタフェース名を指定します。

```Java
record Student(String name, int score) implements Named {}
record Teacher(String name, String subject) implements Named {}
```

メソッドを統一的に扱う

では、インタフェースを使ってメソッドを統一的に扱ってみましょう。次のようにすると当初の希望どおり、単にnameメソッドを呼び出すだけでStudentレコードもTeacherレコードも扱えるようになります。

```java
for (var p : people) {
    System.out.println("こんにちは%sさん".formatted(p.name()));
}
```

変数pの型を示すと次のようにNamedになります。

```java
for (Named p : people) {
```

インタフェースを実装したクラスのオブジェクトは、そのインタフェースのオブジェクトとして扱えます。

コード全体は次のようになります。

■src/main/java/projava/InterfaceSample.java

```java
import java.util.List;

public class InterfaceSample {
    interface Named {
        String name();
    }

    record Student(String name, int score) implements Named {}
    record Teacher(String name, String subject) implements Named {}

    public static void main(String[] args){
        var people = List.of(new Student("kis", 80), new Teacher("hosoya", "Math"));

        for (Named p : people) {
            var n = p.name();
            System.out.println("こんにちは%sさん".formatted(n));
        }
    }
}
```

14.2.3　必要なメソッドを実装していないときのエラー

次のようにPassengerクラスを定義してNamedインタフェースを実装します。

```java
static class Passenger implements Named {      [Java]
}
```

　Named インタフェースは name メソッドが実装されていることを示すインタフェースですが、Passenger クラスには name メソッドがありません。そのため、図 14.2 のようにエラーになります。

```
static class Passenger implements Named {
|
}       クラス 'Passenger' は abstract 宣言されるか、'Named' の抽象メソッド 'name()' を実装する必要があります        ⋮
        'Passenger' を abstract にする  Alt+Shift+Enter    その他のアクション...  Alt+Enter
```

図14.2 ● name メソッドが定義されてないエラー

　ここで name メソッドを実装するのですが、IntelliJ IDEA に用意してもらいましょう。電球アイコン（💡）をクリックするか［Alt］＋［Enter］（［Option］＋［Return］）キーを押してメニューを出します（**図14.3**）。

```
💡  static class Passenger implements Named {
    💡  'Passenger' を abstract にする       >
    ⯈   メソッドの実装
    ⯇   サブクラスの作成                    >
```

図14.3 ● メソッド実装メニュー

　メニューから［メソッドの実装（Implement methods）］を選択すると、実装するメソッドを確認するダイアログが表示されます（**図14.4**）。

```
┌─ 実装するメソッドの選択 ──────────────── ✕ ─┐
│ ↓ᵃ꜀  ▣  Ξ  ÷                                  │
│ ∨ 🔵 shinjava.InterfaceSample.Named           │
│    Ⓜ ⅈ name():String                          │
│                                               │
│                                               │
│ ☐ JavaDoc をコピーする (J)                     │
│ ☑ @Override を挿入する (O)    [ OK ] [キャンセル]│
└───────────────────────────────────────────────┘
```

図14.4 ● 実装するメソッドの選択

　［OK］ボタンをクリックすると仮のメソッドが実装されます。

```java
static class Passenger implements Named {
    @Override
    public String name() {
        return null;
    }
}
```

　ここで「@Override」というのはこのメソッドがインタフェースのメソッドを実装することを表します。インタフェースで定義されたメソッドを実装することをオーバーライドといいます。

　「@」で始まるのはアノテーションという構文ですが、クラスやメソッドなどに何かの印を付ける役割を持っています。@Overrideはなくてもかまわないのですが、オーバーライドになっていないときに構文エラーとなってミスを見つけてくれます（図14.5）。

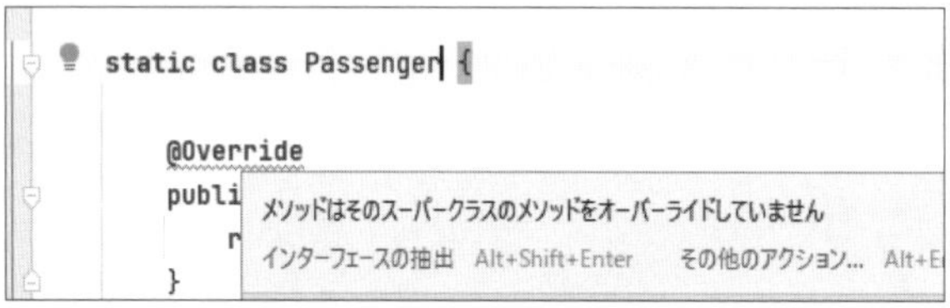

static class Passenger {

　　　　@Override
　　　publi
　　　　　メソッドはそのスーパークラスのメソッドをオーバーライドしていません
　　　　　インタフェースの抽出　Alt+Shift+Enter　　その他のアクション...　Alt+E

図14.5 ● オーバーライドになっていないときのエラー

　では、ここで「通りすがり」と返しておくことにします。

```java
public String name() {
    return "通りすがり";
}
```

　そして、peopleリストにPassengerオブジェクトを追加します。

```java
var people = List.of(
        new Student("kis", 80),
        new Teacher("hosoya", "Math"),
        new Passenger());
```

　実行すると次のようになります。

実行結果

```
こんにちはkisさん
こんにちはhosoyaさん
こんにちは通りすがりさん
```

> **練習**
>
> 1. レコード record Staff(String name, String job) {}にNamedインタフェースを implementsしてみましょう。
> 2. 次の2つのレコードのwidthとheightを統一的に扱うためのインタフェースFigure を定義して、それぞれのレコードにimplementsしてみましょう。
>
> ```Java
> record Box(int width, int height) {}
> record Oval(int width, int height) {}
> ```

14.2.4 実装を持ったメソッドをインタフェースに定義する

インタフェースでは基本的に、どのようなシグネチャのメソッドを持っているかだけを示すと説明しましたが、実装を持ったインスタンスメソッドを定義することもできます。この場合、次のようにメソッド定義のdefaultを付けます。

```Java
interface Named {
    String name();

    default String greeting() {
        return "こんにちは%sさん".formatted(name());
    }
}
```

このようなメソッドをデフォルトメソッドと呼びます。デフォルトメソッドもインタフェースをimplementsしたクラスでオーバーライドすることができますが、実装を持ったメソッドはなるべくオーバーライドしないようにするほうがいいでしょう。

インタフェースでは他にも、staticメソッドやprivateメソッドも実装を持って定義できます。インタフェースでのprivateメソッドの定義はJava 9から可能になっています。

14.2.5 インタフェースにおけるアクセス制御

インタフェースのメソッドでは、アクセス修飾子としてpublicかprivateを指定することができます。protectedは指定できません。クラスの場合と違い、アクセス修飾子を省略するとpublicを指定したことになります。

また、インタフェースではフィールドを定義すると必ずpublic static finalになります。

14.2.6　公称型と構造的部分型

　2つのメソッドを共通して使いたいだけなのに面倒だな、と感じた人もいるかもしれませんが、実際面倒です。面倒なだけではなく、プログラム全体の構成や将来の拡張性に影響があるので、こういった構造を使うときには慎重に考える必要もあります。

　Java以外の言語では、Namedインタフェースのようなものを導入してもStudentレコードやTeacherレコードは修正せずに、StudentオブジェクトなどをNamedオブジェクトとして扱ってnameメソッドを共通して使えるというものが多くなっています。

　Javaのように、StudentをNamedとして扱いたい場合にimplementsなどで明示的に定義する必要があるという仕組みを公称型（Nominal Subtyping）といいます。一方で、nameメソッドのシグネチャがあっているので特別な定義なくStudentをNamedとして使えるという仕組みを構造的部分型（Structual Subtyping）といいます。

　Javaでも構造的部分型のような仕組みを取り入れてもらいたいものですが、今はインタフェースのような仕組みに慣れていきましょう。

14.3　ラムダ式と関数型インタフェース

　Streamなどでラムダ式を使ってきましたが、ラムダ式とインタフェースには深い関係があります。これまでラムダ式が文法上どこで使えるかは説明しませんでした。ここで、ラムダ式がどのような場合に使えるかを解説していきます。

14.3.1　関数型インタフェース

　実装すべきメソッドが1つだけのインタフェースを関数型インタフェースといいます。ラムダ式は、関数型インタフェースが必要なところに指定することができます。

　インタフェースのサンプルのNamedインタフェースでは、実装すべきメソッドはnameメソッドだけです。そのため、Namedインタフェースも関数型インタフェースとして扱えます。

　例として、次のようにNamedインタフェースを引数に受け取るmessageメソッドを考えます。

```Java
static void message(Named named) {
    System.out.println("Hello " + named.name());
}
```

　そうすると、次のようなラムダ式を使ってmessageメソッドを呼び出すことができます。ラムダ式は、関数型インタフェースで必要になるメソッドを実装すると考えることができます。

```java
message(() -> "no name");
```

もちろん、Named インタフェースを実装している Student レコードのオブジェクトも渡すことができます。

```java
message(new Student("kis", 80));
```

次のように@FunctionalInterface アノテーションを使って、インタフェースが関数型インタフェースであることを明示することもできます。

```java
@FunctionalInterface
interface Named {
    String name();
    default String greeting() {
        return "こんにちは%sさん".formatted(name());
    }
}
```

@FunctionalInterface アノテーションは必須ではありませんが、ラムダ式を受け取ることを前提としたインタフェースには指定するようにしましょう。

14.3.2 標準APIで用意されている関数型インタフェース

Javaでは標準APIに関数型インタフェースがいくつか用意されています。よく使うものや、これまでのサンプルで扱ったものを**表14.2**に挙げてみます。

表14.2 ● 関数型インタフェース

インタフェース名	説明	引数	戻り値	メソッド
Runnable	処理を与える	なし	なし	void run()
Function<T,R>	関数	有	有	R apply(T)
Consumer<T>	値を使った処理を行う	有	なし	void accept(T)
Predicate<T>	判定する	有	boolean	boolean test(T)
Supplier<T>	値を生成する	なし	有	T get()
ActionListener	GUIイベントの処理	ActionEvent	なし	void actionPerformed(ActionEvent)

Streamのmapメソッドでは Function インタフェースを、forEachメソッドでは Consumer インタフェースを受け取るようになっていました。

Function インタフェースをJShellで試してみましょう。Function インタフェースはジェネリ

クスで2つの型を指定しますが、最初の型が引数、2番目が戻り値の型になります。次のように
して、Functionインタフェースのオブジェクトが求められるときにラムダ式を指定できます。

```
jshell> Function<String, String> greeting = s -> "こんにちは%sさん".formatted(s)
greating ==> $Lambda$30/0x0000000800c18000@3d0f8e03
```

ここで指定したラムダ式は、Functionインタフェースでの実装すべきメソッドであるapply
メソッドの実装になっています。そのため、次のようにapplyメソッドとして呼び出せます。

```
jshell> greeting.apply("kis")
$13 ==> "こんにちはkisさん"
```

14.4 クラスとファイル

ソースファイルやコンパイルの結果になるファイルについて解説していませんでした。ここ
でプログラムを作るときに必要になってくるファイルについて説明します。

14.4.1 ソースファイル

Javaのソースファイルは拡張子.javaで保存します。

また、ソースファイルはパッケージ名に対応したフォルダに格納する必要があります。例え
ばprojava.example.Basicというクラスがあるとprojava/example/Basic.javaというファイ
ルになります。

ソースファイルの中では、publicなアウタークラスはファイル名と同名である必要がありま
す。複数のアウタークラスを1つのソースファイルに書くことはできますが、publicにでき
るのはファイル名と同じ名前のクラスだけということになります。

例えば次のようなプログラムは、アウタークラスとしてParamSampleクラスとDummyクラス
がありますが、publicなのはParamSampleクラスなので、ParamSample.javaというファイル
名で保存する必要があります。

■src/main/java/projava/ParamSample.java

`Java`

```java
package projava;

import java.util.Arrays;

public class ParamSample {
    public static void main(String[] args) {
```

```
                System.out.println(Arrays.toString(args));
        }
    }

    class Dummy {
    }
```

実行すると次のような表示になります。

実行結果
```
[]
```

14.4.2　classファイル

Javaのプログラムを JVMが解釈して実行するには、コンパイルを行ってバイトコードにプログラムを変換する必要があります。これまでは IntelliJ IDEAで実行するときに自動的にコンパイルも行われていましたが、ここで自分でコマンドを呼び出してコンパイルしてみましょう。

プロジェクトのソースツリーで［java］を選んで右クリックして、メニューから［開く（Open in）］→［ターミナル（Terminal）］を選びます（図14.6）。

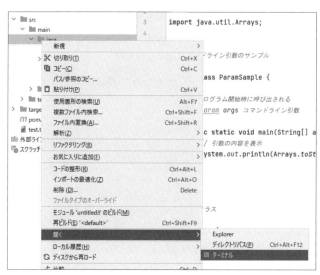

図14.6 ● ターミナルを開く

図14.7のようにターミナルが開きます。作業フォルダがプロジェクトの javaフォルダになっています。表示はプロジェクトを作った場所や Windowsか macOSかなどで変わります。

```
ターミナル　Local ×　＋　∨                                                        ✿ ―
Windows PowerShell
Copyright (C) Microsoft Corporation. All rights reserved.

新しいクロスプラットフォームの PowerShell をお試しください https://aka.ms/pscore6

警告: PowerShell により、スクリーン リーダーを使用している可能性があること、および互換性のために PSReadLine が無効になっている
可能性が検出されました。再度有効にするには、'Import-Module PSReadLine' を実行してください。

PS C:\Users\naoki\IdeaProjects\untitled3\src\main\java>
```

図14.7 ● ターミナルが開く

Javaのソースコードをコンパイルするときにはjavacコマンドを使います。

> **javac projava/ParamSample.java**　　　　　　　　　　　`コマンドプロンプト`

成功すると何もメッセージを出さずに終わります。

次の項で説明するコメントなど日本語を含めると、Windowsでは「エンコーディング windows-31jにマップできません」というエラーが出る場合があります。その場合は -encoding utf-8を付けてコンパイルしてください。

> **javac -encoding utf-8 projava/ParamSample.java**　　　`コマンドプロンプト`

クラスをコンパイルすると拡張子「.class」のクラスファイルが作られます。レコードも enumもインタフェースもクラスファイルになります。JVMは、このclassファイルを読み込んで実行します。

生成されたクラスファイルを確認してみましょう。Windowsの場合はdirコマンド、macOS の場合はlsコマンドを使います。

```
> dir projava/*.class                                     コマンドプロンプト
    ディレクトリ: C:\Users\naoki\IdeaProjects\untitled3\src\main\java\projava
Mode                 LastWriteTime         Length Name
----                 -------------         ------ ----
-a----        2021/11/11     1:53            199 Dummy.class
-a----        2021/11/11     1:53            506 ParamSample.class
```

ParamSampleクラス、Dummyクラスそれぞれにクラスファイルが作られています。

コンパイルしたクラスファイルを実行するにはjavaコマンドを使います。このときクラスファイルではなくクラス名を指定します。

```
> java projava.ParamSample                                コマンドプロンプト
[]
```

　javaコマンドにクラス名を指定して実行すると、指定したクラスに定義された、mainという名前でString配列を引数に取るstaticメソッドが呼び出されます。mainメソッドがプログラム起動時に呼び出されるのは、mainメソッド自体に特別な工夫があるわけではなく、javaコマンドに指定したクラスのmainメソッドがプログラム起動時に呼び出されるからです。

　Java 11からは、ファイル1つだけで完結するプログラムをコンパイルせず、直接javaコマンドにソースファイルを指定して実行することができます。その場合のファイル名はクラス名と関係ないものでかまいません。拡張子が.javaである必要もありません。

```
> java projava/ParamSample.java
[]
```

コマンドプロンプト

　第6章「SwingによるGUI」では、この方法でプログラムを実行していました。

　プログラムを複数のファイルに分ける場合も特に難しいことはありません。慣れないうちは全部1つのファイルに書いて、クラスをネステッドクラスとして導入していきます。ファイルが長くなってきたら、外部クラスとして作成します。

　クラスが多くなってきたらパッケージに分類します。何度か経験すると、最初からある程度の目安がつくでしょう。IntelliJ IDEAでは[Ctrl]+[Alt]+[Shift]+[T]([Ctrl]+[T])を押すと、このような構成の変更を行う「リファクタリング」機能を呼びだすことができます。

14.4.3　コメント

　プログラムには「どのように処理をするのか」を書きますが、プログラムを理解するときに「なぜその処理をするのか」が大切になります。なぜその処理をするのかという情報は、実行とは直接関係ないので別のファイルにドキュメントとして書いてもいいのですが、プログラムを読み解くために必要な情報はできればプログラムのそばに書いておきたいものです。そのような情報を書いておくために、コメントという記述ができます。

　Javaではコメントの記法には3通りがあります。先ほどのサンプルにコメントを埋め込むと次のようになります。コメントはプログラムの動作には影響ありません。コンパイル時には無視されるので、classファイルには残りません。

■src/main/java/projava/ParamSample.java

```
package projava;

import java.util.Arrays;

/**
 * コマンドライン引数のサンプル
 */
```

Java

```java
public class ParamSample {
    /**
     * プログラム開始時に呼び出される
     * @param args コマンドライン引数
     */
    public static void main(String[] args) {
        // 引数の内容を表示(配列は直接表示できないのでArraysのメソッドを使う)
        System.out.println(Arrays.toString(args));
    }
}

/*
 publicではないアウタークラス
 複数のアウタークラスをひとつのファイルに定義できることを示すため
 */
class Dummy {
}
```

「//」以降はコメントとして扱われます。これを行末コメントといいます。プログラムの動作の説明の多くは、行末コメントとして書かれます。

「/*」から「*/」で囲んだ部分はコメントとみなされます。これをブロックコメントといいます。ブロックコメントには複数行のコメントを書くことができます。

ブロックコメントに似ていますが、「/**」で始めて「*/」で閉じるコメントをドキュメンテーションコメントまたはJavadocコメントといい、Javadocドキュメントの生成に使われます。Javadocについて詳しくは、第17章で説明します。

14.4.4　コマンドラインパラメータ

最後に、mainメソッドの引数argsについて説明しておきます。この引数には、コマンドラインで指定したパラメータが渡されます。例えば次のように「hello world」を付けてParamSampleを呼び出してみます。

```
> java projava.ParamSample hello world
[hello, world]
```
コマンドプロンプト

このプログラムは、受け取った引数の配列をそのまま表示していました。

```java
public static void main(String[] args) {
    System.out.println(Arrays.toString(args));
```

コマンドラインで渡した「hello world」が引数argsの配列にスペースで区切られた単語ごとに格納されていることがわかります。この値を利用して、パラメータの処理ができます。

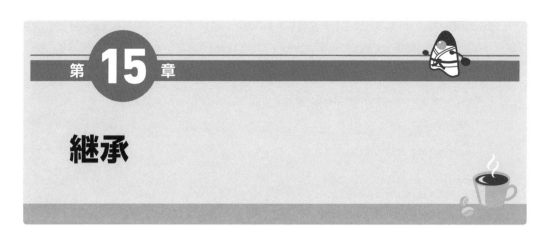

Javaでは、クラスやインタフェースによって処理や値をまとめました。そうやってまとめた処理の中に共通化したい部分があるときや、値をまとめたデータを分類したい場合に継承を使います。この章では、継承の基本的な使い方と、継承を使った処理の共通化、データの分類を見ていきます。

15.1　継承

ここではまず、継承の基本的な使い方を見ていきます。

15.1.1　クラスの継承

インタフェースのimplementsも継承の一種ですが、ここではクラスの継承を見てみます。前章では、インタフェースを使ってname()メソッドを共通して使えるようにしました。

■src/main/java/projava/InterfaceSample.java

```java
interface Named {
    String name();
}
record Student(String name, int score) implements Named{}
record Teacher(String name, String subject) implements Named{}
```

ここではインタフェースはフィールドを持てないので、StudentレコードでもTeacherレコードそれぞれ内部でnameフィールドを持ってname()を実装しています。クラスの継承とインタフェースのimplementsの違いは、クラスの継承ではフィールドも受け継げるという点です。

そこで同じ例をクラスを使って実装してみましょう。レコードはクラスを継承できないので、

StudentやTeacherもクラスとして実装します。また、インタフェースのときはNamedというプログラム内での機能名を表していましたが、ここではUserとしています。クラスの継承は、データの分類という側面が強くなるためです。

■src/main/java/projava/InheritSample.java

```java
package projava;

import java.util.List;

public class InheritSample {
    static class User {
        String name;

        public String getName() {
            return name;
        }
    }

    static class Student extends User {
        int score;

        Student(String name, int score) {
            this.name = name;
            this.score = score;
        }

        public int getScore() {
            return score;
        }
    }

    static class Teacher extends User {
        String subject;

        Teacher(String name, String subject) {
            this.name = name;
            this.subject = subject;
        }

        public String getSubject() {
            return subject;
        }
    }

    public static void main(String[] args){
        List<User> people = List.of(
                new Student("kis", 80),
                new Teacher("hosoya", "Math"));
        for (var p : people) {
```

```
            System.out.println("こんにちは%sさん".formatted(p.getName()));
            System.out.println(p);
        }
    }
}
```

　実行すると、次のように表示されます。projava.InheritSample$Student@3c153a1 のような表示は5.1.4で適切な表示になるようにします。

実行結果

```
こんにちはkisさん
projava.InheritSample$Student@3c153a1
こんにちはhosoyaさん
projava.InheritSample$Teacher@b62fe6d
```

　レコードを使わなかったので、コードがかなり長くなってしまっていますね。

　Userクラスに String型のname フィールドがあります。

```
static class User {
    String name;
```

　Student クラスではUser クラスを継承しています。またフィールドとしてint 型のscoreを持っています。

```
static class Student extends User {
    int score;
```

　Teacher クラスでもUser クラスを継承しています。ここではsubject フィールドを宣言しています。

```
static class Teacher extends User {
    String subject;
```

　クラスを継承するときは、extends を付けて継承元のクラスを指定します。

構文 クラスの継承

```
class クラス名 extends 継承元クラス {
    クラスメンバー
}
```

継承元をスーパークラス、継承先をサブクラスといいます（図15.1）。

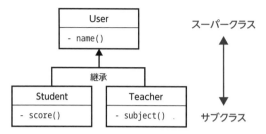

図15.1 ● スーパークラスとサブクラスの関係

User クラスは Student クラスと Teacher クラスのスーパークラス、Student クラスと Teacher クラスは User クラスのサブクラスということになります。

Student クラスのコンストラクタでは、Student クラスで宣言した score フィールドだけではなくスーパークラスの User クラスで宣言した name フィールドも初期化しています。

```
Student(String name, int score) {
    this.name = name;
    this.score = score;
}
```

Teacher クラスでも同様に、subject フィールドだけではなく name フィールドも初期化しています。

```
Teacher(String name, String subject) {
    this.name = name;
    this.subject = subject;
}
```

is-a関係

処理するデータとしては Student オブジェクトと Teacher オブジェクトを持つ List を作っています。

```
List<User> people = List.of(
    new Student("kis", 80),
    new Teacher("hosoya", "Math"));
```

ここで、変数の型を List<User> として、User オブジェクトを持つ List として用意していますが、要素としては Student オブジェクトと Teacher オブジェクトになっています。継承をした場合、サブクラスはスーパークラスの一種という関係になります。ここでは、「Student は

Userの一種である」「TeacherはUserの一種である」という関係です。英語で書くと「Student
is a User」のようになるので、この関係をis-a関係といいます。このような関係があるので、
Userオブジェクトを持つListには、Userの一種であるStudentやTeacherも格納できるとい
うわけです。

　処理をするとき、どちらのオブジェクトに対してもgetNameメソッドが呼び出されています。

```
for (var p : people) {
    System.out.println("こんにちは%sさん".formatted(p.getName()));
    System.out.println(p);
}
```

スーパークラスとサブクラス

　サブクラスではスーパークラスのフィールドやメソッドを引き継いで使えるようになってい
ます。つまりフィールドについて言えば、スーパークラスのUserクラスはnameフィールドを
持ち、サブクラスのStudentクラスではnameフィールドとscoreフィールドを持ちます。スー
パーというのは「より大きい部分」を指すので、「一部」を指すサブよりも多くのフィールドや
メソッドを持っていそうですが、それとは逆にスーパークラスよりもサブクラスのほうがフィー
ルドやメソッドを多く持つことになります。

　オブジェクトを見るとStudentオブジェクトやTeacherオブジェクトはUserオブジェクトの
一部であるという関係になっていることがわかります（**図15.2**）。逆にUserオブジェクトとい
うのはStudentオブジェクトやTeacherオブジェクトをまとめたものになってスーパーな感じ
がします。

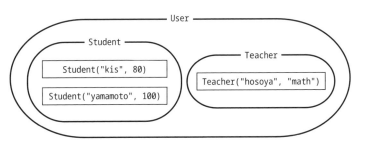

図15.2 ● オブジェクトの分類

15.1.2 継承でのコンストラクタ

　今回の例ではサブクラスでスーパークラスのフィールドを初期化する形になっていますが、
これはあまり良いやり方ではありません。

```java
Student(String name, int score) {
    this.name = name;
    this.score = score;
}
```

フィールドの値の変更はフィールドを定義しているクラスのメソッドからだけ行うのが適切で、それはコンストラクタによる初期化についても言えます。そこで、User クラスに name フィールドを初期化するコンストラクタを用意してみます。

■src/main/java/projava/InheritSample.java

```java
static class User {
    String name;

    User(String name) {
        this.name = name;
    }
}
```

User クラスにコンストラクタを定義すると、Student クラスや Teacher クラスのコンストラクタがエラーになります（図15.3）。

```
Student(String name, int score) {
    'shinjava.InheritSample2.User' にデフォルトコンストラクターがありません      ⋮
}   'super();' の挿入  Alt+Shift+Enter    その他のアクション... Alt+Enter
```

図15.3 ● コンストラクタのエラー

これは、コンストラクタで this による別コンストラクタの呼び出しがない場合、スーパークラスの引数なしコンストラクタが呼び出されることになっているためです。スーパークラスのコンストラクタは super([引数…]) という形式で呼び出します。つまり、Student クラスのコンストラクタは、次のようなスーパークラスのコンストラクタの呼び出しが省略されていたわけです。

```java
Student(String name, int score) {
    super(); // 省略されている
    this.name = name;
    this.score = score;
}
```

第14章「クラスとインタフェース」で説明したように、コンストラクタを定義していないときには引数なしで何も行わないデフォルトコンストラクタが定義されます。今回、User クラス

で引数のあるコンストラクタを定義したので、引数のないコンストラクタを持たなくなり、省略されている super() がエラーになったということです。

そこで、super を使って明示的に User クラスのコンストラクタを呼び出します。

■src/main/java/projava/InheritSample.java

```java
Student(String name, int score) {
    super(name);
    this.score = score;
}
```

Teacher クラスのコンストラクタでも同様に super を使って User クラスのコンストラクタを呼び出します。

■src/main/java/projava/InheritSample.java

```java
Teacher(String name, String subject) {
    super(name);
    this.subject = subject;
}
```

このような super を使ったスーパークラスのコンストラクタ呼び出しも、コンストラクタの先頭で行う必要があります。

15.1.3 Objectクラス

どのようなクラスも Javadoc で継承元の継承元…と追っていくと必ず Object クラスにたどり着きます（図15.4）。

```
概要 モジュール パッケージ クラス 使用 ツリー 非推奨 索引 ヘルプ

サマリー: ネスト | フィールド | コンストラクタ | メソッド　　詳細: フィールド | コンストラクタ | メソッド


モジュール java.base
パッケージ java.util

クラスArrayList<E>

java.lang.Object
    java.util.AbstractCollection<E>
        java.util.AbstractList<E>
            java.util.ArrayList<E>

型パラメータ:
E - このリスト内に存在する要素の型

すべての実装されたインタフェース:
Serializable, Cloneable, Iterable<E>, Collection<E>, List<E>, RandomAccess
```

図15.4 ● ArrayListのJavadoc

4

高度なプログラミング

15

継承

JavaのクラスはすべてObjectクラスを継承することになっています。Userクラスは何も継承の指定をしていませんでしたが、extendsを書かない場合はObjectクラスを継承したことになります。つまり、次のようなextendsが省略された形になります。

```Java
static class User extends Object {
    String name;
```

　そのため、JavaのオブジェクトはすべてObjectクラスのインスタンスとして扱えます。Objectクラスにはいくつかの基本的なメソッドが用意されています（**表15.1**）。

表15.1 ● Objectクラスの基本的なメソッド

メソッド	説明
equals	値を比較する
hashCode	値の一致を検査するためのハッシュ値を得る。HashMapで使われる
toString	文字列に変換する
getClass	オブジェクトが所属するクラスを得る

15.1.4 メソッドのオーバーライド

　System.out.println(p) としてオブジェクトの内容を表示するとprojava.InheritSample$Student@3c153a1 のような表示になっていましたが、もっと内容がわかるものにしたいものです。そのためにはtoStringメソッドを再定義します。スーパークラスで定義されているメソッドをサブクラスで定義しなおして上書きすることをオーバーライドといいます。

　それではUserクラスでtoStringメソッドをオーバーライドしてみましょう。toまで入力するとtoStringメソッドをオーバーライドする補完候補が表れます（**図15.5**）。

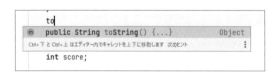

図15.5 ● toStringの補完

　候補を選択すると、toStringメソッドのひな型と表示フィールドを選ぶダイアログが開きます。今回は［選択なし（Select None）］ボタンをクリックします（**図15.6**）。

図15.6 ● toStringの構成

生成されたtoStringメソッドに、次のようにreturn文を定義してみましょう。

■ src/main/java/projava/InheritSample.java

```Java
@Override
public String toString() {
    return "%sの%s".formatted(getClass().getSimpleName(), getName());
}
```

実行すると次のようになります。

```
実行結果

こんにちはkisさん
Studentのkis
こんにちはhosoyaさん
Teacherのhosoya
```

getClassメソッドで取得したクラスオブジェクトからgetSimpleNameメソッドでクラス名部分だけを取り出して、getNameメソッドによる名前と連結しています。

抽象クラス

ここで、Userクラスは StudentクラスやTeacherクラスを統一的に扱うためのクラスで、本来はオブジェクトを作って利用することは想定していません。

そのような、分類のためのクラスであることを示す仕組みが抽象クラスです。classの前にabstractを付けると、クラスを抽象クラスにできます。

■ src/main/java/projava/InheritSample.java

```Java
static abstract class User {
    String name;

    User(String name) {
        this.name = name;
```

Userクラスを抽象クラスにすると、newしているところでエラーになり、オブジェクトが生成できなくなっていることがわかります（図15.7）。

```
List
        new User( name: "user"),
        new
        new     'User' は抽象です。インスタンス化できません
        new     'User' を abstract にしない  Alt+Shift+Enter        その他の
for (var p :
```

図15.7 ● インスタンス化できないことを示すエラー

抽象クラスにしない場合でもプログラマーが気をつけてnewしないようにすれば問題はありませんが、プログラムの仕組みとしてnewできないようにするほうが確実で安全です。

抽象クラスに対して、abstractの付いていないクラスを具象クラスといいます。

抽象メソッド

クラスを設計するとき、そのクラスを継承したサブクラスにこういうメソッドを持っていてほしいということがあります。そこで使うのが抽象メソッドです。

抽象メソッドをUserクラスに追加してみましょう。

■src/main/java/projava/InheritSample.java

`Java`

```java
public String getName() {
    return name;
}

abstract String profile();

@Override
public String toString() {
    return profile();
}
```

ここで次のようにabstractを付けて抽象メソッドの定義をしています。メソッドの処理は記述しません。

```java
abstract String profile();
```

つまり、抽象メソッドはメソッドの処理を持たず、シグネチャだけを定義するメソッドです。toStringメソッドもprofileメソッドを使って書き換えています。

```
public String toString() {
    return profile();
}
```

　抽象メソッドを持つクラスは抽象クラスとして宣言する必要があります。

　そうすると、StudentクラスやTeacherクラスでは、抽象メソッドを引き継いでいるにもかかわらず抽象クラスではないのでエラーになります（図15.8）。

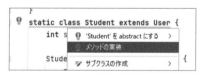

図15.8 ● profileメソッドを実装する必要がある

　抽象メソッドを持ったクラスを継承した場合、そのメソッドを実装するか、継承したクラスも抽象クラスにする必要があります。

　ここで［Alt］＋［Enter］（［Option］＋［Return］）キーを押すと、修正候補が表示されます（図15.9）。候補としてはクラスをabstractにするか、メソッドを実装するかになります。

　ここでは［メソッドの実装（Implement methods）］を選びましょう。

図15.9 ● メソッドの実装

　実装するメソッドを選ぶダイアログが表示されるので、profileメソッドを選んで［OK］ボタンをクリックします（図15.10）。

図15.10 ● 実装するメソッドを選ぶ

　そうするとメソッドの概形が定義されるので、return文を次のように変更します。

■src/main/java/projava/InheritSample2.java

```java
@Override
String profile() {
    return "学生 %s, %d点".formatted(getName(), getScore());
}
```

Teacherクラスでも同様にprofileメソッドを定義します。

■src/main/java/projava/InheritSample.java

```java
@Override
String profile() {
    return "先生 %s, 教科 %s".formatted(getName(), getSubject());
}
```

実行すると次のような表示になります。

実行結果

```
こんにちはkisさん
学生 kis, 80点
こんにちはhosoyaさん
先生 hosoya, 教科 Math
```

インタフェースでは、defaultやprivateの指定をしないメソッドは抽象メソッドとして定義されていました。

15.1.5 匿名クラス

クラスを継承したりインタフェースを実装したクラスを1回だけ使いたい場合があります。そのようなときにクラス名を考えるのは面倒です。そこで匿名クラスという仕組みが用意されています。

匿名クラスの書き方は最初は慣れないかもしれませんが、実際にはIDEが補完してくれるので最初から細かく書き方を覚える必要はありません。

Userクラスのような抽象クラスやインタフェースに対してnewしようとすると、図15.11のように{...}の付いた補完候補が表示されます。

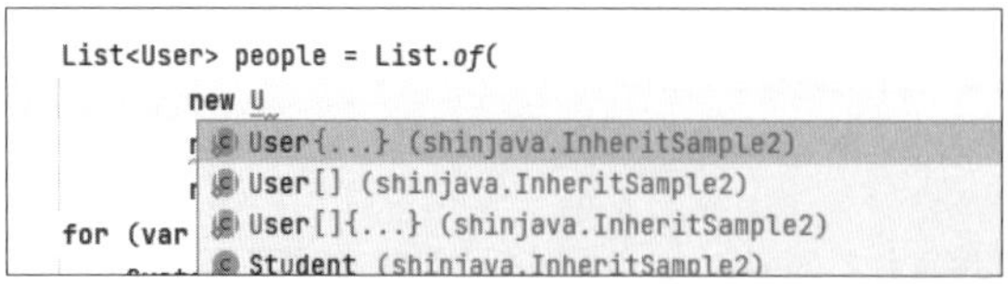

```
List<User> people = List.of(
        new U
        |  ⓔ User{...} (shinjava.InheritSample2)
        |  ⓔ User[] (shinjava.InheritSample2)
        |  ⓔ User[]{...} (shinjava.InheritSample2)
for (var  ⓔ Student (shinjava.InheritSample2)
```

図15.11 ● 匿名クラスの作成

この候補を選ぶと、次のように補完されます。

■src/main/java/projava/InheritSample.java

```java
List<User> people = List.of(
        new User() {
            @Override
            String profile() {
                return null;
            }
        }
new Student("kis", 80),
```

Userクラスには引数のあるコンストラクタしかないので引数を与えて、profileメソッドの
return文での戻り値を設定し、カンマを加えると修正完了です。

■src/main/java/projava/InheritSample.java

```java
List<User> people = List.of(
        new User("匿名") {
            @Override
            String profile() {
                return "ダミー";
            }
        },
        new Student("kis", 80),
```

匿名クラスの構文は次のようになります。

> **構文**　匿名クラス
>
> ```
> new クラス ( コンストラクタへの引数 ) {
>     定義するメンバー
> }
> ```

newとしてオブジェクトを作るときに { ... } を加えてメソッドをオーバーライドするような
形です。

匿名クラスの多くはラムダ式に置き換えることができるため、実際に匿名クラスを使う機会
は少なくなっていますが、だれかのコードを読んでいて出てきたときビックリしない程度には
知っておく必要があります。

15.2 継承の活用

継承は強力である反面、影響範囲が大きく扱いに注意が必要な技術でもあります。ここでは継承の代表的な使い方である差分プログラミングとデータ分類とを紹介します。

15.2.1 差分プログラミング

継承の使い方として差分プログラミングという考え方があります。メソッドの章で、同じ処理をしている部分をメソッドにまとめるという話をしましたが、ほとんどの処理が共通だけれども、完全に同じではなく一部が違うということがあります。そのように処理の一部だけが違うときに、違う部分、つまり差分だけを書けばいいようにしようという考え方です（図15.12）。

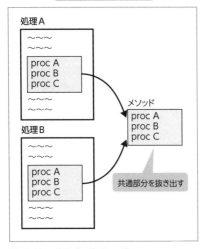
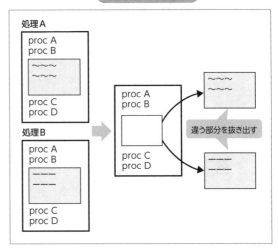

図15.12 ● 差分プログラミング

例えば次のように、それぞれ直線と長方形の画像を生成する2つのメソッド、lineImageとrectImageを持ったプログラムを考えます。

■src/main/java/projava/DiffSampleInherit.java

```java
package projava;

import javax.swing.*;
import java.awt.*;
import java.awt.image.BufferedImage;
import java.util.function.Consumer;
```

```java
public class DiffSampleInherit {

    public static void main(String[] args) {
        var f = new JFrame("差分プログラミング");
        f.setDefaultCloseOperation(JFrame.EXIT_ON_CLOSE);
        var img = new BufferedImage(600, 400, BufferedImage.TYPE_INT_RGB);
        var g = img.createGraphics();
        g.setBackground(Color.WHITE);
        g.clearRect(0, 0, 600, 400);
        g.drawImage(lineImage(), 10,10, f);
        g.drawImage(rectImage(), 300, 80, f);
        var label = new JLabel(new ImageIcon(img));
        f.add(label);
        f.pack();
        f.setVisible(true);
    }

    static BufferedImage lineImage() {
        var image = new BufferedImage(250, 200, BufferedImage.TYPE_INT_RGB);
        var graphics = image.createGraphics();
        graphics.drawLine(10, 10, 220, 180);
        return image;
    }

    static BufferedImage rectImage() {
        var image = new BufferedImage(250, 200, BufferedImage.TYPE_INT_RGB);
        var graphics = image.createGraphics();
        graphics.drawRect(10, 10, 220, 180);
        return image;
    }
}
```

実行すると**図15.13**のように表示されます。

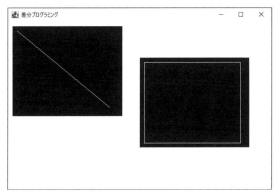

図15.13 ● 実行結果

lineImage メソッドと rectImage メソッドで違う部分は drawLine で線を引いているか、drawRect で四角を描いているかで、その前後の処理は共通です。

```java
var image = new BufferedImage(250, 200, BufferedImage.TYPE_INT_RGB);
var graphics = image.createGraphics();
graphics.drawLine(10, 10, 220, 180); // ここだけ違う
return image;
```

プログラミングでは、同じことを何回も書くのはえらくないので、同じ部分は共通化して1つにまとめることにします。そこで違う部分だけ抜き出して書き換えるという差分プログラミングが大切になります。

継承による差分プログラミング

それでは継承を使って差分プログラミングを行ってみます。

まず、異なる部分を抽象メソッド draw として持つようにして、共通部分からその抽象メソッドを呼び出すような createImage メソッドを持った ImageDrawer クラスを作ります。このクラスは抽象メソッドを持つので抽象クラスになります。

■src/main/java/projava/DiffSampleInherit.java

```java
static abstract class ImageDrawer {
    BufferedImage createImage() {
        var image = new BufferedImage(250, 200, BufferedImage.TYPE_INT_RGB);
        var graphics = image.createGraphics();
        draw(graphics);
        return image;
    }

    abstract void draw(Graphics2D g);
}
```

次に、lineImage メソッドの直線を引く処理を考えます。ImageDrawer クラスを継承したクラス LineDrawer クラスを作って、draw メソッドをオーバーライドして直線を引く処理を実装します。

■src/main/java/projava/DiffSampleInherit.java

```java
static class LineDrawer extends ImageDrawer {
    @Override
    void draw(Graphics2D g) {
        g.drawLine(10, 10, 220, 180);
    }
}
```

lineImage メソッドでは、この LineDrawer クラスのインスタンスを作って createImage メソッドを呼び出すように変更します。

■src/main/java/projava/DiffSampleInherit.java

```Java
static BufferedImage lineImage() {
    return new LineDrawer().createImage();
}
```

rectImage メソッドに対しても同様に RectDrawer クラスを作って draw メソッドを実装して rectImage メソッドで使います。

■src/main/java/projava/DiffSampleInherit.java

```Java
static class RectDrawer extends ImageDrawer {
    @Override
    void draw(Graphics2D g) {
        g.drawRect(10, 10, 220, 180);
    }
}

static BufferedImage rectImage() {
    return new RectDrawer().createImage();
}
```

　こうすることで、共通処理から差分を抜き出して実装することができました。このような「差分になる処理をメソッドとして抜き出して継承して実装する」という書き方はテンプレート（Template）パターンと呼ばれます。テンプレートパターンは、デザインパターンというパターン集で紹介されている設計パターンの1つです。GoFのデザインパターンとも呼ばれ、継承の使い方を中心にクラスの設計方法をまとめたパターン集です。
　ところでLineDrawerクラスやRectDrawerクラスは他に使うこともないので、匿名クラスが使えます。名前を付けずに実装できるのはありがたいですね。

■src/main/java/projava/DiffSampleInherit.java

```Java
static BufferedImage lineImage() {
    return new ImageDrawer() {
        @Override
        void draw(Graphics2D g) {
            g.drawLine(10, 10, 220, 180);
        }
    }.createImage();
}
```

RectDrawerクラスの匿名クラス化については省略します。練習として考えてみてください。

インタフェースを使う

前述のImageDrawerクラスはフィールドを持たないのでインタフェースにすることができます。インタフェースにできるものはインタフェースに、ということで変更しましょう。

■src/main/java/projava/DiffSampleInherit.java

```Java
interface ImageDrawer {
    default BufferedImage createImage() {
        var image = new BufferedImage(250, 200, BufferedImage.TYPE_INT_RGB);
        var graphics = image.createGraphics();
        draw(graphics);
        return image;
    }

    void draw(Graphics2D g);
}
```

インタフェースでは実装のあるメソッドにはdefaultを付ける必要があります。

```
default BufferedImage createImage() {
```

defaultもprivateも付いていないメソッドはabstractが付いていることになるので、abstractの記述を省略します。

```
void draw(Graphics2D g);
```

インタフェースでの抽象メソッド定義はpublicになるので、実装側でもpublicにする必要があります。

■src/main/java/projava/DiffSampleInherit.java

```Java
static BufferedImage lineImage() {
    return new ImageDrawer() {
        @Override
        public void draw(Graphics2D g) {
            g.drawLine(10, 10, 220, 180);
        }
    }.createImage();
}
```

匿名クラスをラムダ式に変換する

そして、ここで定義したImageDrawerインタフェースは「実装する必要のある抽象メソッドが1つだけのインタフェース」という関数型インタフェースの定義にあてはまります。そのため

ImageDrawerインタフェースに対する匿名クラスはラムダ式に変更することができます。

■src/main/java/projava/DiffSampleInherit.java

```
static BufferedImage lineImage() {
    ImageDrawer drawer = g -> g.drawLine(10, 10, 220, 180);
    return drawer.createImage();
}
```
`Java`

関数型インタフェースとして使うインタフェースには@FunctionalInterfaceアノテーションを付けておくほうが、ラムダ式が使えるということがわかりやすくなります。

■src/main/java/projava/DiffSampleInherit.java

```
@FunctionalInterface
interface ImageDrawer {
```
`Java`

匿名クラスとラムダ式

ラムダ式は匿名クラスに変換することができます。例えば第14章「クラスとインタフェース」では次のようなラムダ式を使いました。

```
message(() -> "no name");
```

ラムダ式の「->」に入力カーソルを持っていって［Alt］＋［Enter］（［Option］＋［Return］）キーを押すと、次のように［ラムダを匿名クラスに変換（Replace lambda with anonymous class）］というメニューが表示されます（図15.14）。

図15.14 ● 匿名クラスへの変換

この機能でラムダ式を変換すると、次のように匿名クラスを使ったコードになります。

```
message(new Named() {
    @Override
    public String name() {
        return "no name";
    }
});
```

逆に、中カッコ（{）の前で［Alt］＋［Enter］（［Option］＋［Return］）キーを押すと表示される［ラムダに置換（Replace with lambda）］というメニューを選ぶと元のラムダ式のコードに戻ります（図15.15）。

```
message(new Named() {
    @Override
    public String na
        return "no name
    }
});
}
```

図15.15● ラムダに置換

　ラムダ式は、匿名クラスでの記述を簡潔に書けることを狙った構文でもあります。完全に同じ機能というわけではありませんが、ほとんどの場合はラムダ式のほうが効率がよいコードになります。匿名クラスをすべてラムダ式に置き換えることができるわけではありませんが、ラムダ式で書けるところはラムダ式にしたほうがいいでしょう。

　この時点でのソースコードの全体は次のようになります。

■src/main/java/projava/DiffSampleInherit.java

```java
package projava;

import javax.swing.*;
import java.awt.*;
import java.awt.image.BufferedImage;
import java.util.function.Consumer;

public class DiffSampleInherit {

    public static void main(String[] args) {
        var f = new JFrame("差分プログラミング");
        f.setDefaultCloseOperation(JFrame.EXIT_ON_CLOSE);
        var img = new BufferedImage(600, 400, BufferedImage.TYPE_INT_RGB);
        var g = img.createGraphics();
        g.setBackground(Color.WHITE);
        g.clearRect(0, 0, 600, 400);
        g.drawImage(lineImage(), 10,10, f);
        g.drawImage(rectImage(), 300, 80, f);
        var label = new JLabel(new ImageIcon(img));
        f.add(label);
        f.pack();
        f.setVisible(true);
    }

    @FunctionalInterface
    interface ImageDrawer {
```

```
            default BufferedImage createImage() {
                var image = new BufferedImage(250, 200, BufferedImage.TYPE_INT_RGB);
                var graphics = image.createGraphics();
                draw(graphics);
                return image;
            }

            void draw(Graphics2D g);
        }

        static BufferedImage lineImage() {
            ImageDrawer drawer = g -> g.drawLine(10, 10, 220, 180);
            return drawer.createImage();
        }

        static BufferedImage rectImage() {
            ImageDrawer drawer = g -> g.drawRect(10, 10, 220, 180);
            return drawer.createImage();
        }
    }
```

ラムダ式による差分プログラミング

　クラスを定義して継承の形で差分プログラミングをしましたが、最終的にラムダ式になりました。これであれば、最初からラムダ式を使う前提の形にしたほうがいいでしょう。

　ラムダ式を使う前提で差分プログラムを行う場合、処理が異なる部分をラムダ式で渡せるようにします。このとき、関数型インタフェースを引数として受け取るメソッドを用意することになるため、関数型インタフェースに何を使うかを考える必要があります。今回はdrawメソッドと置き換えて使えるものを探します。drawメソッドは引数が1つで戻り値なしでした。そこで第14章の「14.3　ラムダ式と関数型インタフェース」で紹介した標準の関数型インタフェースから、Consumerインタフェースを引数で受け取ります。drawメソッドでの引数の型はConsumerの型パラメータとして指定します。

■src/main/java/projava/DiffSampleInherit.java

```
    static BufferedImage createImage(Consumer<Graphics2D> drawer) {
        var image = new BufferedImage(600, 400, BufferedImage.TYPE_INT_RGB);
        var graphics = image.createGraphics();
        drawer.accept(graphics);
        return image;
    }
```
`Java`

　lineImageメソッドやrectImageメソッドで個別に実装する部分で、受け取った関数型インタフェースのメソッドを呼び出します。Consumerインタフェースを使っているのでacceptメ

ソッドになります。

```
drawer.accept(graphics);
```

あとはそれぞれのメソッドで個別の処理をラムダ式として渡します。

■src/main/java/projava/DiffSampleInherit.java

```java
static BufferedImage lineImage() {
    return createImage(g -> g.drawLine(10, 10, 220, 180));
}
static BufferedImage rectImage() {
    return createImage(g -> g.drawRect(10, 10, 220, 180));
}
```

　ラムダ式を使う差分プログラミングは、対応する関数型インタフェースを探すことにコツが必要ですが、継承によるものと比べると簡潔に書けます。

　createImageメソッドのようにラムダ式を受け取ることを前提にしたメソッドは、関数の分類としては高階関数と呼ばれます。

　「共通処理の中で扱う値が違う」という場合には引数でその値を与えるようにしますが、「共通処理の中で一部の処理が違う」という場合にはラムダ式で処理を与えることになります。

差分プログラミングの指針

　差分プログラミングとして継承やラムダ式を使うときは、いかにコードの重複を減らせるかと、同時に変更するコードをいかに一箇所にまとめられるかを考えるのがいいでしょう。

　また、クラスの継承を使う前に、ラムダ式での実装を考えるほうがいいと思います。

15.2.2 継承でデータを分類する

　継承では、処理を共通化して差分プログラミングを行うほかに、データを分類する役割もあります。例外クラスも継承を使って例外の分類を行っていました。

　ここでは、データを分類する使い方について紹介します。

グラフ理論

　図15.16のように、データを線でつないだ構造をグラフといいます。このとき、データになる部分をノード、線になる部分をエッジといいます。グラフの中で、ノードからエッジをたどっていって元のノードに戻るような経路があるとき、そのような経路を閉路といいます。そして、閉路のないグラフをツリーといいます。ツリーのノードのうち、処理の起点になるものをルート、

接続するノードが1つだけのノードをリーフといいます。

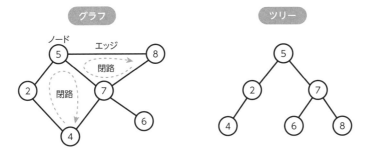

図15.16 ● グラフとツリー

このような、ノードとエッジを扱う数学を「グラフ理論」といいます。

ツリーを表現するプログラム

図のツリー構造を表して、数字の合計を求めるプログラムは次のようになります。

■src/main/java/projava/TreeSample.java

```java
package projava;

public class TreeSample {
    static abstract class Node {
        int val;

        Node(int val) {
            this.val = val;
        }

        abstract int sum();
    }

    static class Leaf extends Node {
        public Leaf(int val) {
            super(val);
        }

        @Override
        int sum() {
            return val;
        }
    }

    static class Branch extends Node {
        Node left;
        Node right;
```

```
    Branch(int val, Node left, Node right) {
        super(val);
        this.left = left;
        this.right = right;
    }

    @Override
    int sum() {
        int result = val;
        if (left != null) result += left.sum();
        if (right != null) result += right.sum();
        return result;
    }
}

public static void main(String[] args) {
    Node root =
        new Branch(5,
            new Branch(2,
                new Leaf(4),
                null),
            new Branch(7,
                new Leaf(6),
                new Leaf(8)));
    System.out.println(root.sum());
}
}
```

実行すると「32」が表示されます。

クラス構造

　ここでは、ノードを表すNodeというスーパークラスを定義して、他のノードがぶらさがる
ノードをBranch、端になるノードをLeafとして表しています（**図15.17**）。

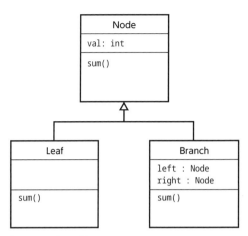

図15.17 ● クラス図

　Node クラスは抽象クラスにしています。値として int 型で val フィールドに保持するように
しています。

```
static abstract class Node {
    int val;
```

スーパークラスになるようなクラスは、なるべく抽象クラスにします。

集計を行うメソッドは sum メソッドです。このメソッドは抽象メソッドにしています。

```
abstract int sum();
```

Leaf クラスは Node クラスを継承します。

```
static class Leaf extends Node {
```

Leaf クラスの sum メソッドでは値をそのまま返します。

```
int sum() {
    return val;
}
```

Branch クラスも Node クラスを継承して、ここでは左右の Node を保持するようにしています。

```
static class Branch extends Node {
    Node left;
    Node right;
```

leftフィールドやrightフィールドでは、Nodeを継承したLeafオブジェクトやBranchオブジェクトが扱えます。今回のように、ツリーにぶらさげることができる要素の代表になるクラスを用意し、それぞれの要素はそのクラスを継承する構成をデザインパターンでは**コンポジット（Composite）パターン**と呼びます。

　Branchクラスのsumメソッドは次のように、そのBranch自身が持つ値と、左ノードがあれば左ノードの集計、右ノードがあれば右ノードの集計を足していきます。

```
int sum() {
    int result = val;
    if (left != null) result += left.sum();
    if (right != null) result += right.sum();
    return result;
}
```

　このsumメソッドは内部でsumメソッドを呼び出しているので再帰になりますが、必ずしもこのsumメソッドが呼び出されるわけではなくLeafクラスのsumメソッドが呼び出される場合もあります。ツリー構造の扱いでは、このように子ノードをどんどん処理していくための再帰をよく使います。

▰▰ データ

　今回、データは次のようなツリー構造になっています（図15.18）。

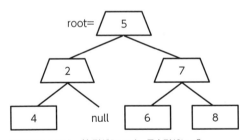

図15.18 ● ツリー（台形がBranch、長方形がLeaf）

　次のようなコードで用意しています。

```
Node root =
    new Branch(5,
        new Branch(2,
            new Leaf(4),
            null),
        new Branch(7,
            new Leaf(6),
            new Leaf(8)));
```

データ分類の指針

継承をデータ分類のために使うときは、データがうまく分類できるように、また、データの扱いのミスをコンパイラがうまく見つけられるように考えるのがいいでしょう。

データ用のクラスに持つメソッドは、データを整形したり整合性を保つためのメソッドを中心に考えるのがいいと思います。データを外部とやりとりするようなメソッドはデータ用クラスの外に持つほうがいいでしょう。

15.2.3 継承とオブジェクト指向

継承は強力ではあるものの、影響が大きいので、利用する際は慎重に考える必要があります。特にクラスの継承は1つしかできないので、安易に使うことはお勧めできません。そのような継承構造を間違えてしまうと、あとからやり直すのは大変なので事前に設計をしておく必要があります。

こういった、継承を使ったクラス設計の考え方としてオブジェクト指向という考え方があります。これは、プログラムする対象をモノとして考えて、クラスの構成を考えていく手法です。オブジェクトの集まりとしてアプリケーションを構成するという考え方です。クラスは、アプリケーションを構成するモジュールと、データの性質を表す型という2つの性質を同時に持つことになります。

プログラミング言語の機能としてオブジェクト指向を考えると、データと操作をまとめる抽象データ型を実現するためにクラスという仕組みを導入したことと、クラスに継承という仕組みを導入して差分プログラミングやデータの分類ができるようにしたことが挙げられます。

まとめると、オブジェクト指向ならではで、オブジェクト指向以外には見られない特徴として次のようなものがあります。

- モジュールと型の一体化
- 継承によるモジュールの分類
- 継承によって分類された中での差分プログラミング

Javaはオブジェクト指向を実現する言語として開発された面があります。ここでオブジェクト指向がどういうものかを見てみましょう。

イヌとネコのオブジェクト指向

オブジェクト指向は現実をモデリングする手法だと言われます。よくある例として、イヌとネコは哺乳類というクラスを継承する、というものがあります（**図15.19**）。哺乳類は鳴くけども、実際の鳴き方はイヌとネコでそれぞれ違う、ということも表します。

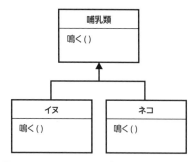

図15.19 ● イヌとネコのオブジェクト

このようにクラスの関係を表した図をクラス図といいます。このクラス図に現れるクラスを実装してみると次のようになります。

```
abstract class 哺乳類 {
    abstract String 鳴く();
}
class イヌ extends 哺乳類 {
    @Override
    String 鳴く() {
        return "わん";
    }
}
class ネコ extends 哺乳類 {
    @Override
    String 鳴く() {
        return "にゃあ";
    }
}
```

「イヌ」クラスも「ネコ」クラスも哺乳類クラスを継承しています。これは、「イヌ is a 哺乳類」「ネコ is a 哺乳類」という関係があることを表します。この関係をis-a関係といいます。ネコは哺乳類の一種であるという関係であって、哺乳類からネコが生まれているのではありません。ここで、「哺乳類」というクラスの実体は直接は存在せず、必ずなんらかの具体的な動物の実体として存在することになります。そこで「哺乳類」は抽象的であるということで抽象クラスとなっています。

　「イヌ」「ネコ」クラスは、継承のis-a関係がどういうものかとか、抽象クラスがなぜオブジェクトを生成できないかということを説明するにはわかりやすいですが、それ以上深く考えるときには良い例ではありません。

　現実的には「哺乳類だから母乳で育てる」のではなく「母乳で育てるから哺乳類として分類される」という関係になっています。カモノハシは発見から哺乳類への分類に時間がかかりま

したが、継承関係ではシステム実行中に途中からオブジェクトの分類が変わることを実現できません。

　現実世界のモノをモデリングするのであれば、継承のように柔軟性のない仕組みで分類するのではなく、タグ付けのような属性として実行時に分類できる仕組みのほうがよいでしょう。目に見えるようなモノをクラスで表すときには、継承を使う設計はすぐに限界がくるので、実装範囲に気をつけてオブジェクト指向を適用する必要があります。

Swingのクラス構造

　画面表示は、オブジェクト指向の考え方が適用しやすい処理です。Swingのクラス構造は、実際のオブジェクト指向設計の例として参考になります。これまでのサンプルで出てきたSwingクラスの継承関係は図15.20のように表せます。

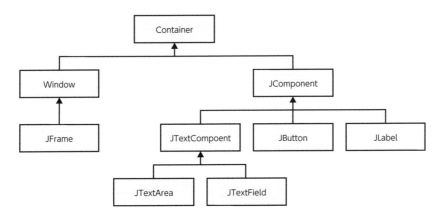

図15.20 ● Swingのクラス構造

　JButton も JLabel も JComponent の一種であるというのはわかりやすく、プログラムが書きやすくなっています。一方で、Swingのクラスは AWT のクラス構造に追加して実装されているため、JButton なども Container クラスを継承して add メソッドで他のコンポーネントを追加できるといった不自然な部分もあります。これは Java でのクラス設計の難しさを表しているとも言えるでしょう。

実際のシステム開発でのオブジェクト指向

　今となっては Java でもラムダ式が使えるようになって関数主体のプログラム設計も必要になるなど、オブジェクト指向だけでプログラム全体の設計はできなくなっています。第21章以降で解説する Spring Boot のように、メソッドにアノテーションを付けて機能を指定していく手法も取り入れられています。型とモジュールを一体に扱うというのがオブジェクト指向でした

が、アプリケーションのプログラミングでは型とモジュールは別々に扱うことのほうが多くなって、アプリケーション全体をオブジェクト指向で設計するというようなことはほとんどなくなっています。

　アプリケーションを構成するクラスはメソッドの集まったモジュールとして利用することが多く、型としての性質はあまりありません。Swingより新しいGUIライブラリであるJavaFXでもライブラリでは継承を活用していますが、JavaFXを使うアプリケーションはアノテーションをつけたメソッドの集まりとして開発することができます。Spring BootやJavaFXのプログラムでは、クラスは型としての性質はもたずモジュールとしての性質だけを持っていると言えます。モジュール間で共通の処理をまとめて、固有の処理だけをそれぞれで書くという差分プログラミングは、継承ではなくラムダ式で実現することが多くなります。

　LocalDataクラスのように、値を表すクラスも多くなっています。値を表すクラスで実装されるメソッドは、データを加工して文字列など別表現のデータを生み出す処理が主になります。このようなクラスはアプリケーションの一部というよりはアプリケーションを流れるデータを表します。データを格納することを目的とするクラスは抽象データ型を表していると考えるほうがよいでしょう。クラスの機能を制限して抽象データ型を実現する機能に絞ったものがレコードだとも言えます。このとき、クラスはモジュールとしての性質はもたず、型としての性質だけを持っています。

　型を考えるときに、ラムダ式やジェネリクスまで含めると関数型プログラミングのほうがよく整理されて考えられています。レコードも関数型プログラミング由来で、代数的データ型として発展してきた考え方を取り込んでいます。そのため、継承をうまく使いたいときにもオブジェクト指向よりも代数的データ型や型理論の考え方を取り込むほうがよくなってきています。

　入門時にいろいろなところで「オブジェクト指向は大切」という話を聞くかもしれませんが、オブジェクト指向はラムダ式などに対応しておらず、またオブジェクト指向ならではの特徴はあまり使われなくなっているため、現実的にはそこまでこだわる必要はなくなっています。

　Javaで継承を使う際も、差分プログラミングが行いたいのかデータの分類が行いたいのか意識しながら、それぞれの指針に従って実装するのがいいでしょう。

第 **5** 部

ツールと開発技法

第16章

ビルドツールとMaven

ビルドツールとしてデファクトスタンダードとなっており、この本でも採用しているMavenについて詳しく説明します。

16.1　ビルドツールの必要性

　Javaは、ソースコードをコンパイルするだけであればコマンドラインだけでも比較的簡単に行えます。しかしアプリケーションを開発する際には、画像や設定ファイルなどのリソースをまとめたり、アプリケーションで利用するライブラリの場所をコンパイル時・実行時に-classpathというオプションで指定して使えるようにしたり、最終成果物としてコンパイル済みの.classファイルやリソースをひとまとめにしたJAR（Java ARchive）ファイルを作成したりといった、やや複雑な作業が必要になります。この作業をビルドといいます。

　IDEの機能を使えばビルドは簡単に行えます。しかし、「IDEがないとビルドが行えない」状態だと、チーム内でIDEを統一しなければならなかったり、開発用のサーバーでビルドを行うのが難しかったりといった弊害が発生します。また、使用しているライブラリのJARファイルをプロジェクトに含めている場合は、プロジェクトのリポジトリが肥大化したり、JARファイルの出所やバージョンがわからず、将来のメンテナンスに支障をきたす可能性もあります。

　以上のような理由から、ビルド処理やライブラリの管理はIDEとは独立したビルドツールで行うのが一般的です。

16.2　Mavenの基本

　Maven（メイブン）はJavaアプリケーション開発の現場では最も利用されているビルドツールで、

Apache ソフトウェア財団というオープンソースソフトウェアプロジェクトを支援する財団のプロジェクトです。正式名称は Apache Maven ですが、この本では単に「Maven」と表記します。

　IntelliJ IDEA を含むすべての Java IDE には Maven が内蔵されているため、通常は別途インストールする必要はありません。開発サーバーなどに対して IDE とは独立して Maven を導入する際は、Maven の公式サイトからダウンロードします。あるいは、Homebrew や SDKMAN! といったコマンドラインツールを使ってインストールすることもできます。

- Maven
  URL https://maven.apache.org/
- Homebrew
  URL https://brew.sh/
- SDKMAN!
  URL https://sdkman.io/

COLUMN　Maven以外のJavaビルドツール

　Maven以外にもJavaビルドツールは存在します。主なものとしてAnt（アント）とGradle（グレイドル）があります。AntはC言語向けのビルドツールであるMakeを、Java流にアレンジしたものです。AntはApacheソフトウェア財団のプロジェクトの1つで、正式名称はApache Antですがこの本では単に「Ant」と表記します。

　AntはMakeの考え方がわかっていればとっつきやすく、プラグイン機構により拡張が行え、柔軟に処理を行うことができるためかつては人気を博していました。古くからあるプロジェクトでは今でもAntを利用していることがあります。しかしながら、Antは自由度が高くて、プロジェクトごとに構成が異なるため、人間にとってもツールにとっても設定の読解が難しくなってしまうという大きな難点があります。

　そのようなAntの反省を活かして、あえて自由度を減らしてデフォルトの構成とプラグインの組み合わせで事足りるように設計したのがMavenです。Mavenはシンプルで洗練された設計と、「依存を宣言」することでライブラリを簡単に使えることから多大な支持を得ています。

　しかしながらMavenはシンプルな反面、デフォルトの設定から外れたことをしようとすると途端に複雑・冗長になってしまいます。その反省を活かしたGradleでは、Mavenで培われたデフォルト構成を引き継ぎつつ、必要に応じてGroovyやKotlinといったプログラミング言語で記述できる柔軟性を兼ね備えています。

　Antを利用した従来のプロジェクトを、必ずしもMavenやGradleに移行する必要はありませんが、新規プロジェクトではIDEをはじめとする開発ツールとの親和性が高いMavenかGradleを選ぶとよいでしょう。Gradleよりも歴史があり、広く普及していることからこの本ではMavenを採用しています。Mavenを理解してしまえば、Gradleを使うのも比較的容易です。

16.3　Mavenのモジュールとディレクトリ構成

　Mavenではプロジェクトの構成単位をモジュール（module）と呼びます。1つのモジュール
は、成果物として1つのJARファイルやWAR（Webアーカイブ）ファイルなどを生成します。
親子関係を持ったサブモジュール（sub module）を定義することもできますが、シンプルなプ
ロジェクトであれば1プロジェクト＝1モジュールの単一モジュール構成で問題ありません。こ
の本でも基本となる単一モジュール構成で説明します。

　Mavenのモジュールはpom.xmlというXMLファイルで定義します。先に説明したように、
Mavenは多くの構成がデフォルトで決まっているため、記述内容はかなりシンプルです（ただし、
先のコラム「Maven以外のJavaビルドツール」で述べたように、凝ったことをしようとすると
急に複雑になります）。

　次のリストは必要最小限のpom.xmlの例です。modelVersionというおまじないはさておき、
プロジェクトに関する情報をシンプルに書くだけでよいのがわかるのではないでしょうか。

■必要最小限のpom.xml

```xml
<project>
    <modelVersion>4.0.0</modelVersion>
    <groupId>jp.gihyo.projava</groupId>
    <artifactId>mvn-minimal</artifactId>
    <version>1.0</version>
</project>
```

16.3.1　groupIdとartifactId

　groupIdはJavaのパッケージ名と同じで、名前の衝突を避けるために組織のドメイン名を逆
順（gihyo.jpであればjp.gihyo）にしたものに、必要に応じてプロジェクトなどを識別できる
ものを加えた、英小文字とドットによる識別子を指定します。インターネット上に公開し広く
利用してもらうライブラリやフレームワークでなければ、個人・法人名やプロジェクト名など
の英字を指定することもあります。artifactIdはそのモジュール用の固有でわかりやすい名前
を、英小文字とハイフンで指定します。artifactIdは成果物のJARファイル名にも使われます。

16.3.2　Mavenプロジェクトのディレクトリ構成

　Mavenではディレクトリ構成の設定は不要で、図16.1のようになっています。ソースコード
はsrc/main/java以下に、リソースファイルはsrc/main/resources以下に配置します。テス
ト用のファイルは同様にsrc/test/java並びにsrc/test/resources以下に配置します。ちな
みに、Gradleでもこのディレクトリ構成は同じです。

図16.1 ● Mavenプロジェクトのディレクトリ構成

16.4　ライブラリとMaven Repository

　Javaの魅力の1つは、豊富なライブラリという既存の資産にあります。アプリケーションでは、PDFを出力したり、JavaオブジェクトとJSON形式を相互に変換したりといったさまざまな処理が必要となります。このような汎用的な処理は、自分で実装するのではなく既存のライブラリに任せることで、アプリケーション固有のロジックの開発に注力することができます。

16.4.1　ライブラリへの依存

　Mavenの場合、pom.xmlでの「このモジュールはこのライブラリのこのバージョンに『依存』している」という宣言に従って、自動でライブラリJARファイルをダウンロードしてクラスパスへ追加してくれます。Mavenは、各ライブラリがさらに依存しているライブラリJARファイルも芋づる式にクラスパスに追加します。ライブラリJARファイルは［ホーム］/.m2/repository/というディレクトリ以下に格納されるので、プロジェクトのディレクトリ内でJARファイルを管理する必要はありません。

16.4.2　Maven Central Repository

　Mavenは、デフォルトではMaven Central Repositoryという Maven公式のライブラリ

リポジトリからライブラリ JAR ファイルをダウンロードします。Maven Central Repository 以外のリポジトリを使うように設定することも可能ですが、著名なライブラリは Maven Central Repository に含まれているので、多くの場合は追加でライブラリリポジトリを設定する必要はありません。

16.4.3　Mavenプロジェクトへライブラリを追加する

　ライブラリへの依存を宣言するには、pom.xml 内で次のように <dependencies> 要素と、その中に <dependency> 要素を記述します。<project> 要素直下であればどこに書いても問題ありません。

　groupId、artifactId、version は、<dependency> 要素内の必須要素で、利用するライブラリとそのバージョンを指定します。scope（スコープ、範囲）はそのライブラリがどのようなタイミングでクラスパスに追加されるかを指定します。

■pom.xmlの<dependencies>要素

```xml
<dependencies>
    <dependency>
        <groupId>[groupId]</groupId>
        <artifactId>[artifactId]</artifactId>
        <version>[バージョン]</version>
        <scope>compile|test|provided|runtime</scope>
    </dependency>
</dependencies>
```

16.4.4　依存のscope

　scope に指定可能な値のうち代表的なものを表 16.1 に挙げておきます。通常は compile（指定しない場合のデフォルト値）を使って常にクラスパスに通すか、テストでのみ必要なライブラリについては test を指定すればよいでしょう。

表16.1 ● scopeに指定可能な値

scope	説明
compile	省略した場合に適用されるデフォルト値。mainやtestのソースコードのコンパイル時や実行時、テスト実行時に追加される
test	テストクラスのコンパイル時、実行時に追加される
provided	コンテナやミドルウェアにより追加される。mainやtestのソースコードのコンパイル時に追加されるが、実行時、テスト実行時にMavenからは追加しない
runtime	コンパイル時にはクラスパスに入らず、実行時、テスト実行時に追加される

5

ツールと開発技法

16.4.5　pom.xmlへの依存の記述

　実際にライブラリを追加する際は、pom.xmlを開き、「dependencies」と入力してから［Tab］キーを押すとXMLの開始要素と終了要素に展開されます（図16.2、図16.3）。

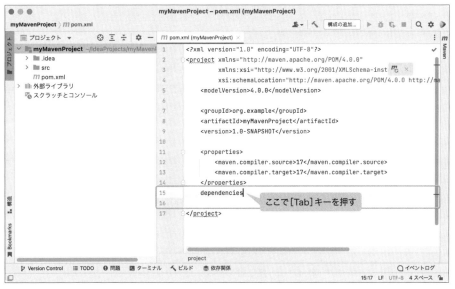

図16.2 ●「dependencies」を入力

図16.3 ● dependenciesが展開されたところ

　続いてdependencies要素内で「dep」と入力して［Tab］キーを押すとLive Template機能によりdependency要素とその中の必須要素に展開されます（図16.4、図16.5）。

図16.4 ●「dep」を入力して［Tab］キーを押すと…

16

ビルドツールとMaven

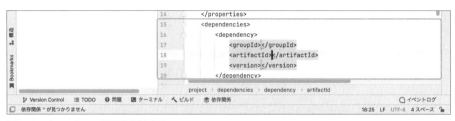

図16.5 ● dependency要素が展開される

　テキストカーソルの初期位置はartifactIdで、［Tab］キーを押すたびにgroupId要素、そしてversion要素へとフォーカスが移動します。ここではartifactId要素の値に「businessCalendar4j」、groupId要素の値に「one.cafebabe」、version要素の値には「1.21」を入力してみましょう（図16.6）。

図16.6 ● dependencyを書き終えたところ

pom.xml記述内容のプロジェクトへの反映

　入力したばかりのときはライブラリが読み込まれていないためartifactIdなどが赤くハイライトされています。ここで［Ctrl］＋［Shift］＋［O］（［Shift］＋［Command］＋［I］）キーを押してMavenモジュールの再ロードを行うとライブラリの読み込みが完了し、赤いハイライト表示がなくなります（図16.7）。

図16.7 ● ライブラリの読み込みが完了したところ。エラー表示が消えている

エラーが消えない場合は`artifactId`や`groupId`などに打ち間違いがないか、またXML要素の開始と終了が正しく対になっているかなどを確認してみてください。

16.4.7 Maven Central Repositoryのインデックス作成

IntelliJ IDEAでは依存を記述する際、`artifactId`や`groupId`、バージョンを補完することができます。補完を行うには、どのようなライブラリがリポジトリにあるのかを把握するため、事前にインデックスの作成を行っておく必要があります。

インデックスを作成するには、まず環境設定を［Ctrl］＋［Alt］＋［S］（［Command］＋［, ］）キーで開きます。次に、［ビルド、実行、デプロイ（Build, Execution, Deployment）］→［ビルドツール（Build Tools）］→［Maven］→［リポジトリ（Repositories）］を開き、URLに「https://repo.maven.apache.org/maven2」を選択して［アップデート（Update）］ボタンをクリックすると、［*** のインデックスを更新中（Updating *** Indexes…）］というプログレスバーが表示されてMaven Central Repositoryのインデックスを作成します（**図16.8**）。ネットワーク速度やマシンのスペックにもよりますが、この処理は数分から数十分かかります。

図16.8 ● インデックス更新中

インデックスの作成が完了すると、依存を記述する際に補完機能が使えるようになります。すでに宣言されている依存についても［Ctrl］＋［Space］キーで再度候補を表示させることができます。ライブラリのバージョンを上げる際などに活用しましょう。

16.4.8 ライブラリの確認

ライブラリを追加できたらIDE画面の右にある［Maven］タブを押してMavenツールウィンドウを開き、［依存関係（Dependencies）］に追加したライブラリが`<groupId>:<artifactId>:<バージョン>`という形式で表示されていることを確認してください（**図16.9**）。

［依存関係（Dependencies）］に期待どおりのライブラリが表示されていない場合は、

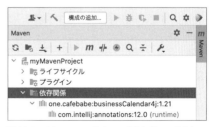

図16.9 ● Mavenツールウィンドウとリロードボタン

pom.xmlを開いて記述内容に間違いがないか、インターネットに接続されているかなどを確認の上、[Ctrl]＋[Shift]＋[O]（[Shift]＋[Command]＋[I]）キーを押すか、Mavenツールウィンドウ左上のリロードボタンをクリックして再ロードしてください。

　これでライブラリが無事に追加されました。dependency要素は必要なだけいくつでも記述できます。ライブラリのバージョンアップはversion要素を書き換えるだけで済みます。

16.4.9 businessCalendar4Jの動作確認

　ここで例に挙げている「businessCalendar4J」は、Javaアプリケーションから日本やアメリカの休祝日、または営業日を求めることができるライブラリです。

■businessCalendar4J
　URL https://github.com/yusuke/businessCalendar4J

　次のようなコード（projava.JapaneseHolidays2022）を書いて実行できることを確認してみましょう。

■src/main/java/projava/JapaneseHolidays2022.java

```java
package projava;

import one.cafebabe.bc4j.BusinessCalendar;
import static one.cafebabe.bc4j.BusinessCalendar.JAPAN;
import java.time.LocalDate;

public class JapaneseHolidays2022 {
    public static void main(String[] args) {
        BusinessCalendar.newBuilder().holiday(JAPAN.PUBLIC_HOLIDAYS).build()
                .getHolidaysBetween(LocalDate.of(2022, 1, 1),
                        LocalDate.of(2022, 12, 31))
                .forEach(System.out::println);
    }
}
```

　正常に実行できれば、図16.10のように2022年の祝日の一覧が［実行］パネルに表示されます。

図16.10 ● 実行結果

このコードでは2022年の日本の祝日を一覧できます。`Japan.PUBLIC_HOLIDAYS`の代わりに`UnitedStates.PUBLIC_HOLIDAYS`を使うとアメリカの祝日を確認できます。

16.4.10 目的に合ったライブラリを見つける

プロジェクト固有に新規で作成するコードを減らし、実績があるライブラリを活用することでアプリケーションの品質は向上し、バグも出にくくなります。開発の際には、楽をするためにもこういった便利なライブラリを積極的に活用しましょう。

インターネットでライブラリを検索する場合、"java library [目的]"といったキーワードで検索するとGitHubやMaven Central Repositoryのライブラリなどを見つけやすくなります。また、Javaのライブラリは「for Java」（Java向け）の意味で名前の最後に「4j」が付くライブラリが多いので、「[目的] 4j」というキーワードで検索するのもよいでしょう。例えば、「twitter4j」と検索するとJavaからTwitterにアクセスするライブラリが見つかります。

16.5 MavenのGoal

ビルドツールとしてのMavenの役割はソースコードのコンパイルだけではありません。Mavenで実行できるコマンドのことを「Goal」と呼びますが、ここでは代表的なGoalとして、`compile`、`test`、`package`、`clean`の4つを**表16.2**に挙げます。

表16.2 ● 代表的なGoal

コマンド	動作
compile	ソースコードのコンパイルを行う。具体的には、src/main/java以下のソースコードをコンパイルしたクラスファイルとsrc/main/resources以下のリソースファイルを、target/classes以下に配置し、src/test/java以下のソースコードをコンパイルしたクラスファイルとsrc/test/resources以下のリソースファイルを、target/test-classes以下に配置する
test	compileを行った上でsrc/test/java以下にあるテストを実行する
package	testを行った上でモジュールのパッケージングを行う。デフォルトではtarget/classes以下のクラスをまとめたJARファイルがtarget/[artifactId]-[version].jarに作られる
clean	targetディレクトリを削除する

Maven Goalの実行

MavenのGoalを実行するには、［Ctrl］キーを2回押すと表示される［なんでも実行（Run Anything）］ウィンドウで「`mvn <Goal名>`」を入力して［Enter］（［Return］）キーを押します（**図16.11**）。あるいは、Mavenツールウィンドウの［ライフサイクル（Lifecycle）］内で実行したいGoalをダブルクリックしてください（**図16.12**）。

5

ツールと開発技法

16

ビルドツールとMaven

図16.11 ● なんでも実行ウィンドウ

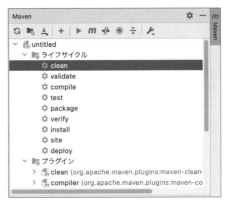

図16.12 ● Mavenツールウィンドウの［ライフサイクル］

　IDEで開発している場合、コンパイルや実行はIDEから行えるのでMavenのコマンドを直接呼び出すことはあまりありません。プロジェクトディレクトリを綺麗にするcleanや、JARファイル生成のためのpackageなどは時々使います。Maven関連操作で、よく使うIntelliJ IDEAのショートカットを表16.3に挙げておきます。

表16.3 ● Maven関連操作で紹介したIntelliJ IDEAのショートカット

動作	Windows	macOS
IDE設定画面を表示	[Ctrl]＋[Alt]＋[S]	[Command]＋[,]
pom.xmlの内容をプロジェクトに反映	[Ctrl]＋[Shift]＋[O]	[Shift]＋[Command]＋[I]
補完候補を表示	[Ctrl]＋[Space]	[Control]＋[Space]
なんでも実行	[Ctrl]キーを2回押す	[Control]キーを2回押す

Javaプログラムの仕様を記したドキュメントである、Javadocの読み方、書き方を説明します。

17.1　Javadocとは

　Javadocは Javadoc コメントと呼ばれる、/** から始まり */ で終わるコメントとして、ソースコード内のクラスやメソッドなどの前に記述します。ソースコードに書くコメントはプログラムの内部実装を確認する人に向けたものであることが多いですが、それに対して Javadoc はクラスやメソッドを利用する人向けのドキュメントになります。

　プログラムに埋め込まれた Javadoc コメントは、javadoc コマンドで HTML 形式に変換され、ブラウザや IDE で閲覧できるようになります。Javadoc を読むことで、標準 API やライブラリなどを利用する際に、どのような場合に例外が発生するのか、引数として null を渡すことが許容されるのか等を事前に確認することができます。また Javadoc コメントを書いておけば、自分のコードを利用する人が実装を見なくても、使い方を理解してもらえるようになります。

　Javadoc からは次のようなことを読み取ることができます。

- クラスやメソッドの仕様
- どのような引数を渡すべきなのか
- どのような状況で例外が発生するのか
- クラスやメソッドが導入されたバージョン

　クラスやメソッドを「きっとこのような呼び出し方は問題ないだろう」「きっと例外は出ないだろう」などといった憶測に基づいて利用してしまうと、思わぬ挙動やバグを発生させる原因になります。Javadoc を確認することで、そのような事態を防ぐことができます。普段から

Javadocをしっかりと読み、仕様を確認しておく癖をつけておきましょう。

17.2 ブラウザでJavadocを見る

17.2.1 標準APIのJavadoc

Javaアプリケーションを開発していて、一番確認することになるのが標準APIのJavadocです。標準APIのJavadocはインターネット上で公開されていますが、「クラス名 javadoc」などというキーワードで検索すると古いバージョンのドキュメントがヒットすることも多いので、次の英語版と日本語版のWebページをそれぞれブックマークしておきましょう。

■ Java® Platform, Standard Edition & Java Development Kit Version 17 API Specification
　URL https://docs.oracle.com/en/java/javase/17/docs/api/index.html
■ Java® Platform, Standard Edition & Java Development Kit バージョン17 API仕様
　URL https://docs.oracle.com/javase/jp/17/docs/api/index.html

Javadocを含むバージョン別のドキュメントの一覧は次のJava SE日本語ドキュメントのページにまとめられています（**図17.1**）。このWebページは「Javadoc 日本語」というキーワードで検索すると見つかります。

■ Java SE日本語ドキュメント
　URL https://www.oracle.com/jp/java/technologies/documentation.html

バージョン	リンク	ダウンロード
17	英語 日本語	ZIP (日本語) (149MB)
16	英語 , 日本語	ZIP (日本語) (138MB)

図17.1 ● Java SE日本語ドキュメント

ドキュメント一覧を開いたら、確認したいバージョンの［日本語］のリンクをクリックすると、

バージョン個別のドキュメントのトップページを開くことができます（図17.2）。

図17.2 ● JDK 17ドキュメント

　バージョン個別のトップページにはさまざまなドキュメントへのリンクがありますが、左側の
ナビゲーションメニューの［APIドキュメント］をクリックするとJavadocを開くことができま
す（図17.3）。

図17.3 ● JDK 17 Javadocのトップページ

17.2.2　Javadocの読み方

　Javadocは情報量が非常に多く、慣れないとどこを読めばいいかわからなくなりがちですが、
多くの場合、着目すべきはクラスとメソッドの説明です。ここでは例として、Listインタフェー

スの add メソッドを呼び出す際に、引数として null を渡してもよいのか確認してみましょう。

　Javadocを開くと右上に検索フィールドがあるので、「java.util.list」と入力してから［Enter］（［Return］）キーを押します（**図17.4**）。

図17.4 ● java.util.Listの検索

　すると java.util.List クラスの Javadoc のページにジャンプします（**図17.5**）。

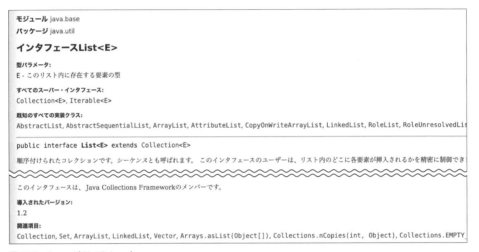

図17.5 ● java.util.ListのJavadoc

　クラスやインタフェースのJavadocの先頭で特に注目すべきなのは次のものです。

- **継承関係**
  スーパークラスやサブクラスを確認することで、どのクラス／インタフェースにキャストできるのか、どの型の変数や引数に渡すことができるのか確認できます。

- **実装インタフェース**
  実装しているインタフェースを見ることで、そのクラス（インタフェース）がどのような役割を持っているのか確認することができます。

- **導入されたバージョン**
  この本はJava 17をベースに説明していますが、プロジェクトの環境によってはJava 8やJava 11など古いバージョンのJavaを使うことも多くあります。見ているクラスやメソッ

ドが、使っているJavaバージョンで利用可能なのか確認しましょう。

続いて、addメソッドの説明を見てみましょう（図17.6）。

```
add

boolean add(E e)

指定された要素をこのリストの最後に追加します(オプションの操作)。

このオペレーションをサポートするリストは、リストに追加できる要素に制限を加える場合があります。 たとえば、リストにはnull要素の追加を拒否するものもあれば、追加さ
れる要素の型について制限を加えるものもあります。 Listクラスは、追加できる要素について制約があれば、ドキュメントでそれを明確に記述するようにしてください。

定義:
add、インタフェース: Collection<E>
パラメータ:
e - このリストに追加される要素
戻り値:
true(Collection.add(E)で指定されているとおり)
例外:
UnsupportedOperationException - addオペレーションがこのリストでサポートされない場合
ClassCastException - 指定された要素のクラスが原因で、このリストにその要素を追加できない場合
NullPointerException - 指定された要素がnullで、このリストがnull要素を許可しない場合
IllegalArgumentException - この要素のあるプロパティが原因で、このリストにその要素を追加できない場合
```

図17.6 ● java.util.Listのaddメソッド

「例外」の項には、addメソッドで投げられる可能性のある例外が記述されています。これを確認することで、Listインタフェースの仕様として、addメソッドにnullを渡した場合、実装クラスによって例外NullPointerExceptionが投げられる可能性があることがわかりました。では、Listの実装で一番よく使うArrayListはどうなっているでしょうか？

java.util.Listと同様java.util.ArrayListのJavadocを開き、addメソッドの欄までスクロールします（図17.7）。

```
add

public boolean add(E e)

このリストの最後に、指定された要素を追加します。

定義:
add、インタフェース: Collection<E>
定義:
add、インタフェース: List<E>
オーバーライド:
add、クラス: AbstractList<E>
パラメータ:
e - このリストに追加される要素
戻り値:
true(Collection.add(E)で指定されているとおり)
```

図17.7 ● java.util.ArrayListのaddメソッド

ArrayListのaddメソッドのJavadocには例外を投げるケースが記載されていません。ここから、ArrayListはnullを許容する実装であり、addメソッドにnullを渡しても例外NullPointerExceptionは投げられないことがわかりました。

なお、ArrayListのクラス自体の説明でもnullを許容する実装であることが明記されています（図17.8の網掛け部分）。

クラスArrayList<E>

java.lang.Object
　　java.util.AbstractCollection<E>
　　　　java.util.AbstractList<E>
　　　　　　java.util.ArrayList<E>

型パラメータ:
E - このリスト内に存在する要素の型

すべての実装されたインタフェース:
Serializable, Cloneable, Iterable<E>, Collection<E>, List<E>, RandomAccess

直系の既知のサブクラス:
AttributeList, RoleList, RoleUnresolvedList

---

public class **ArrayList<E>** extends AbstractList<E> implements List<E>, RandomAccess, Cloneable, Serializable

Listインタフェースのサイズ変更可能な配列の実装です。 リストのオプションの操作をすべて実装し、nullを含むすべての要素を許容します。 このクラスは、Listインタフェースを実装するほか、リストを格納するために内部的に使われる配列のサイズを操作するメソッドを提供します。 （このクラスは、同期化されないことを除いてVectorとほぼ同等。）

図17.8 ● java.util.ArrayListの説明

17.2.3　英語版のJavadoc

　ここでは日本語版のJavadocを例として挙げていますが、日本語版はあくまで参考用のため、機械翻訳した上で適宜人間が修正を加えたものになります。英語に抵抗がなければ極力原本となる英語版を確認するようにしてください。また、英語に抵抗があってもゆくゆくは英語版を読めることを目標にしましょう。

　なお、Oracle社による日本語版の標準APIのJavadocでは、文章にマウスカーソルを重ねると英語の原文を表示することができます（図17.9）。原文と対比したいときに活用してください。

---

public class **ArrayList<E>**
extends AbstractList<E>
implements List<E>, RandomAccess, Cloneable, Serializable

Listインタフェースのサイズ変更可能な配列の実装です。 リストのオプションの操作をすべて実装し、nullを含むすべての要素を許容します。 このクラスは、Listインタフェースを実装するほか、リストを格納するために内部的に使われる配列のサイズを操作するメソ　原文: Implements all optional list operations,　同期化されないことを除いてVectorとほぼ同等。）

図17.9 ● マウスホバーで英語原文を表示

17.3　IDEからJavadocを見る

　IDEを使っていればブラウザを開かなくてもJavadocを確認できます。確認したいクラス名やメソッド名にテキストカーソルを合わせた状態で、［Ctrl］＋［Q］（［Control］＋［J］）キーを押すとエディタ内のポップアップウィンドウでJavadocを表示できます（図17.10）。

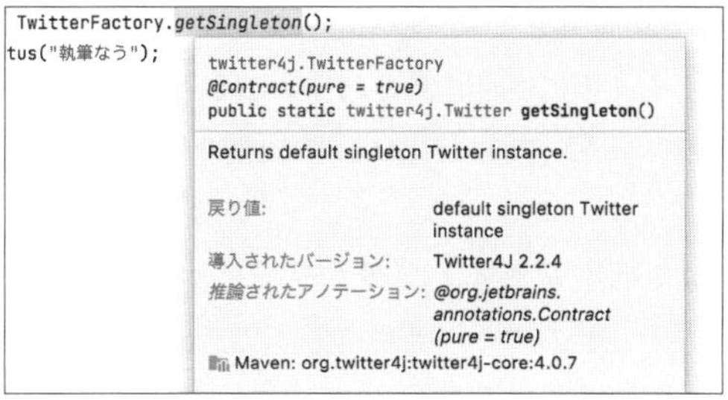

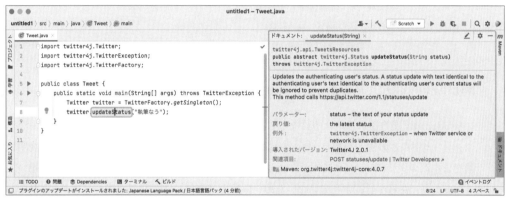

図17.10 ● IDE内でJavadocを表示

もう一度 [Ctrl]＋[Q]（[Control]＋[J]）キーを押すと、ドキュメント（Documentation）ツールウィンドウが現れ、テキストカーソル位置のクラスやメソッドのJavadocを常時自動的に表示してくれるようになります（**図17.11**）。慣れないAPIやライブラリを利用するときに活用してください。

図17.11 ● ドキュメントツールウィンドウ

17.4 Javadocを書く

Javadocは標準APIやライブラリの利用方法を確認するのに便利ですが、もちろん自分のコードにJavadocを書くこともできます。ここでは、渡された年が夏季近代オリンピック開催年であるかどうかを調べるメソッドを例にJavadocを定義してみましょう。

```java
public boolean isSummerOlympicYear(int year) throws IllegalArgumentException {
    if (2032 < year) {
        throw new IllegalArgumentException("2032年までをサポートしています。入力:" + year);
    }
    return year % 4 == 0;
}
```

このコードでは執筆時点で確定している2032年までをサポートしています。夏季オリンピックは中止・延期している回もあり、必ずしも4年に1回開催されているわけではないので、この実装にはバグがあるといえます。後述の第18章「JUnitとテストの自動化」では、自動テストを書いた上でこのバグを修正します。

メソッドの定義からは、引数にint型で西暦を渡すと夏季オリンピックイヤーかどうかboolean型で返すことがわかります。しかし、どのような条件で例外IllegalArgumentExceptionが投げられるのかは実装を見ないとわからない状態なので、Javadocで仕様を明記しましょう。

ここでメソッド定義の前の行で「/**」と入力して［Enter］（［Return］）キーを押すと、「/**」から始まり「*/」で終わるJavadocコメントが動的に生成されます（図17.12）。

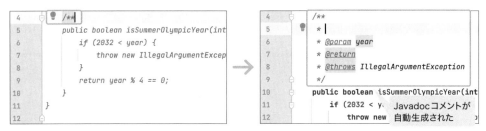

図17.12 ● 「/**」を入力してJavadocコメントブロックを生成

Javadocの記述方法は次のようになっています。まず/**の直後にそのクラス、コンストラクタ、メソッドなどの説明を書き、@paramや@returnなどのタグのあとに引数や戻り値の説明を書きます。メソッドのシグネチャから必要と判断できるタグはIntelliJ IDEAが自動的に書いてくれますが、説明が記載されていないため、自動生成直後は警告で黄色くハイライトされています。

メソッド（Javadocコメント先頭）、パラメータ（@param）、戻り値（@return）、例外（@throws）の説明を記載してJavadocコメントを完成させると、警告が消えます（図17.13）。

```
4    /**
5     * 渡された西暦年が夏季近代オリンピック開催年であるかどうか判定する
6     * @param year 西暦年
7     * @return 夏季オリンピック開催年であればtrue
8     * @throws IllegalArgumentException まだオリンピック開催が確定していない年を渡した場合
9     */
10   public boolean isSummerOlympicYear(int year) throws IllegalArgumentException {
```

図17.13 ● 必要事項を記入したJavadoc

これで、isSummerOlympicYearメソッドを使う人は、コードを見なくても［Ctrl］+［Q］（［Control］+［J］）キーを押すだけで仕様を確認できるようになりました（図17.14）。

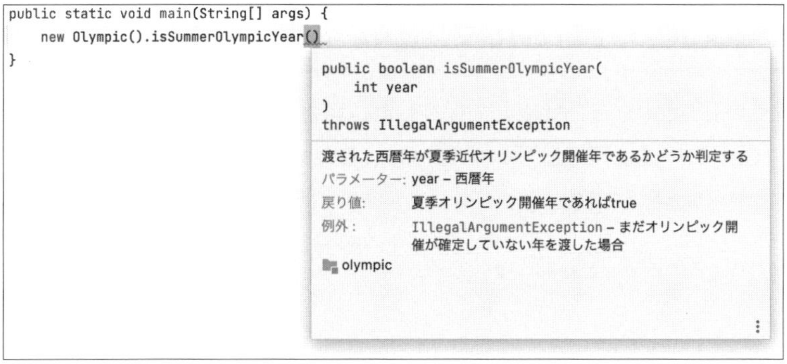

```
public static void main(String[] args) {
    new Olympic().isSummerOlympicYear()
}
```

> public boolean isSummerOlympicYear(
>   int year
>)
> throws IllegalArgumentException
>
> 渡された西暦年が夏季近代オリンピック開催年であるかどうか判定する
> パラメーター: year – 西暦年
> 戻り値: 夏季オリンピック開催年であればtrue
> 例外: IllegalArgumentException – まだオリンピック開
>   催が確定していない年を渡した場合
> olympic

図17.14 ● Javadocコメントを表示

　Javadocのタグは多数ありますが、よく使われるのは**表17.1**に挙げている4つです。クラスやコンストラクタ、メソッドの定義を先に書いてからIntelliJ IDEAに生成してもらえば必要なタグは挿入されるので、どのタグが必要かと考える必要はありません。

表17.1 ● よく使われるJavadocのタグ

タグ	内容
@param	どのような値を渡すべきか、値が取り得る範囲など
@return	どのような時にどのような値を返すか、nullを返す条件など
@throws	どのような時に例外が発生するか
@since	クラスやメソッドを実装したバージョン

　クラスやコンストラクタにも同様にJavadocを書くことができますが、使えるタグの種類が異なります。例えばクラスの定義に引数や戻り値はないので、@paramや@returnタグは使えません。どの要素にどのタグを使えるかをまとめたのが**表17.2**です。

表17.2 ● Javadocで使えるタグ

要素	説明	@param	@throws	@return	@since
クラス	○				○
フィールド	○				○
コンストラクタ	○	○	○		○
メソッド	○	○	○	○	○

17.5 JavadocのHTMLを生成する

プロジェクトのJavadocをHTMLとして保存したい場合はMavenの`javadoc:javadoc` Goalを使います。[Ctrl]キーを2回押し、「`mvn javadoc:javadoc`」と入力して[Enter]([Return])キーを押してください（**図17.15**）。

図17.15 ● javadoc:javadocのGoal

これでJavadocのHTMLが`target/site/apidocs`以下に生成されます（**図17.16**）。

図17.16 ● 生成されたHTML

Javadoc関連操作で紹介したIntelliJ IDEAのショートカットを**表17.3**に挙げておきます。

表17.3 ● Javadoc関連操作で紹介したIntelliJ IDEAのショートカット

動作	Windows	macOS
Javadocを表示	[Ctrl]+[Q]	[Control]+[J]

第18章 JUnitとテストの自動化

ここまで、プログラムの動作は実行結果を画面に出力したり、デバッガーを使って変数の値を確認したりすることで、プログラマー自身（人間）が確認してきました。この章では、Javaで動作確認（テスト）の自動化に標準的なフレームワークであるJUnitについて解説します。「自動化」と言うと難しく聞こえますが、ロボットの自律制御を行うような難しいプログラミングを行うわけではないので安心してください。テストの自動化はプログラムの品質を高める上で、大変重要な技術です。

18.1　テストの自動化とは

　プログラムのテストでは、自動であるか手動であるかを問わず、用意した入力に対して期待どおりの出力が得られるかを確認します。つまり、メソッドの引数に用意した値を渡し、事前に割り出した期待される結果と一致するかどうか、またメソッド内でファイル出力やデータベースへの書き出しなどがあればその結果（副作用）も期待どおりであるかを確認します。それを確認するプログラムを書きやすくするために、Javaで標準的に使われるのがJUnitです。JUnitは大きく分けてバージョン3.x系、4.x系、5.x系とありますが、この本では最新の5.x系の基本について説明していきます。

18.1.1　JUnitのセットアップと実行

　ここでは新規のMavenプロジェクトで足し算を行うクラスのテストを書いてみます。今回は練習として、足し算を行うべきところでかけ算を行うという簡単なバグを仕込んだコードを題材にしています。

■src/main/java/projava/Calc.java

```java
package projava;

public class Calc {
    public int add(int a, int b) {
        return a * b;
    }
}
```

　Calc.javaを開いている状態で［Ctrl］＋［Shift］＋［T］（［Shift］＋［Command］＋［T］）キーを
押してください。［Calcのテストを選択（Choose Test for Calc）］というポップアップが表示さ
れるので［新規テストの作成 ...（Create New Test...）］を選択します（図18.1）。すると、［テ
ストの作成（Create Test）］ダイアログが現れます（図18.2）。

```
m pom.xml (junit-example) ×   C Calc.java ×
1    public class Calc {
2        public int add(int a, int b) {
3            return a * b;
4    }
5    }          Calc のテストを選択（0 見つかりました）  ▭
6                ⬤ 新規テストの作成...
```

図18.1 ⬤ Calcテストの選択ポップアップ

```
⬤ ⬤ ⬤                    テストの作成
テストライブラリ (L):      ◆ JUnit5                              ▾
   🔦 JUnit5 ライブラリがモジュールに見つかりません          修正
クラス名:                 CalcTest
スーパークラス:                                              ▾  ...
パッケージ作成先:                                            ▾  ...
空白行に:              □ setUp/@Before (U)
                      □ tearDown/@After (D)
次のテストメソッドを生成 (M): □ 継承メソッドを表示 (I)
    メンバー
□  m 🔒   add(a:int, b:int):int
?                              キャンセル      OK
```

図18.2 ⬤ ［テストの作成］ダイアログ

　［Ctrl］＋［Shift］＋［T］（［Shift］＋［Command］＋［T］）キーは実装コードとテストコードを相
互にジャンプするショートカットですが、テストコードが存在しない場合は、このダイアログで
必要事項を埋めてテストコードのひな形を作成します。
　今回はJUnit 5を使うので［テストライブラリ（Testing library）］には「JUnit5」を選択します。
プロジェクトのpom.xmlにはまだJUnit 5への依存が宣言されていないため、［JUnit5 ライブラ
リがモジュールに見つかりません（JUnit5 library not found in the module）］という注意書きが

表示されます。ここでは［修正（Fix）］をクリックします。

　続いて、［次のテストメソッドを生成（Generate test methods for）］欄の［add(a:int, b:int):int］
の左にあるチェックボックスにチェックを入れ、［OK］ボタンをクリックします。これで
CalcTest.javaが作成されます（図18.3）。

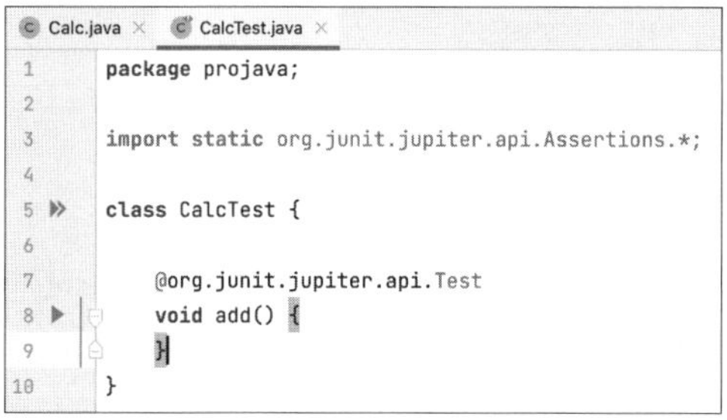

```java
package projava;

import static org.junit.jupiter.api.Assertions.*;

class CalcTest {

    @org.junit.jupiter.api.Test
    void add() {
    }
}
```

図18.3 ● 作成されたCalcTest.java

　pom.xmlを開いてみると、junit-jupiterへの依存が追加されているのがわかります（図
18.4）。jupiterと聞いても何のことだかわかりませんが、jupiterはJUnit 5のコードネームです。

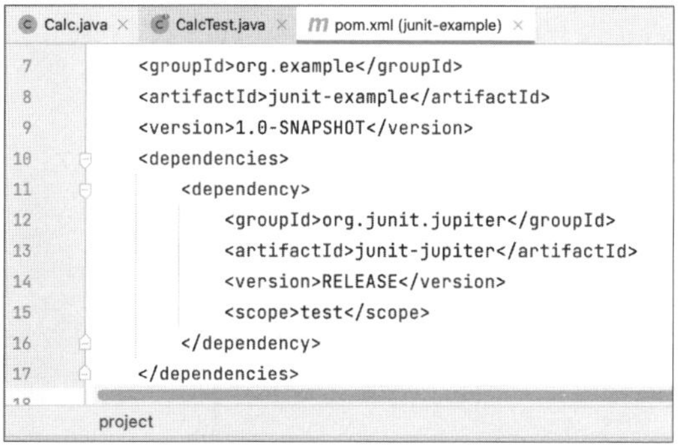

```xml
    <groupId>org.example</groupId>
    <artifactId>junit-example</artifactId>
    <version>1.0-SNAPSHOT</version>
    <dependencies>
        <dependency>
            <groupId>org.junit.jupiter</groupId>
            <artifactId>junit-jupiter</artifactId>
            <version>RELEASE</version>
            <scope>test</scope>
        </dependency>
    </dependencies>
```

project

図18.4 ● pom.xmlに追加されたJUnit5への依存

　JUnitのテストはクラスファイルとして表現され、src/test/java以下に配置します。テスト
を行うクラスのことをテストケース（test case）やテストクラス（test class）などと呼びます。し
かしテストクラス内のメソッドのことや、JUnitとは関係ない文脈でテストのパターンのことを
テストケースと呼ぶこともあり、混乱を招く可能性があるので「テストクラス」と呼ぶのが無
難でしょう。

　テストクラス内の個別のテストは、@Testアノテーションを付けた、引数がなく戻り値が
voidのメソッドとして実装します。

　自動生成されたテストクラスでは@Testアノテーションがパッケージ名付きになっている
ことがあります。気になる場合は［Alt］＋［Enter］（［Option］＋［Return］）キーを押すと表示

されるポップアップで［修飾された名前指定をimportに変換（Replace qualified name with import）］を選択してください（**図18.5**）。パッケージをインポートして、@Testのみにすることができます。

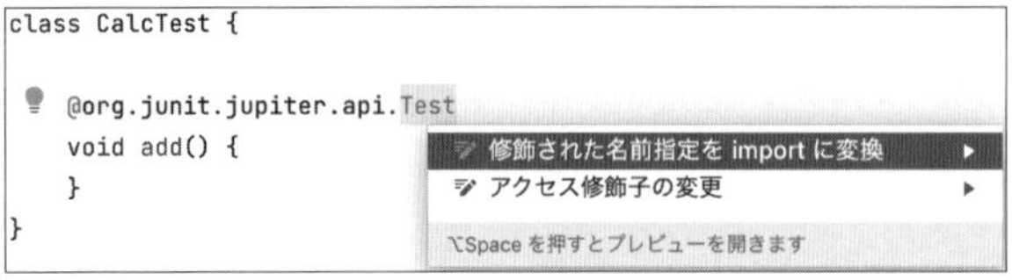

```
class CalcTest {

💡  @org.junit.jupiter.api.Test
    void add() {        修飾された名前指定を import に変換        ▶
    }               ✐ アクセス修飾子の変更                 ▶
}                   ⌥Space を押すとプレビューを開きます
```

図18.5 ● 修飾された名前指定をimportに変換

　テストメソッドの中身はまだ実装していませんが、［Ctrl］＋［Shift］＋［F10］（［Control］＋［Shift］＋［R］）キーを押してテストを実行してみましょう。このとき、テストメソッド内にテキストカーソルがある場合はそのテストメソッドのみ、テストメソッド外かつテストクラス内にテキストカーソルがある場合はテストクラスのすべてのテストメソッドを実行できます。極力ショートカットを使うのがお勧めですが、テストクラス横の［すべて実行］（ ⏩ ）ボタンを押すと、テストクラス内のすべてのテストメソッドを実行できます。また、テストメソッド横の［1つ実行］（ ▶ ）ボタンを押すと、そのテストメソッドのみを実行できます。

　テストの実行が完了すると「テスト 成功: 1/1件のテスト（Test passed: 1 of 1 test）」と表示されます（**図18.6**）。

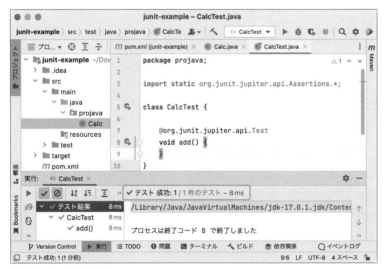

図18.6 ● テスト実行結果

　成功しているテストメソッドはデフォルトでは表示されないため、［合格を表示（Show Passed）］（ ✔ ）ボタンをクリックしておきましょう。CalcTestクラスとそのメソッドadd()のテストが成功していることがわかります。テストメソッドが増えて成功しているテストの一覧が煩

わしくなったら、再度［合格を表示（Show Passed）］ボタンをクリックして失敗したテストのみを表示するようにしましょう。

18.1.2 テストケースの実装、実装コードの修正

JUnitのセットアップができても、テストメソッドに何も実装していなければテストは成功してしまいます。テストメソッド内に次の行を加えてテストを実装しましょう。

```java
assertEquals(4, new Calc().add(2, 2), "2 + 2 = 4");
```

assertEqualsはJUnitが提供するアサーションメソッド（assertion method）と呼ばれるメソッドで、実行結果が期待した値になることを確認・検証するメソッドです。アサーションメソッドは多数ありますが、assertEqualsメソッドは中でも最も基本的かつ重要なものです。assertは英語で「断言する」、「主張する」といった意味で、「このように動作するべきだ、そうでなければバグであると断言する」という意味で使われています。

assertEqualsメソッドは次のように書き、「実際の値」で表現する式を評価した結果が「期待値」と等しい場合にテストが成功し、等しくない場合にはAssertionFailedErrorというエラーが投げられます。

> **構文**　assertEquals メソッド
>
> assertEquals (期待値 , 実際の値 [, テスト内容を表すメッセージ])

「テスト内容を表すメッセージ」は省略可能ですが、失敗したときに表示されるので、何をテストしているのか一目でわからないような場合は極力書くようにしましょう。

では、再度テストを実行してみましょう。意図的にバグを埋め込んであるにもかかわらず、やはり成功してしまいます。テストが成功する状態では何を直すべきかわからないし、直したつもりでも直っているのか確認がとれないので、テストの意味がありません。自動テストでは「前もってテストが失敗することを確認しておく」ことが重要です。

先のCalcクラスは足し算をすべきところでかけ算を行っているというバグがありますが、2 + 2も2 * 2も答えは4なのでバグを検出できていません。そこで、次の1行を加えて再度実行してみましょう（図18.7）。

```java
assertEquals(6, new Calc().add(2, 4), "2 + 4 = 6");
```

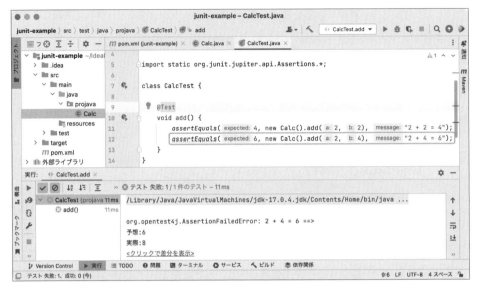

図18.7 ● テストが失敗した状態

　今度はテストが失敗しました。これで、足し算の代わりにかけ算を行ってしまっているバグを検出できるテストが書けたことになります。

　あとはCalcクラスに移動して実装を修正していきます。Calcクラスへ移動するときは、テストを作成する際に使った［Ctrl］＋［Shift］＋［T］（［Shift］＋［Command］＋［T］）キーを使うと瞬時に戻ることができます。「a * b」とかけ算を行っている箇所を「a + b」と修正しましょう。再度テストを実行する場合、前に使ったショートカットキー［Ctrl］＋［Shift］＋［F10］（［Control］＋［Shift］＋［R］）は使えません。これは開いているファイルのテストやmainメソッドを実行するコマンドで、Calcクラスには存在しないmainメソッドを実行しようとしてしまうからです。しかしテストクラスに戻らなくても、Calc.javaを開いたまま［Shift］＋［F10］（［Control］＋［R］）キーを押す（Runコマンド）と「最後に実行した設定で再度実行」できます。今回は**図18.8**のようにテストが成功するはずです。

図18.8 ● テストが成功した状態

JUnitによる自動テストの実装、実行方法は以上のとおりです。テストクラス、テストメソッドはいくつあってもかまいません。多くの場合、テストクラスはテスト対象のクラスと対になる形で「テスト対象クラス名Test」という名前で作成します。テストメソッドはいくつ実装してもよいので、テスト対象メソッド1つに対して複数実装してかまいません。確認する項目が多い場合や、確認する内容・性質が異なる場合は積極的にテストメソッドを分けましょう。テストメソッドを分けたほうが、実装中やデバッグ中に「何が動作して何が動作していないのか」がわかりやすくなります。

18.1.3 その他のアサーションメソッド

前項では実行結果が期待した値と等しいことを確認するassertEqualsメソッドを紹介しました。アサーションメソッドの種類はたくさんあるのですが、**表18.1**に挙げる代表的なアサーションメソッドを覚えておけば十分にテストを書くことができます。

表18.1 ● 代表的なアサーションメソッド

アサーションメソッド	確認内容
assertEquals(期待値，式 [，メッセージ])	式が期待値と一致することを確認する
assertNotEquals(期待値，式 [，メッセージ])	式が期待値と異なることを確認する
assertTrue(式 [，メッセージ])	式がtrueを返すことを確認する
assertFalse(式 [，メッセージ])	式がfalseを返すことを確認する
assertNull(式 [，メッセージ])	式がnullを返すことを確認する

アサーションメソッド	確認内容
assertNotNull(式 [，メッセージ])	式がnullを返さないことを確認する
assertThrows(例外クラス，ラムダ式 [，メッセージ])	式が例外を投げることを確認する
assertDoesNotThrow(ラムダ式 [，メッセージ])	式が例外を投げないことを確認する
assertAll(ラムダ式...)	複数のテストをすべて実行する

　表18.1の最後の3つ、assertThrows、assertDoesNotThrow、assertAllはJUnit 5で導入された新しいアサーションメソッドです。次のように、引数、戻り値を持たないラムダ式を書きます。

■ 例外NumberFormatExceptionが投げられることを期待するテスト

```java
assertThrows(NumberFormatException.class, () -> Integer.parseInt("¥10,000"),
    "¥や，が入っているのでパースできない");
```

■ 例外が投げられないことを期待するテスト

```java
assertDoesNotThrow(() -> new Calc().add(-100, 10),
    "負の値を渡しても例外は出ない");
```

■ 複数のアサーションメソッドを必ず実行するテスト

　通常、アサーションメソッドで失敗するとそこでテストメソッドの実行は終了します。テストメソッド内に複数アサーションメソッドが並んでいる場合、一番最初に失敗するアサーションメソッドしか確認できませんが、assertAllメソッドを使えばアサーションメソッドを含むラムダ式を複数記述できます。ラムダ式はすべて実行され、失敗したラムダ式の一覧が報告されます。似たテスト項目を列挙するときに使うとよいでしょう。

```java
assertAll(() -> assertEquals(4, new Calc().add(2, 2), "2 + 2 = 4"),
        () -> assertEquals(6, new Calc().add(2, 4), "2 + 4 = 6")
    );
```

18.2　テスト自動化のヒント

18.2.1　効果的にテストケースを書く

　テストは単に多くのパターンを列挙すればよいというものではありません。入力値がちょっと違うだけで本質的に同じことを確認するテストを数多く列挙しても、意味はありません。また、パターンが多いとテスト実行時間が長くなってテストを実行するのが億劫になりますし、テ

スト自体のメンテナンス工数が増えてしまうという問題もあります。テストの品質は、テストするパターンの数ではなく、バグを顕在化させることができるパターンをどれだけ網羅しているかで決まるといえます。ここではどのような箇所に、またどのようにテストケースを書くとよいのか説明します。

条件分岐する箇所・境界値の前後

「年齢によって酒類の販売が許可される・されない」、「預金残高によって優遇ステージが変わる」など、引数やその他の条件によって動作が変わるメソッドは多数あります。このようなメソッドでは、極力すべての条件分岐を網羅できるようにテストを書きます。また「300万円**以上**の残高があればゴールドステージ」という仕様に対して、誤って「300万円**以下**はシルバーステージ」といった実装をしてしまうことも多くあります。300万円だけでなく300万1円、299万9999円といった境界の前後の値でも期待どおりの動作をするかを検証しましょう。

異常値のテスト

プログラムを実装する際は正常動作することのみを検証しがちですが、テストケースを洗い出す際は、異常値を渡すことも検討しましょう。例えば、String型の引数を受け取る箇所でnullを渡したらどうなるのか、年齢を受け取る箇所で負の値を渡したらどうなるのか、などです。nullや負の値を渡すことを許容しないのであれば、メソッドのJavadocにその旨を明記したり、許容しない値を渡したら例外IllegalArgumentExceptionが投げられることを確認するテストケースを書いたりすることで仕様が明確になります。

不安な箇所

この章のサンプルで作ったような足し算をするだけのメソッドや、与えられた文字列を出力するだけのような簡単なロジックであれば、実際はバグを埋め込んでしまう心配はあまりないでしょう。逆に、業務要件を反映した複雑な処理をする箇所を間違いなく書ける、保守できるという自信はないと思います。実装したあとで動作確認をしたくなるような、不安を覚える箇所はテストを書いておきましょう。もし実装を終えて一発でテストが通ったとしても、そのテストコードが無駄だったことにはなりません。今後コードをメンテナンスする際に、バグを生じさせていないことを確信・確認するための重要な材料になります。

重要度の高い箇所、金勘定が関係する箇所

同じ画面表示という機能でも、社内向けシステムでレイアウトが崩れても業務に差し支えはありません。しかし、お客様向けの画面で他人の個人情報が表示されてしまえば、重大な障害となります。また株取引システムで株価の計算ミスがあれば、証券会社そのものだけでなく経

済をも揺るがす障害となりかねません。業務上、重要度が高くてバグの発生を許容しがたい箇所には優先的にテストを書くようにしましょう。

バグが判明した箇所

テストを十分に記述したつもりでもバグは発覚するものです。バグが発覚した際、あせってJUnitテストケースを書かずに実装コードを直してしまうと、同様のバグが発生した際に検出できないだけでなく、そもそも「バグを修正できた」、という確信を持つことができません。

バグを見つけたら、闇雲に直してしまう前に「現象を再現し、失敗する」テストケースを記述し、その上で実装を修正するようにしましょう。

細かい粒度のテスト

メソッドやクラスを対象とした細かい単位のテストを「単体テスト」または「ユニットテスト」と呼びます。そして複数のクラスやメソッドを組み合わせた処理を「結合テスト」あるいは「統合テスト」と呼びます。システムにログインしてフォームに必要事項を入力して送信を行うなど、一気通貫で動作を確認するテストは「システムテスト」、「総合テスト」、あるいは「エンドツーエンドテスト」などと呼びます。

ユーザー目線に立つと、システムが動作している様子がわかりやすいシステムテストを優先しがちですが、テストする対象のコードが多くなるほどシステムテストのシナリオは複雑になり、テストすべきパターンが漏れがちになります。

しかしながら、単体テストなど細かい粒度でテストがしっかりと行われていれば、より粗い粒度となる結合テストや総合テストではバグが検出されにくくなります。テストはより細かい単位でしっかりパターンを網羅しておくようにしましょう。

わかりやすいテストケース名

テスト対象のメソッド1つにつきテストメソッドが1つしかないのであれば、テストメソッド名はテスト対象のメソッドと同じでかまいません。しかし、色々なパターンでテストをするためにメソッドを分けている場合は、メソッド名を工夫しましょう。add1()、add2()などというテストメソッド名でもコンパイルでき、テストは実行できます。しかし、テストは一種の仕様書であり、失敗したときはバグ報告書でもあります。対象のメソッドへどのような挙動を期待しているのか（仕様）、どのようなシナリオでテストを行っているのか（失敗時のバグ報告）などがわかるような、わかりやすいメソッド名にしましょう。またプロジェクトの公用語が日本語であれば日本語でメソッド名を書いてもよいでしょう（図18.9）。テストが失敗した際、どういった問題があるのか一目でわかります。

図18.9 ● 日本語テストメソッド名の実行結果

テストの表示名は@DisplayName("[名前]")というアノテーションで書くことができます。
テストメソッド名でテスト名を表現する場合はJavaの文法規則にしばられますが、DisplayName
アノテーションを使えば単語間のスペースや先頭の数値、記号なども使ってテスト名を書くこ
とができます。

　なお、Javaの仕様ではクラス名、メソッド名、変数名などに日本語を使うのは問題ありませ
んが、IntelliJ IDEAではマルチバイト文字を使ったシンボルは警告対象と設定されており、黄
色くハイライトされます（図18.10）。

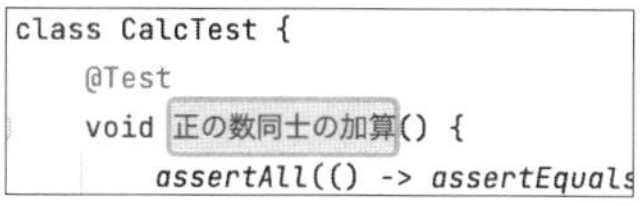

```
class CalcTest {
    @Test
    void 正の数同士の加算() {
        assertAll(() -> assertEquals
```

図18.10 ● 日本語メソッド名がハイライトされているところ

　この場合はハイライトされている箇所にテキストカーソルを移動し、［Alt］＋［Enter］
（［Option］＋［Return］）キーを押して、メニューから［インスペクション'非ASCII文字'オプ
ション（Inspection 'Non-ASCII characters' options）］→［クラスに対するすべてのインスペク
ションを抑止（Suppress for class）］を選択してください（図18.11）。

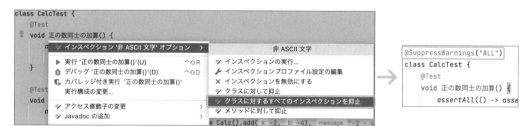

図18.11 ● インスペクションの抑止

　インスペクションを抑止するためのアノテーションが挿入され、そのクラスでは警告が出な
くなります。インスペクションを抑止する範囲は必要に応じて選択してください。

18.2.2　テスト駆動開発

　近年はTDD（Test Driven Development：テスト駆動開発）という開発手法が注目されています。これは実装よりも先にテストを書くという手法です。実装前であれば、具体的な実装方法とは切り離した視点で、どのような値が渡ってくる可能性があるのか、例外を投げるべきか投げるべきでないかといった点に着目しやすくなります。

　また、テストパターンを洗い出すことは、外部仕様であいまいだった部分を掘り下げることにもつながります。そして、実装中に思いついた問題の起きそうなパターンのテストを書き加えていくことで、実装を外側と内側、両方の視点で万全にすることができます。

　先にテストを書いておき、定期的にテストを実行しながら実装を進めていくと、はじめはすべて失敗していたテストが、少しずつ通るようになっていきます。通るテストが増えていくことで進捗が目に見えて、コーディングが楽しくなり、モチベーションにもつながるというメリットもあります。

　テストパターンを洗い出すこともテストを書くことも、とても難しいことなのですが、JUnitに慣れてきたらTDDを実践して、実装前にテストを書くことにも挑戦してみてください。なお、先にテストを書く場合、実装部分は最低限コンパイルが通るようにnullや-1、falseなどを決め打ちで返すように書いておきます。コンパイルとテストの実行が行えて、テストが失敗することを確認してから実装を進めましょう。

18.2.3　GUIアプリケーションやWebアプリケーションのテスト

　SwingなどのGUIアプリケーションのテストにはjava.util.Robotというクラスを、Webアプリケーションのブラウザを使った統合テストにはSeleniumというツールを使うと、マウスやキーボード操作をしなくても自動操縦でテストを行うことができます。

■Selenium
URL https://www.selenium.dev/

　この節の最後に、JUnit関連操作で紹介したIntelliJ IDEAのショートカットを表18.2に挙げておきます。

表18.2 ● JUnit関連操作で紹介したIntelliJ IDEAのショートカット

動作	Windows	macOS
テストと実装を相互に移動	[Ctrl] + [Shift] + [T]	[Shift] + [Command] + [T]
空気を読む	[Alt] + [Enter]	[Option] + [Return]
現在開いているテストクラス／テストメソッドを実行	[Ctrl] + [Shift] + [F10]	[control] + [Shift] + [R]
最後に実行したファイルを再実行	[Shift] + [F10]	[Control] + [R]

COLUMN　時間がないからテストは書かない？

　ソフトウェアは一昼夜で完成することはなく、月単位、年単位で開発していきます。そして開発を重ねていくうちにプロジェクトが肥大化し、思わぬ所にバグが発生しやすくなります。新規開発、またはバグ修正に伴って新たな別のバグを生み出してしまわないようにするには回帰テストを行うしかありません。回帰テストとはすでに通ることを確認できたテストも繰り返し実行することで、品質を担保する方法です。

　テストの自動化に慣れず「自動テストを書く工数を計上できない」などと後回しにすると、手動で回帰テストを行うことになり、テスト工数は累積していきます。果ては次のような選択を迫られることになります。

- 回帰テストをあきらめて品質を犠牲にすることで実装の工数を確保する
- 回帰テストを実行し続けるためのテスト要員を無尽蔵に投入する
- 要員はそのままで回帰テストは行い、納期を延々と後ろにずらす

　多くの場合、要員を無尽蔵に投入することも、納期を後ろにずらし続けることもできないため品質を犠牲にすることになりがちです。言うなれば、「時間がないからテストを書かない」のではなく「テストを書かないから時間がなくなる」のです。

　テストを自動化しておくことで、実装を終えたタイミングでそのメソッドやクラスの動作を確認できます。人間が苦労することなく回帰テストを行えると「これまで期待どおりに動いていた部分も引き続き正常に動いている」ことを継続的に確認できます。実装を終えて、動作確認済の箇所を壊していないかと心配をしなくてよいということは、まさに今実装している機能、または修正しているバグにさえ向き合えばよいことになるので効率的で、かつ心理的にも安心感があります。

　プログラミングを覚えると、最初のうちは「どのフレームワークを選択すべきか」「どういった設計にするべきか」「このクラスの名称はどうすべきか」といった点に注目しがちですが、テストを自動化しておくことの優先度が高いことを常に意識しておきましょう。

18.3 オリンピック開催年を判別するコードをテスト

　第17章「Javadocとドキュメンテーション」で例に挙げた、夏季オリンピック開催年であるかどうかを判定するコードにはバグがあります。戦争やパンデミックにより中止・延期した回や、近代オリンピック開催以前の年などを考慮していないからです。このコードを例に実践的なテストを書いてみましょう。

　まず、表18.3のように6種類のテスト項目を洗い出してみました。

表18.3 ● 6種類のテスト項目

テストの種類	テスト項目	期待する結果
境界値下限	近代オリンピック開始以前の年	false
通常開催年	4年周期の一般的な開催年	true
非開催年	4年周期から外れる一般的な非開催年	false
中止年	戦争またはパンデミックで中止となった年	false
延期開催年	4年間隔ではない例外的な開催年	true
境界値上限	開催地が決定している年よりもあと	例外発生

　これをテストコードで表現すると次のようになります。

■src/test/java/projava/OlympicTest.java

```java
package projava;

import static org.junit.jupiter.api.Assertions.*;

import org.junit.jupiter.api.Test;

import static org.junit.jupiter.api.Assertions.assertFalse;
import static org.junit.jupiter.api.Assertions.assertTrue;

@SuppressWarnings("NonAsciiCharacters")
class OlympicTest {
    @Test
    void 近代オリンピック開始以前() {
        assertFalse(new Olympic().isSummerOlympicYear(1888), "1888年");
        assertFalse(new Olympic().isSummerOlympicYear(1892), "1892年");
        assertFalse(new Olympic().isSummerOlympicYear(1895), "1895年");
        // 近代オリンピック初回開催
        assertTrue(new Olympic().isSummerOlympicYear(1896), "1896年");
    }

    @Test
    void 四年周期の一般的な開催年() {
        int[] years = {1900, 1920, 1964, 1936, 2000};
```

```
        for (int year : years) {
            assertTrue(new Olympic().isSummerOlympicYear(year), year + "年");
        }
    }

    @Test
    void 四年周期から外れる非開催年() {
        int[] years = {1905, 1907, 1925, 1967, 2001};
        for (int year : years) {
            assertFalse(new Olympic().isSummerOlympicYear(year), year + "年");
        }
    }

    @Test
    void 戦争またはパンデミックで中止となった年() {
        int[] years = {1916, 1940, 1944, 2020};
        for (int year : years) {
            assertFalse(new Olympic().isSummerOlympicYear(year), year + "年");
        }
    }

    @Test
    void 四年間隔ではない例外的な開催年() {
        // 新型コロナウイルスにより延期開催
        assertTrue(new Olympic().isSummerOlympicYear(2021), "2021年");
    }

    @Test
    void 境界値上限() {
        assertDoesNotThrow(() -> new Olympic().isSummerOlympicYear(2031));
        assertDoesNotThrow(() -> new Olympic().isSummerOlympicYear(2032));
        // 開催が決定している2032年より後は例外発生
        assertThrows(IllegalArgumentException.class,
                () -> new Olympic().isSummerOlympicYear(2033));
        assertThrows(IllegalArgumentException.class,
                () -> new Olympic().isSummerOlympicYear(2054));
    }
}
```

HINT　テストメソッド名に日本語を使うと可読性が向上します。また、メソッド名先頭に0〜9の数字は半角も全角も含め使えませんが、漢数字はメソッド名先頭にも使えるので知っておくとちょっと便利です。

実行してみると、6件のうち3件のテストが失敗しました（図18.12）。

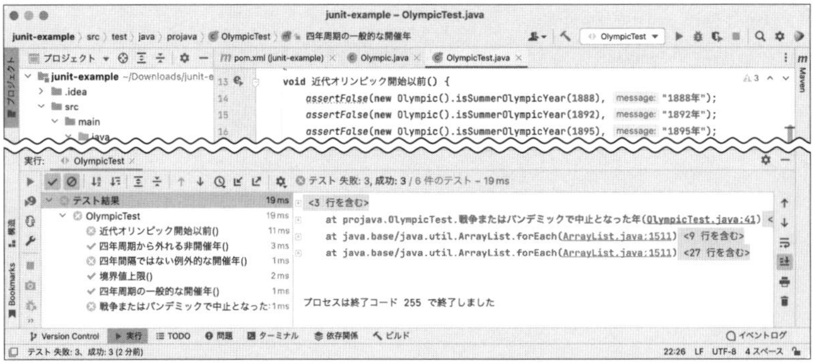

図18.12 ● テスト実行結果

　以下はデバッグが完了した、テストがすべて通る実装例です。丸写しする前に、是非テスト
を実行しながら自分でデバッグしてみてください。

■src/test/java/projava/OlympicTest.java

```java
package projava;

public class Olympic {
    /**
     * 渡された西暦年が夏季近代オリンピック開催年であるかどうか判定する
     *
     * @param year 西暦年
     * @return 夏季オリンピック開催年であればtrue
     * @throws IllegalArgumentException まだオリンピック開催が確定していない年を渡した場合
     */
    public boolean isSummerOlympicYear(int year) throws IllegalArgumentException {
        if (year < 1896) {
            return false;
        }
        if (year == 1916 || year == 1940 || year == 1944 || year == 2020) {
            return false;
        }
        if (year == 2021) {
            return true;
        }
        if (2032 < year) {
            throw new IllegalArgumentException(
                    "2032年までをサポートしています。入力:" + year);
        }
        return year % 4 == 0;
    }
}
```

　この本の他の章ではテストコードは掲載していません。各章のコードが理解できたらテスト
コードを書くことにも挑戦してみてください。

第19章

IntelliJ IDEA を使いこなす

IntelliJ IDEAは、コードを書いたり実行したりすること自体は難しくありません。しかし、なんとなく使っているだけでは、生産性を上げる多彩な機能になかなか気がつきにくいものです。特にコードを素早く間違いなく記述・構成していくには、補完機能の活用が不可欠です。

19.1　補完機能を使いこなす

コードの一部を自動的に入力してくれる機能を補完（completion）といいます。ここではIntelliJ IDEAの補完機能について説明します。

19.1.1　補完の候補表示と補完確定

IntelliJ IDEAはコードを書いている最中に、クラス名やメソッド名、変数名など文脈上現れる可能性のあるコードを補完候補としてポップアップウィンドウに表示します（図19.1）。

```
public class Main {
    public static void main(String[] args) {
        var str = "Hello world";
        str.indexo|
    }
}
```

ⓜ **indexOf**(int ch)	int
ⓜ **indexOf**(String str)	int
ⓜ **indexOf**(int ch, int fromIndex)	int
ⓜ **indexOf**(String str, int fromIndex)	int
ⓜ **lastIndexOf**(int ch)	int
ⓜ **lastIndexOf**(String str)	int
ⓜ **lastIndexOf**(int ch, int fromIndex)	int

　＾ を押すと選択した（または最初の）候補を選...　次のヒント　⋮

図19.1 ● 自動的に現れる補完候補

補完候補のうち、一番上に表示されているものでよければ［Tab］キーまたは［Enter］（［Return］）キーを押して確定できます。2番目以降の選択肢がよい場合は、もう少しタイプして候補をしぼり込むか、カーソルキーで候補を選択してから確定しましょう。

　すでに確定済みのコード内で、再度補完候補を出して書き換えたい場合は、書き換えたい箇所へテキストカーソルを移動して［Ctrl］＋［Space］キーを押します（図19.2）。macOSでショートカットキーを押しても補完候補が表示されない場合は、第1章の「macOSの設定最適化」（28ページ）の項目を確認し、OSの「前の入力ソースを選択」のショートカットを無効化できているかどうか確認してください。

```
public class Main {
    public static void main(String[] args) {
        if (3 < args[0].indexOf("world")) {
            System.ou  m indexOf(int ch)               int
        }            m indexOf(String str)             int
    }                m indexOf(int ch, int fromIndex)  int
}                    m indexOf(String str, int fromIndex)  int
                     m lastIndexOf(int ch)             int
                     m indent(int n)                   String
                     m lastIndexOf(String str)         int
                     m lastIndexOf(int ch, int fromIndex)  int
                     ↵を押すと挿入、→を押すと置換します        ⋮
```

図19.2● カーソルキーで2番目以降の候補を選択

　補完を確定する際、［Tab］キーで確定すると、元々記載されていたキーワードを置換して確定してくれます（図19.3）。

```
    public static void main(String[] args) {
        if (3 < args[0].lastIndexOf( str: "world")) {
            System.out.println("Worldが3文字目以降に含まれます");
        }
    }
```

図19.3● ［Tab］キーで置換して確定

　［Enter］（［Return］）キーで確定するとテキストカーソル位置に挿入して確定してしまい、テキストカーソル位置以降はそのまま残ってしまうので注意してください（図19.4）。

```
    public static void main(String[] args) {
        if (3 < args[0].lastIndexOf()xOf("world")) {
            System.out.println("Worl  ...が3文字目以降に含まれます");
        }        int ch
    }            int ch, int fromIndex
}                @NotNull String str
                 @NotNull String str, int fromIndex
```

図19.4● ［Enter］（［Return］）キーで挿入して確定

　新たにコードを書いている場合は［Tab］キーと［Enter］（［Return］）キーによる確定の動作に違いはありませんが、［Ctrl］＋［Space］キーで補完候補を表示した場合、置換して確定する［Tab］キーの動作のほうが好ましいことが多いでしょう。普段は［Tab］キーで確定する癖をつけておきましょう。［Enter］（［Return］）キーによる確定はメソッドチェーンの間に新たにメソッドを挟み込みたい場合などにのみ使用します。

19.1.2　import文の補完

　Javaに限らず、どのプログラミング言語で書いていても面倒なのがimport文のようなライブラリやAPIなどを利用する際の記述です。Javaに慣れた人間からすればListであればjava.util.Listであったり、LocalDateであればjava.time.LocalDateを指しているのは自明ですが、プログラミングでは厳密かつ明示的に記述する必要があります。しかしながらソースファイルの先頭にテキストカーソルを移動してimport文を書くのは面倒なのでIDEに補完させましょう。

　IntelliJ IDEAでimport文が必要となるコードを書いていると［java.util.List？（複数の選択肢(multiple choices)…)］］といったポップアップが表示されます（図19.5）。

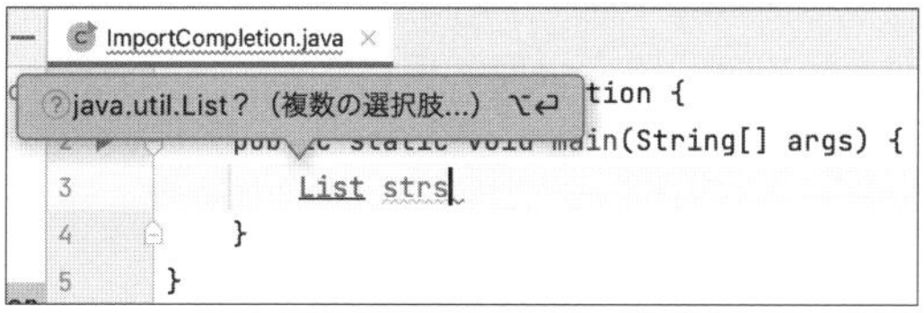

図19.5 ●「import」の提案

　ここで［Alt］＋［Enter］（［Option］＋［Return］）キーを押すとimportするクラス・パッケージが候補として表示されます（図19.6）。

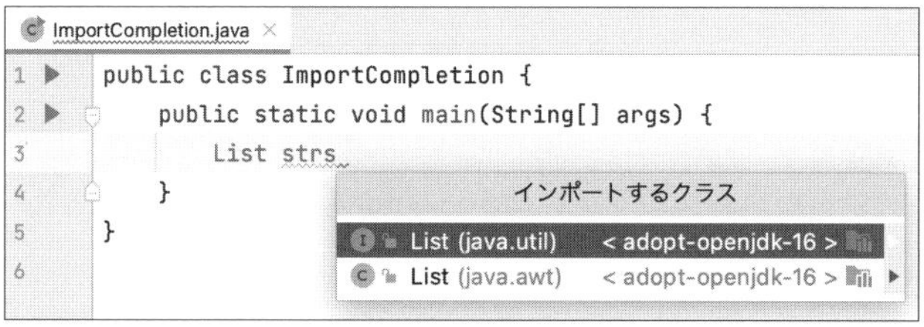

図19.6 ● importするクラス・パッケージの提案

　適切な候補を選択するとimport文が補完されます（図19.7）。

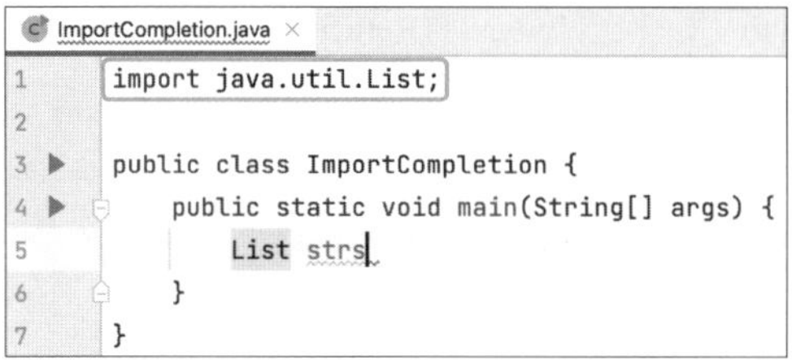

図19.7 ● 補完されたimport文

　［Alt］＋［Enter］（［Option］＋［Return］）の役割は import 文の補完だけではありません。IntelliJ IDEAは数多くの場面でコードを［Alt］＋［Enter］（［Option］＋［Return］）で「いい感じ」に修正してくれます。特に黄色く警告が出ているコードは、より良いコードに書き直してくれる場合が多いです。積極的にテキストカーソルをあてて、どのような提案をしてくれるか確認してみてください（図19.8）。

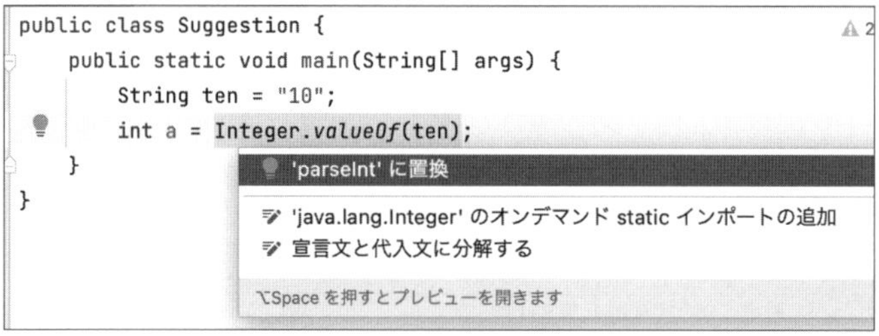

図19.8 ● より良いコードの提案

19.2　Live Templateと後置補完

　ここではすでにいくつかの章で紹介しているLive Template、並びに後置補完（Postfix Completion）という補完機能を使いこなす練習のため、FizzBuzzコードを書いてみます。

　FizzBuzzは、元々は数人で遊ぶゲームで、1から順番に数えていき、3で割り切れるときはFizz、5で割り切れるときはBuzz、3と5の両方で割り切れるときはFizzBuzzを数の代わりに言い、詰まったり間違えたら負けというルールです。このFizzBuzzは、簡単なロジックを持つプログラムのサンプルとしてもよく使われます。

　まずmainメソッドを持つprojava.FizzBuzzという名前のクラスを書いてください。第2章でも説明していますが、［Alt］＋［1］（［Command］＋［1］）キーでプロジェクトツールウィンドウを開き、src/main/javaディレクトリに移動して［Alt］＋［Insert］（［Command］＋［N］）キーで新規クラスを作成すると効率的です。mainメソッドは「main」を入力してから［Tab］キーを押してLive Templateで展開します。

続いて0から99までの整数を順番に取得するためのforループを書きます。foriと書いて［Tab］キーを押せばLive Templateでforループに展開されます（図19.9）。

```
public class FizzBuzz {
    public static void main(String[] args) {
        fori
    }           fori            Create iteration loop
}               ↵ を押すと挿入、→ を押すと置換します 次のヒント  💡 ⋮
```

```
public class FizzBuzz {
    public static void main(String[] args) {
        for (int i = 0; i < ; i++) {

        }
```

図19.9 ●「fori」をLive Templateで補完

ループで使用する変数iは任意の名前で書き換えることもできますが、多重ループでなければそのままでよいので再度［Tab］キーを押します。そしてループの最大値として「100」を入力して、再び［Tab］キーを押せばforループの完成です（図19.10）。このように、Live Templateは単に構文を展開するだけでなく、文脈に応じて内容を書き換えることができるように作られているものもあります。必要な内容を入力したら［Tab］キーで補完を進めてください。

```
public static void main(String[] args) {
    for (int i = 0; i < 100; i++) {
        |
    }
}
```

図19.10 ● 完成したforループ

ここで、ループ内で最後に出力する文字列を保持するためにString型の変数を定義し、便宜上、空の文字列""で初期化するコードを書きます。varを使わずに変数を宣言する際、通常は「型宣言（スペース）変数名」という順に先頭から書きますが、ここではやや特殊な書き方をしてみます。

まずダブルクォーテーションを含めて「"".var」と入力して［Tab］キーを押してください（図19.11）。

```
blic class FizzBuzz {
  public static void main(String[] args) {
    for (int i = 0; i < 100; i++) {
      "".var
    }               var
}                   varl
        ↵ を押すと挿入、→ を押すと置換します 次のヒント
```

```
                    ☐ final で宣言(F)
blic class          ☐ var で宣言 (V)
  public s          (String[] args) {
    for (int i  0; i < 100; i++) {
      String s = "";
    }               s
}               ⇧↵ を押すと型を変更します              ⋮
```

図19.11 ● varの展開

すると、String s = "";という構文に展開されます。""はString型なので、自動的にString型の変数を定義して初期化する構文にしてくれました。変数名は自由に決められるので、

ここでは「out」という名前を入力して［Tab］キーを押して確定してください（図19.12）。

```
blic class FizzBuzz {
  public static void main(String[] args) {
    for (int i = 0; i < 100; i++) {
      String out = "";
    }
  }
}
```

図19.12 ● 変数名を指定して確定

　Live Templateに似ていますが、これは後置補完（Postfix Completion）と呼ばれる手法で、式や値の後に特定の省略形を入力してから［Tab］キーを押すと、文脈に合う構文へと展開してくれる便利な機能です。コードを書いている途中でメソッドの戻り値を変数にいったん格納したくなった場合なども、テキストカーソルを行頭に移動させることなく「.var」と入力したあとで、［Tab］キーを押すだけで流れるようにコードを書けるので大変便利です。

　その他の後置補完は、［Ctrl］＋［Alt］＋［S］（［Command］＋［,］）キーで環境設定を開き、［エディター（Editor）］→［一般（General）］→［後置補完（Postfix Completion）］で確認できます。Live Templateと同じく自分で独自の後置補完を定義することも可能です。

　この変数outには、変数iが3で割り切れる場合に "Fizz" を、5で割り切れる場合は "Buzz" を追加します。

　続いて「iが3で割り切れる」ことを示す式、i%3==0を入力してから「.if」と入力して［Tab］キーを押してください（図19.13）。

```
    String out = "";
    i%3==0.if
                if          if (expr)
  }       ^, を押すと選択した（または... 次のヒント
}
```
→
```
    String out = "";
    if (i%3==0) {

    }
}
```

図19.13 ● .ifの展開

　.ifも後置補完の一種で、前にある条件式を使ったif文を構築してくれます。なんらかの判断を行う際、boolean型の変数にいったん代入するのか、if文を構成するのかといったことは考えずにひとまず式を書いてしまえば、あとから.varや.ifといった後置補完で文を構成することができて便利です。

　if文内の処理は簡単で、まず「out+="Fizz」と入力します。「"」を入力したタイミングで、文字列を閉じるもう一方の「"」が補完されますが、そのまま「Fizz」を続けて書いてください（図19.14）。

```
    String out = "";
    if (i%3==0) {
        out+="Fizz|  ~
    }
```

図19.14 ●ステートメント補完

　あとは文の終わりを表す「;」（セミコロン）が必要です。自動的に入力された「"」がむしろわずらわしく感じますね。そこで、[Ctrl]+[Shift]+[Enter]（[Shift]+[Command]+[Return]）キーを入力してみてください。「;」が行末に入力され、コードフォーマットが行われてスペースが適度に入り、テキストカーソルは行末に移動します（**図19.15**）。

```
    String out = "";
    if (i%3==0) {
        out += "Fizz";|
    }
```

図19.15 ● ステートメント補完で「;」が入った

　これはステートメント補完（Complete Current Statement）という補完機能で、ほぼ書き終わっている文をコンパイルが通るように書き終えてくれる便利な機能です。カッコをたくさん開いていて、あと何回閉じカッコを書かないといけないのかわからないような場合も、この補完で必要な数だけ閉じカッコを書いてくれます。

　それでは「iが5で割り切れる際にoutに"Buzz"を追加する」処理も"Fizz"と同様に書いてみてください（**図19.16**）。

```
public class FizzBuzz {
    public static void main(String[] args) {
        for (int i = 0; i < 100; i++) {
            String out = "";
            if (i%3==0) {
                out += "Fizz";
            }
            if (i%5==0) {
                out += "Buzz";|
            }
        }
    }
}
```

図19.16 ● 5で割り切れない場合の処理

　3でも5でも割り切れない場合は数字そのものをoutに追加します。「3で割り切れない」はi%3!=0ですが、ここでは先と同じ「3で割り切れる」式である「i%3==0」と書き、続けて「.not」を入力して[Tab]キーを押してください（**図19.17**）。

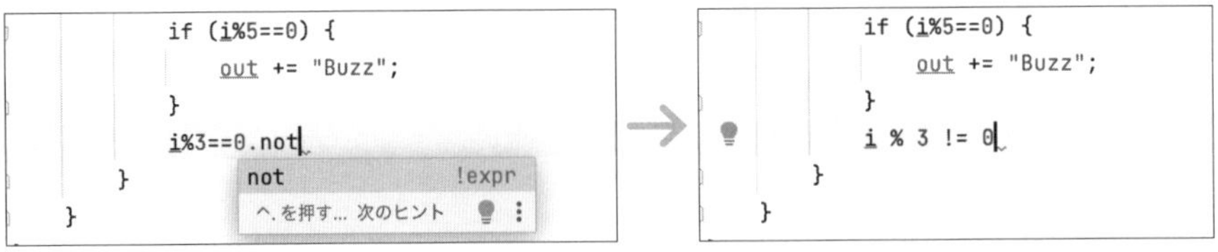

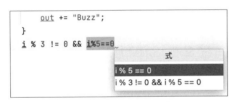

図19.17 ● notの後置補完

.not も後置補完の一種で、前の式を反転してくれます。i%3==0 を反転した式が i%3!=0 なのは自明なので、実際のところこの場面ではあまり有用性はありません。しかし、「<」の式を反転させる際に「>=」ではなく単に「>」と書いてしまうといった間違いはよくあります。機械的に反転させることでミスを防ぐことができるので .not は積極的に利用しましょう。続けて「かつ5で割り切れない」という条件を書くために「&& i%5==0.not」と入力して［Tab］キーを押すと、今度はポップアップが現れます（**図19.18**）。

```
    out += "Buzz";
}
i % 3 != 0 && i%5==0
                          式
                i % 5 == 0
                i % 3 != 0 && i % 5 == 0
```

図19.18 ●「5%==0」を反転する後置補完

これは直前の i%5==0 のみを反転するのか、行頭からの式すべてを反転するのかが IDE にとって自明でないため、判断を求めているものです。前半の「3で割り切れない」ことを判定する部分はすでに反転済みなので、「i%5==0」を選択して［Tab］キーを押して反転を確定してください。あとは「.if」を入力して［Tab］キーを押して if 文を構成し、変数 out に変数 i の値を追加するように書きます（**図19.19**）。

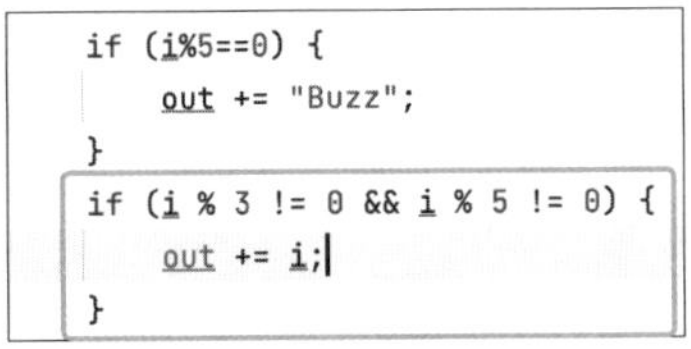

```
if (i%5==0) {
    out += "Buzz";
}
if (i % 3 != 0 && i % 5 != 0) {
    out += i;
}
```

図19.19 ● 3でも5でも割り切れない場合の処理

最後にいよいよ変数 out の内容を出力します。Java で値を出力する構文は System.out.println() と少し長いですが、「sout」と入力して［Tab］キーを押すと Live Template で System.out.println() に展開されます。あとは変数名 out を書けば FizzBuzz の完成です（**図19.20**、**図19.21**）。

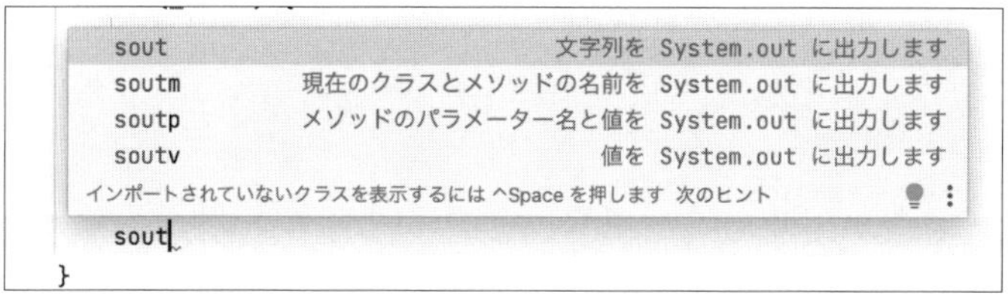

図19.20 ●「sout」をLive Templateで展開

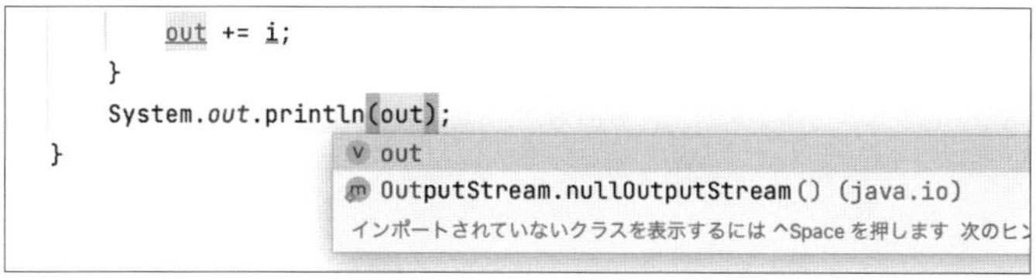

図19.21 ● 変数名outを書いて完成

"sout"は後置置換で展開することもできます。例えば「out.sout」と入力して［Tab］キーを押せば、後置置換でSystem.out.println(out)と展開されます（**図19.22**）。どちらも非常に便利なテクニックなので是非覚えておいてください。

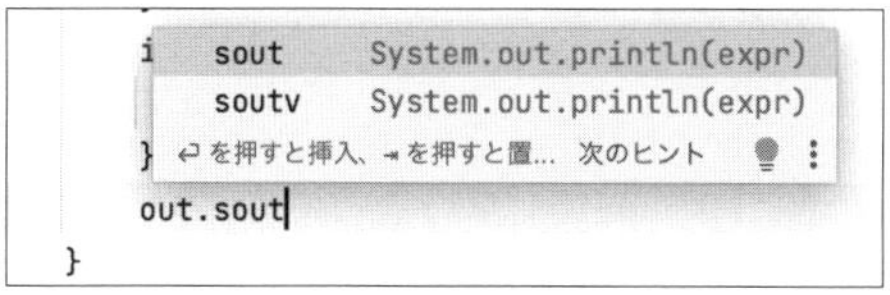

図19.22 ●「out.sout」を後置補完を展開

それでは書き上がったプログラムを実行してみましょう（**図19.23**）。実行のショートカットは［Ctrl］＋［Shift］＋［F10］（［Control］＋［Shift］＋［R］）です。これは現在開いているファイルを実行できる便利なショートカットです。

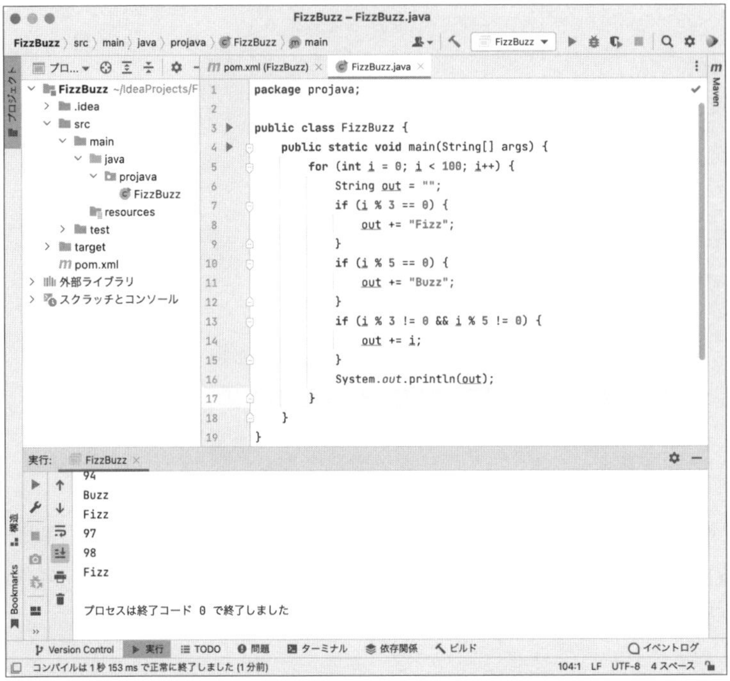

図19.23 ● FizzBuzzプログラムの実行結果

　期待どおりプログラムが動作したでしょうか？ うまく動作しない場合は、1行ずつコードを見直してみてください。ちょっとした分量のコードですが、非常に少ないタイプ数で書けたという実感があるのではないでしょうか。「楽に」「確実に」書くにはLive Templateや後置補完が特に重要です。以降の章に掲載されているコードを書く際にもこのような補完機能を意識して使ったり、このFizzBuzzコードを繰り返し書いたりなどして使いこなせるようにしておきましょう。最後に補完関連操作で紹介したIntelliJ IDEAのショートカットを**表19.1**に挙げておきます。

表19.1 ● 補完関連操作で紹介したIntelliJ IDEAのショートカット

動作	Windows	macOS
補完確定（置換）	[Tab]	[Tab]
補完確定（挿入）	[Enter]	[Return]
補完候補を表示	[Ctrl] + [Space]	[Control] + [Space]
プロジェクトツールウィンドウへ移動	[Alt] + [1]	[Command] + [1]
新規ファイル作成	[Alt] + [Insert]	[Command] + [N]
IDE設定画面を表示	[Ctrl] + [Alt] + [S]	[Command] + [,]
ステートメント補完	[Ctrl] + [Shift] + [Enter]	[Shift] + [Command] + [Return]
現在開いているファイルを実行	[Ctrl] + [Shift] + [F10]	[Control] + [Shift] + [R]

アプリケーションの開発は、一度ソースコードを書き終えれば完成、というものではありません。運用を開始した後も、機能を追加したり不具合を取り除いたりして、ソースコードを修正していく必要があります。安心感を持ってファイルの修正や復旧を行えるよう、早い段階からGitを使ったバージョン管理を習得しておきましょう。

20.1　アンドゥやファイルコピーによる履歴管理

　ソースコードはファイルとして保存しますが、ファイルはその性質上、最新の状態しか保存しておくことができません。ソースコードを修正したら正常に動作しなくなってしまったり、パフォーマンスを改善しようと思ったのにむしろ劣化させてしまったりといった理由で、修正を取りやめて元の状態に戻したくなることはよくあります。

　エディタやIDEが起動中で編集履歴に残っていれば、アンドゥ機能を使って戻すことができるかもしれません。しかし編集履歴をメモリでしか保存しないエディタであれば、エディタの再起動後には元の状態に戻せなくなってしまいます。だからといって、あとで元に戻すことができるように .bak などの拡張子を付けて別のファイル名で保存しておいたり、同じファイル名のままデスクトップにコピーしておいたりといったことをしていると、すぐにどのファイルがどういう状態なのか管理ができなくなり、破綻してしまいます。

20.1.1　Local History

　IntelliJ IDEAは自動で直近5日分の履歴を保存しており、Local History という機能によって、ファイルを任意のタイミングの状態に戻したり、任意のタイミングの状態の特定の部分のみを書き戻したりすることができます。Local History機能を使うには、エディタ画面で［Ctrl］

＋［Shift］＋［A］（［Shift］＋［Command］＋［A］）キーを押してから「ローカル（local）」と入力し、アクションの一覧から［ローカル履歴（Local History）］→［履歴の表示（Show History）］を選択します（図20.1、図20.2）。

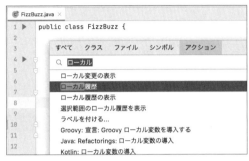

図20.1 ● アクション検索からLocal History機能の起動

図20.2 ● Local History機能の起動

Local History画面ではファイルの編集履歴を時系列に確認できます。右クリックしてメニューから［保存した状態に戻す］を選択してファイル全体を過去の特定のタイミングの状態に戻したり、［≫］を押して過去の内容の一部を復旧させたりできます（図20.3）。

図20.3 ● Local Historyの履歴画面

Local Historyはエディタのアンドゥ機能などよりは便利ですが、それでも変更履歴は一定期間しか保管されません。また複数のファイルをまとめて同じタイミングの状態に戻したり、変更内容を共同開発者と共有したりすることもできません。そこで必要となるのが、次項で解説するバージョン管理システム（VCS）と呼ばれるツールです。

20.2 バージョン管理システム

バージョン管理システム（Version Control System：VCS）を利用すれば、コミット（commit）という操作を行うことでいつでもファイルの状態を保存できます。開発をしていてアプリケーションが正常に動作しなくなってしまった場合などは、エディタやIDEの履歴に頼ることなくいつでも、過去にコミットした任意のタイミングの状態に戻すことができます。

コミットを行う際にはメッセージを残しておくことができます。修正の差分（diff）と共にコメントを確認すれば、特定の編集操作を何のために行ったのかをあとから確認できます。

VCSではブランチと呼ばれるものを作成して、ソースコードの状態を枝分かれさせることもできます。ベストな実装方法が定かでない場合はブランチを作成して開発を進め、うまくいかないことがわかったらブランチごと破棄してしまえば元のソースコードに影響を与えることがありません。

多人数で個別に実装を進める場合も、他の開発者の書きかけのコードのせいで自分のコードがコンパイルできなくなったり、テストが通らなくなってしまったりという心配がありません。ブランチは後にマージすることで枝分かれした状態を統合させることができます。

VCSとして現在主流なのがGitです。Gitの他にはSVN（Apache Subversion、アパッチサブバージョン）が有名です。SVNは2000年代初頭に主流だったVCSで、使用するにはバージョン管理用のサーバーが必要でした。一方、後発のGitは分散バージョン管理システムと呼ばれる種類のVCSです。分散バージョン管理システムはサーバーがなくても開発者のPCで個別にバージョン管理が行えたり、他の開発者との協調作業がしやすかったりといった特徴を持ち、現在はこちらが主流になっています。

Gitはコマンドラインや専用のGUIツールなどから操作が行えますが、IntelliJ IDEAは高度で使いやすいGit操作機能を内蔵しているのですぐに活用できます。この本では1人で開発を行う状況を想定し、IntelliJ IDEAを使ったGitの利用方法を紹介します。

ちなみに、しばしばGitと混同される「GitHub」というサービスがありますが、GitHubはあくまでGitを使ってオンラインで共同開発が行える、数あるサービスのうちの1つです。Git＝GitHubではありませんので注意してください。ちなみにOpenJDKもソースコードはGitで管理しており、GitHub上で盛んに共同開発が行われています。GitHubを使う方法の解説は他の専門書に譲りますが、基本的には1人で行うGit操作の延長になります。まずは個人開発でGitがしっかりと扱えるように習得しましょう。

20.2.1 Gitのインストール

GitはWindowsでもmacOSでも最初はインストールされていません。すでにマシンにGitを

インストール済みであればIntelliJ IDEAは自動的に認識してくれます。Gitがインストールされていなければ、IntelliJ IDEAからインストールを行うことができます。Gitの設定を行うには、[Ctrl]+[Alt]+[S]（[Command]+[,]）キーで環境設定を開き、左側のメニューから［バージョン管理］→［Git］を開き、右側のパネルの［Git実行可能ファイルへのパス］の右にある［テスト］ボタンをクリックしてください（図20.4）。

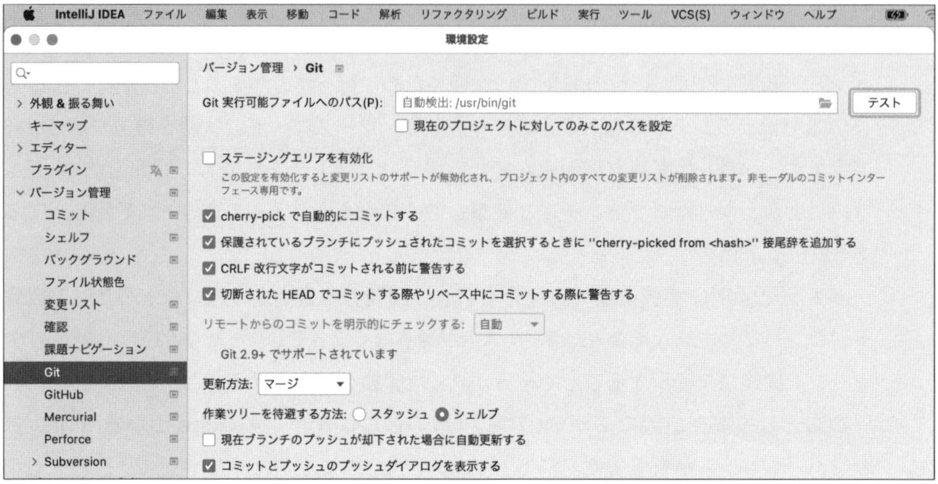

図20.4 ● Gitの設定画面

WindowsへのGitのインストール

WindowsでGitが見つからない場合は［Gitがインストールされていません］と表示されます（図20.5）。もしインストール済みなのにGitが認識されていない場合は［Git実行可能ファイルへのパス］欄にgit.exeへのパスを入力してください。インストールを進める場合は［ダウンロードとインストール］のリンクをクリックしてください。

図20.5 ● Gitがインストールされていない場合

［ダウンロード中］と表示されればGitのダウンロードが進んでいます（図20.6）。うまくいかない場合はインターネット接続を確認してください。

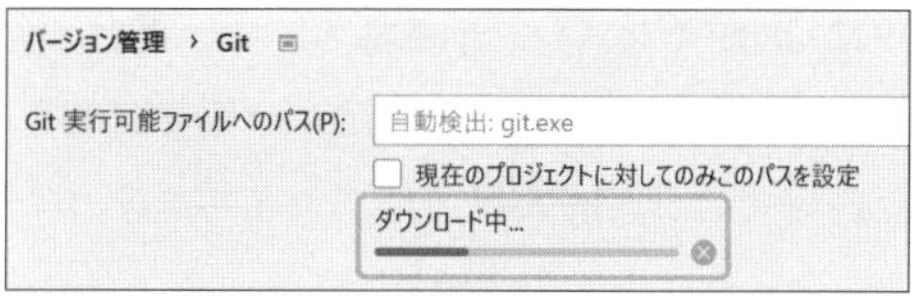

図20.6 ● Gitのダウンロード中

　Gitのインストーラーのダウンロードが完了したら［このアプリがデバイスに変更を加えることを許可しますか？］と表示されます。問題がなければ［はい］ボタンをクリックしてインストールを進めてください。（**図20.7**）

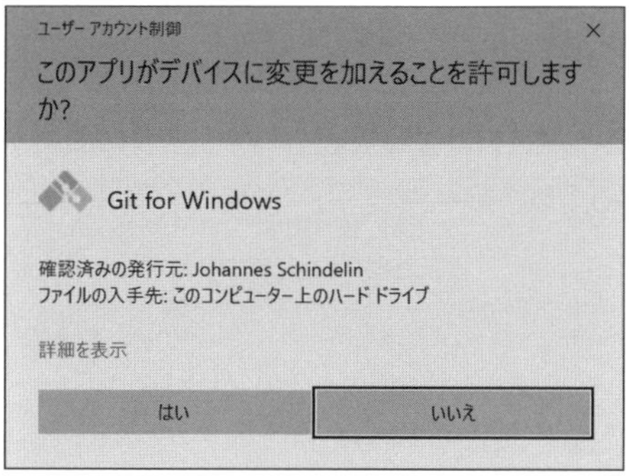

図20.7 ● Gitインストールの確認

　インストールが完了したら［Gitがインストールされました］と表示されます（**図20.8**）。

図20.8 ● Gitのインストール完了

　最後に、再度［テスト］ボタンをクリックしてGitのバージョンが表示されることを確認してください（**図20.9**）。

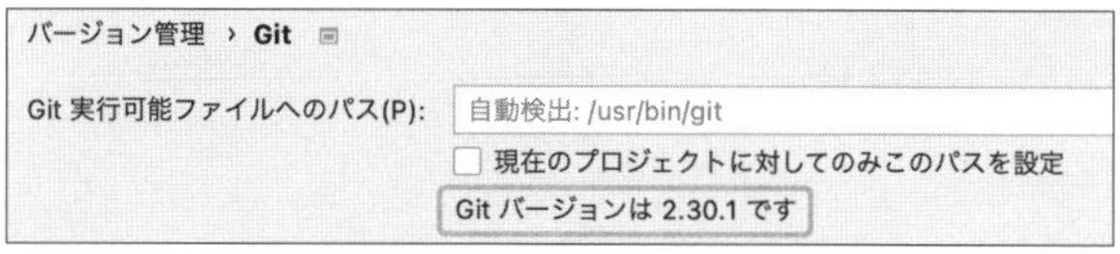

図20.9 ● インストールされたGitのバージョン表示

macOSへのGitのインストール

　macOS環境では、通常の場合IntelliJ IDEAはApple社が用意している「コマンドライン・デ

ベロッパツール」のGitを使います。macOSにGitがインストールされていない場合、次のような ダイアログが現れるので［インストール］ボタンをクリックしてください（図20.10）。もしインストール済みなのにGitが認識されていない場合は、［Git実行可能ファイルへのパス］にGitへのパスを入力してください。

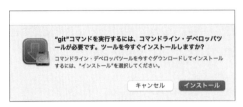

図20.10 ● macOSでGitがインストールされていない場合

　［Command Line Tools使用許諾契約］というダイアログが現れるので、内容に問題がなければ［同意する］をクリックしてください（図20.11）。

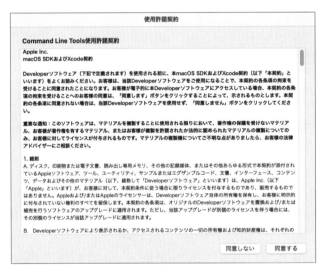

図20.11 ● Command Line Tools使用許諾契約

　［ソフトウェアをダウンロード中］というダイアログが現れます。うまくいかない場合はインターネット接続を確認してください（図20.12）。

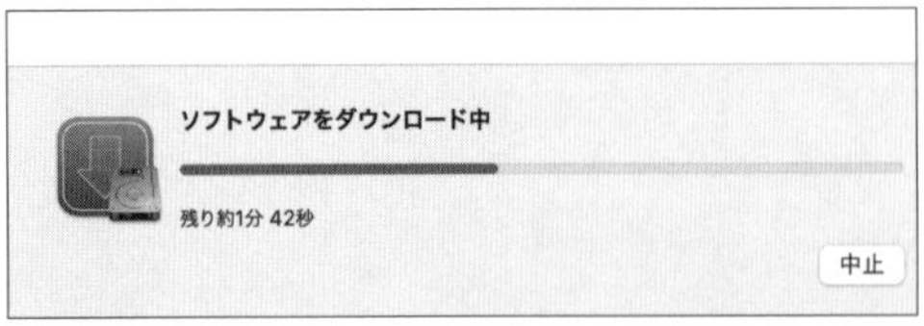

図20.12 ● Command Line Toolsのダウンロード・インストール中

しばらく経過してから［ソフトウェアがインストールされました］と表示されればインストール完了です（図20.13）。

図20.13 ● Command Line Toolsのインストール完了

　最後に、再度、環境設定ダイアログの［テスト］ボタンをクリックしてGitのバージョンが表示されることを確認してください（図20.14）。

図20.14 ● インストールされたGitのバージョン表示

20.3　Git連携を有効にする

　IntelliJ IDEAのプロジェクトをGitで管理するには、まずリポジトリの初期化が必要です。リポジトリはGitでコードを管理する対象のディレクトリです。ここではプロジェクトのディレクトリをGitのリポジトリとして管理します。初期化といってもファイルを削除するという意味ではありません。Gitがリポジトリを管理するための「.git」というディレクトリ【MEMO】や設定ファイルを作成することを指します。なお、1つのリポジトリに複数のプロジェクトを配置することも、企業でGitで管理するものをすべて1つのリポジトリに配置することも可能です。

MEMO　「.git」というディレクトリ
macOSでは「.」（ドット）から始まるファイルは不可視ファイル／ディレクトリとして扱われるため、通常macOSのFinderでは「.git」ディレクトリは見えません。

　IDEを利用していない場合、リポジトリの初期化を行うにはターミナルを使ってプロジェクトのルートディレクトリでgit initというコマンドを実行します。IntelliJ IDEAを利用している場合はターミナルを使う必要はなく、［VCS］メニューの［VCS連携を有効にする（Enable VCS Integration）…］を選択し、［VCS連携を有効にする（Enable VCS Integration）］ダイアログを

開きます（図20.15）。［Git］が選択されている（デフォルト）ことを確認したら［OK］ボタンをクリックします（図20.16）。

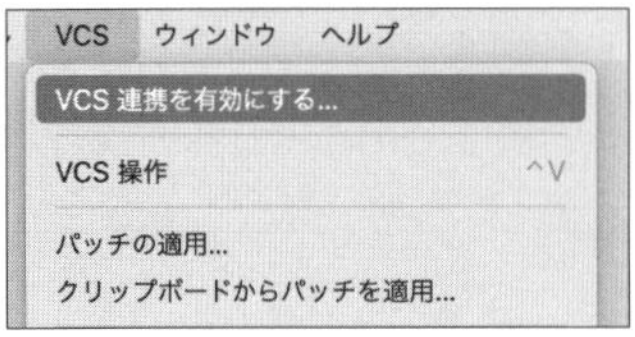

図20.15 ● ［VCS連携を有効にする...］メニューコマンド

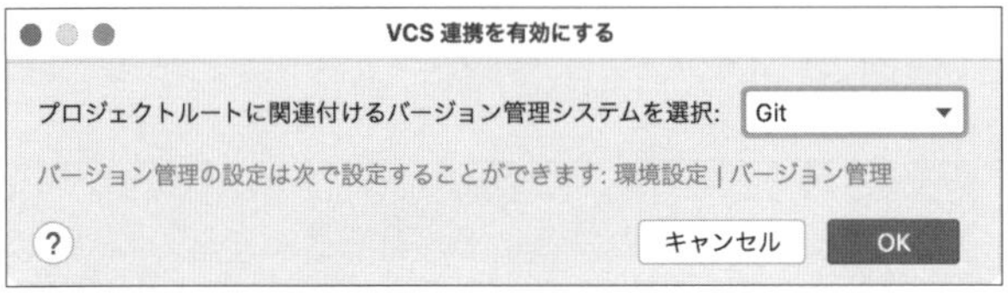

図20.16 ● VCS連携を有効にするダイアログ

IDEのウィンドウに［Git］というタブが表示されていればGit連携の有効化は完了です（図20.17）。

図20.17 ● ［Git］タブ

なお、IDE外でgit initコマンドを呼び出してある場合など、プロジェクトにすでに.gitディレクトリが存在する場合は自動的に［Git］タブが表示されます。IDEからGit連携の有効化を行う必要はありません。

20.4 コミット

コミットとは、1つ以上のファイルの状態を履歴で確定させる操作です。何度でも行うことができます。コミットしておくと、あとからいつでもコミットしたときの状態に復旧させたり、編集後にファイルの状態を比較したりできます。コミットを行うには［Ctrl］＋［K］（［Command］＋［K］）キーを押して［コミット（Commit）］ツールウィンドウを表示します（図20.18）。

図20.18 ● コミットツールウィンドウ

20.4.1 コミット対象ファイルの選択

コミットツールウィンドウには［デフォルト変更リスト（Default Changelist）］と［バージョン管理外ファイル（Unversioned Files）］というリストがあります。Git のリポジトリ内にあるファイルは、自動的に履歴が管理されるわけではありません。最初はすべてのファイルが「バージョン管理外ファイル」となっており、明示的に選択したファイルのみが履歴管理の対象となります。

図20.18の画面例ではIntelliJ IDEA が自動的に作成する .idea という管理用ディレクトリ内のファイルと、Maven のプロジェクトファイルである pom.xml ファイルをコミット対象として選択しています。なお、ターミナルから Git を操作する際は、git add <ファイル名> コマンドでコミット対象のファイルを指定します。

共同開発を行う際は、IntelliJ IDEA の .idea ディレクトリや Eclipse の .classpath/.settings といった IDE固有のディレクトリ／ファイルを、あえてコミット対象にしないで運用することもあります。チームでどのような運用になっているのか確認してからコミットするようにしてください。.idea ディレクトリ内には共有すべきでないファイルもあります。詳しくは下記のWeb ページを参照してください。特定のファイルやディレクトリをコミット対象から常に外すには「20.4.6 .gitignore ファイルの作成」で説明する .gitignore を利用します。

■プロジェクトディレクトリに作られる.ideaディレクトリはバージョン管理して共有して良いですか？
（株式会社サムライズム）
URL https://support.samuraism.com/jetbrains/faq/share-idea-directories

20.4.2 コミットの実行

　コミットする対象のファイルを決めたら、ファイル横のチェックボックスにチェックを入れてから、どのような内容のコミットなのかというメッセージをウィンドウ下部の入力領域に記載して［コミット（Commit）］ボタンをクリックします。

　Gitは誰がコミットを行ったかという情報を保存します。初めてコミットを行うときは［Gitユーザー名が定義されていません（Git User Name is Not Defined）］というダイアログが表示されます。名前とメールアドレスを指定し、［設定してコミット（Set and Commit）］ボタンをクリックしてください（図20.19）。この名前とメールアドレスはホームディレクトリに .gitconfig という名前で保存されるので、これ以降は毎回設定する必要はありません。ターミナルからコミットを行う場合は、git commit -m <コミットメッセージ>コマンドを使います。

　これでコミットが完了しました（図20.20）。

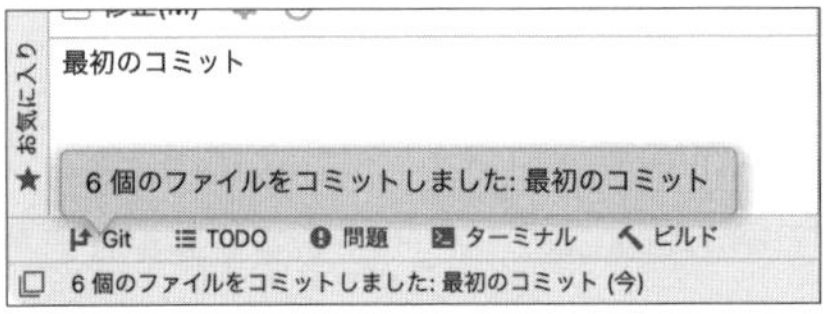

図20.19 ● ユーザー名の設定

図20.20 ● 最初のコミット完了

20.4.3 ファイル追加時の確認ダイアログ

　リポジトリの初期化を行ってからIDE内で新しいファイルを作成すると［Gitへファイル追加（Add File to Git）］というダイアログが表示されます（図20.21）。このダイアログで［追加（Add）］ボタンをクリックしておくと、次回コミットを行う際に［バージョン管理外ファイル（Unversioned Files）］ではなく［デフォルト変更リスト（Default Changelist）］に含まれるようになるので、コミットから漏れてしまう心配がなくなります。

　［今後この質問を表示しない（Don't ask again）］にチェックを入れておけば、以降はファイルを追加するたびに確認を求められることはなくなり、自動的に［デフォルト変更リスト

（Default Changelist）］に入るので便利です。IDEからのファイル作成ではなく、Windowsのエクスプローラーや macOS の Finder などから直接プロジェクトディレクトリにファイルを配置した場合は、以降も［バージョン管理外ファイル（Unversioned Files）］として表示されるので、コミットする際はチェックを入れ忘れないように気をつけてください。

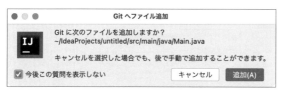

図20.21 ●［Gitへファイル追加］ダイアログ

20.4.4　変更したファイルの差分とコミット

　同じファイルについて2回目以降のコミットを行う場合は、変更リストのファイル名をダブルクリックするか［Enter］（［Return］）キーを押すことで、エディタウィンドウに「差分」を表示できます（**図20.22**）。差分表示では左側が元々の内容で右側が新しい内容になっており、修正した箇所が色分けされます。コミットする前に間違った修正が行われていないか確認する癖をつけておきましょう。

図20.22 ● 差分の確認

20.4.5　Gitログの確認

　Gitの履歴はGitツールウィンドウで確認できます。何回かコミットを行ったら履歴を確認してみましょう。

　Gitツールウィンドウを表示するには、［Alt］＋［9］（［Command］＋［9］）キーを押します。Gitツールウィンドウの［ログ］タブでは、これまでに行ったコミットとそれぞれのコミットログ、

変更が行われたファイルの一覧、差分を確認することができます（図20.23）。

図20.23 ● Gitツールウィンドウの［ログ］タブで差分を確認

　コミットを行うのはどのようなタイミングでもかまいません。はじめのうちは、目安として「プロジェクトを作成した後」、「テストコードを実装した後」、「機能の実装を終えてテストケースも通った後」、「リファクタリングを行う前後」にはコミットを行うようにしましょう。また、Javaの文法に自信がないうちは「コンパイルが通ったタイミング」などでコミットしておくのもよいでしょう。

20.4.6　.gitignoreファイルの作成

　.javaファイルやリソースファイル、HTMLファイルといった、プロジェクトで必要となるファイルはGitで履歴を管理しますが、.classファイルやログファイルなどはコンパイルや実行といった操作によって自動的に生成されるものなので、ソースコードと共に管理する必要はありません。このような履歴を管理する必要がないファイルについて、誤ってコミットをしてしまわないように気をつけながら作業するのは面倒です。

　そこでGitでは .gitignore（ignoreは無視の意味）というファイルに管理が不要なファイルの一覧を記述しておくことでコミットを避けることができます。.gitignoreファイルを作成するには、［Alt］＋［1］（［Command］＋［1］）キーでプロジェクトツールウィンドウへ移動します。さらに、プロジェクトのルートディレクトリ（プロジェクトツールウィンドウで一番上に表示されるディレクトリ）にフォーカスを置いた状態で、［Alt］＋［Insert］（［Command］＋［N］）キーで新規ファイル作成のポップアップを表示して［ファイル（File）］を選択します（図20.24）。

図20.24 ● 新規ファイルの作成

　ファイル名として「.gitignore」を入力し、[Enter]（[Return]）キーを押せば.gitignore ファイルを作成できます（**図20.25**）。

図20.25 ● ファイル名として「.gitignore」を指定

　.gitignore では、無視したいファイル名やディレクトリ名を指定します。ディレクトリ名を指定した場合は、その名前のディレクトリ以下のファイルがすべて無視されます。また、ワイルドカードで指定した拡張子のファイルを無視するようにも設定できます。クラスファイル（*.class）やログファイル（*.log）などを指定するとよいでしょう。

　Maven プロジェクトでは、ビルドした結果が出力される target ディレクトリの内容はソースコードがあれば生成できるものなので、Git で管理する必要はありません。そこで target ディレクトリは .gitignore に追加して無視する対象として指定しましょう。開発が進むにつれて他にもコミットしたくないファイルが出てきたら、都度 .gitignore ファイルに追加します。

　.gitignore ファイルを書き終えたら、他のプロジェクトファイルと同様にコミットしてください（**図20.26**）。以降、指定したファイルは無視されて［バージョン管理外ファイル］に表示されなくなります。

図20.26 ● .gitignore ファイルの例

5

ツールと開発技法

20

バージョン管理とGit

20.5　ブランチ

　ブランチ（branch）は英語で枝の意味です。ブランチを使えばソースコードを書き連ねていく際に一直線に進化させていくだけでなく、分岐させて独立した状態を保存することができます。例えば現行バージョンとは別に、旧バージョンのブランチとして残しておき並行してメンテナンスを続ける、といった形で分岐し続けたままにすることもできます（図20.27）。

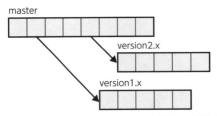

図20.27 ● 分岐したままメンテナンスを続けていく様子

　ブランチは必ずしも枝分かれしたままにしておく前提である必要はありません。枝分かれさせて別々に開発を行い、あとでマージ（merge、変更内容の統合の意味）することもできます。むしろ、新機能開発やバグ修正は原則としてブランチで行った上で、実装が確定してからマージしたり、チームで個人個人が並行して開発できるようにブランチを使ったり、といったように、後でマージすることを前提として使うことのほうが多いです（図20.28）。

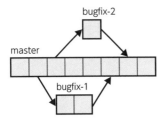

図20.28 ● 分岐とマージを繰り返していく様子

　また、ブランチで開発を進めていれば、ブランチを丸ごと破棄して元に戻すことも、マージすることも気軽にできます。ブランチは普段から積極的に使いましょう。

　Gitでは「ブランチがない」という状態はありません。リポジトリの初期化を行った段階で作成されているデフォルトのブランチ（通常masterまたはmain）、または必要に応じて作成したブランチのいずれかが選択されている状態です。現在のブランチをカレントブランチ（current branch）と呼び、IntelliJ IDEAでカレントブランチ名は画面右下に表示されます（図20.29）。

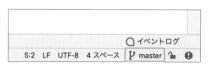

図20.29 ● 画面右下に表示されるカレントブランチ名

20.5.1　ブランチの作成と切り換え

ブランチを作成するには、ブランチ名をクリックし、［新規ブランチ（New Branch）］を選択します（図20.30）。

図20.30 ● 新規ブランチの作成

［新規ブランチの作成（Create New Branch）］ダイアログでブランチ名（ここでは「newbranch」）を入力し、［作成（Create）］ボタンをクリックすればブランチの作成は完了です（図20.31）。

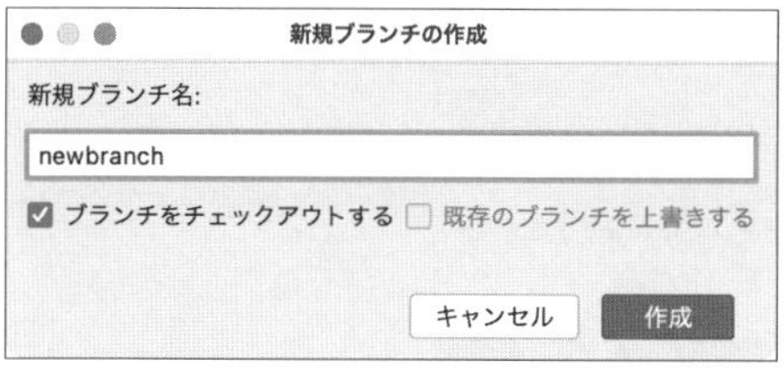

![新規ブランチの作成ダイアログ]

新規ブランチの作成

新規ブランチ名:

newbranch

☑ ブランチをチェックアウトする　☐ 既存のブランチを上書きする

キャンセル　　作成

図20.31 ● ［新規ブランチの作成］ダイアログ

新規ブランチが作成されると同時に、カレントブランチも新規に作成したブランチに切り替わりました（図20.32）。カレントブランチ名の表示が切り替わっているのを確認しましょう。

図20.32 ● 切り替わっているカレントブランチ

なお、ターミナルからブランチを作成する場合は`git branch <ブランチ名>`コマンドを使います。IntelliJ IDEAと同じく、ブランチ作成と切り替えを同時に行う場合は`git checkout -b`

<ブランチ名> コマンドを使います。

　それでは、ここで新しく作ったブランチ内で修正を行ってコミットしてみましょう（図20.33）。

図20.33 ● ブランチ内で修正したファイルをコミット

　コミットが終わったら、［現ブランチ名（newbranch）］→［元のブランチ名（master）］→［チェックアウト（Checkout）］を選択してブランチを切り換えましょう（図20.34）。チェックアウトはブランチを切り換えることを指します。なお、ターミナルからブランチを切り換える場合は git checkout <ブランチ名> コマンドを使います。

図20.34 ● 元のブランチのチェックアウト

20.5.2　ブランチのマージ

　元のブランチでは、先ほどのブランチ上で変更した部分が元に戻っているのが確認できます（図20.35）。ブランチ内でコミットした内容は他のブランチからは見えませんが、修正した内容はGitによって .git ディレクトリ内で管理されているので安心してください。Gitツールウィンドウでログを見るとブランチで分岐している様子も確認できます。

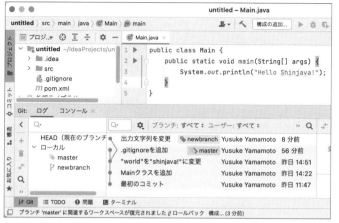

図20.35 ● 修正内容が元に戻っている状態

　画面右下の［カレントブランチ名（master）］→［マージしたいブランチ名（newbranch）］→
［'マージしたいブランチ名' を 'カレントブランチ名' にマージ（merge 'マージしたいブランチ
名' into 'カレントブランチ名'）］を選択することでマージが行えます（**図20.36**）。ターミナル
から操作する場合は`git merge <ブランチ名>`コマンドを実行します。

図20.36 ● ブランチのマージ

　マージが完了するとマージ先のブランチの変更内容が取り込まれており、またGitログでも
枝分かれしていたブランチが統合されていることが確認できます（**図20.37**）。

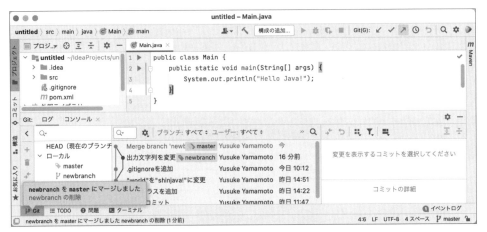

図20.37 ● マージが行われた状態

　マージをする2つのブランチにおいて、同じファイルの重複する箇所に編集履歴があり、機械的に編集内容の統合が行えないことをコンフリクト（Conflict）といいます。コンフリクトが発生した場合は［競合（Conflict）］ダイアログが表示されます（**図20.38**）。ここで、［自分側を適用（Accept Yours）］ボタンをクリックすると現在のブランチの最新の状態で、［相手側を適用（Accept Theirs）］ボタンをクリックするとマージ先のブランチの状態で上書きを行います。

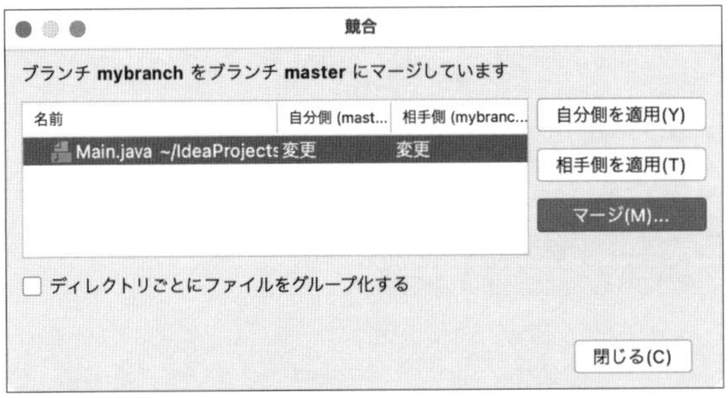

図20.38 ● コンフリクトの発生

　通常、双方の修正内容が必要になるため、競合が発生した際は［マージ（Merge）］をクリックして、3つのビューに分かれたマージ画面を表示させます（**図20.39**）。

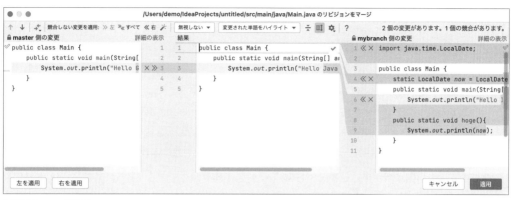

図20.39 ● マージ画面

　この画面は左側が現在のブランチの状態、中央がマージ結果、右側がマージする先の状態になります。編集内容が競合している箇所は赤く表示され、競合していない箇所は緑色で表示されます。破棄する箇所は［×］を押し、取り込む変更は［≪］または［≫］を押して、すべての変更について競合状態を解決した上で［適用（Apply）］ボタンをクリックしてマージを完了してください。

　1人でGitを扱っている場合であれば競合はあまり発生しませんが、共同作業で同じファイルを編集することが多い場合は競合が発生することが増えます。コンフリクトの解決を視覚的に行えるのはIntelliJ IDEAからGitを扱う大きなメリットです。

20.6　Git誤操作後の復旧方法

　開発の途中途中にコミットを行うのが習慣になってくると、一度行ったコミットを取り消したくなることがあります。例えばコンパイルが通らない途中の状態なのにコミットしてしまったとか、文字列やクラス名、変数名にスペルミスが見つかった、コミットメッセージを間違えたといった場合です。

　Gitに慣れてくると、まず第一に「コミット履歴を綺麗に保ちたい」という気持ちになりますが、ソフトウェアは常に改善していくものですから、ある特定の状態が完璧である必要などありません。気軽にコミットを行うのと同様、誤りがあっても気にせずコードを修正してさらにコミットを重ねることも検討してみてください。

　それでもやはりコミットした内容を修正したい、という場合の3つの復旧方法を説明します。

20.6.1 Amend

Amend（アメンド）は修正する、改正するといった意味の英語で、直前のコミット内容を修正することができます。

Amendの実行は簡単です。コードに必要な訂正を加えてから、コミットダイアログで［修正（Amend）］にチェックを付けて［コミットの修正（Amend Commit）］ボタンをクリックするだけです（図20.40）。これで前回のコミット内容に新たな修正を含めたものが1つのコミットとして履歴に残ります。コミットメッセージは新しい内容で上書きされます。単にコミットメッセージを修正したい場合は、コードの修正を行わず上書きしたいコミットメッセージだけ入力してAmendコミットを行います。

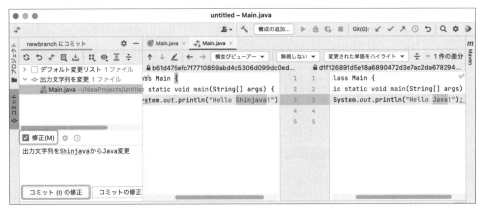

図20.40 ● Amendコミット

Amendコミットは手軽で便利ですが、本来履歴として残しておいたほうがよかった内容が見えなくなってしまうこともあるので、多用は禁物です。

この本では個人で作業を行うケースを想定して説明していますが、共同作業でGitHubなどでリポジトリを共有している場合はコミット後にプッシュ（push）という操作を行います。プッシュ済みのコミットにAmendを行うと強制的な上書きプッシュ（force push）を行わねばなりません。強制的なプッシュはあまり推奨されない操作で、多くの現場では禁止されています。したがって、プッシュ後のAmendは避けましょう。

なお、ターミナルからAmendコミットを行う場合は、`git commit --amend -m <コミットメッセージ>`コマンドを実行します。

20.6.2 Revert

Revert（リバート）は戻る、復帰するといった意味の英語です。Amendコミットと違い、コミットした内

容を丸々取り消す（元に戻す、修正を加える）コミットを行います。Revertコミットでコードの
状態を元に戻すことができます。Amendコミットと異なり、Revertコミットは、直前のコミット
だけでなく履歴をもっとさかのぼって、もっと前のコミットの打ち消しを行うこともできます。

　Revertコミットを行うには、［Ctrl］＋［9］（［Command］＋［9］）キーでGitツールウィンドウ
を表示して、取り消しを行いたいコミットを右クリックし、メニューから［コミットをrevertする
（Revert Commit）］を選択し、コミットを行えば完了です（図20.41）。

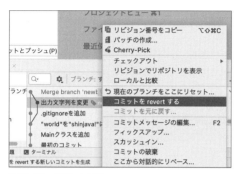

図20.41 ● コミットのRevert

20.6.3 コミットのReset

　Reset（リセット）はその名のとおり、コミットをリセットして、コミットが無かったことにする操作です。
Resetを行うには、［Ctrl］＋［9］（［Command］＋［9］）キーでGitツールウィンドウの［ログ
（Log）］タブで、コミット履歴の中で戻したいタイミングを右クリックし、メニューから［現在
のブランチをここにリセット…（Reset Current Branch to Here…）］を選択します（図20.42）。

図20.42 ● Gitのリセット操作

　これで［Gitリセット］ダイアログが表示されるので、どのようにリセットを行うかを選択しま
す（図20.43）。ダイアログの説明を読んだだけではなかなか動作が想像しづらいですが、迷っ
たら［ソフト（Soft）］を選択しましょう。

図20.43 ● [Gitリセット] ダイアログ

- **ソフト（Soft）**
  選択したコミット以降の変更や新規追加ファイルは［デフォルト変更リスト（Default Changelist）］に残し、あとで必要に応じて再度コミットすることもできます。
- **混合（Mixed）**
  選択したコミット以降の変更は［デフォルト変更リスト（Default Changelist）］に、新規追加したファイルは［バージョン管理外ファイル（Unversioned Files）］に残します。
- **ハード（Hard）**
  選択したコミット以降の変更は破棄されます。
- **保持（Keep）**
  選択したコミット以降の変更は［デフォルト変更リスト（Default Changelist）］に残し、新規追加したファイルは破棄します。

コミットのResetはコミットの履歴自体を消してしまう、いわば「最終手段」です。APIキーやパスワードといった、秘匿しておくべき情報をコミットしてしまった場合など、履歴に残してしまうと支障がある状況での利用にとどめましょう。

最後にGit関連操作で紹介したIntelliJ IDEAのショートカットを**表20.1**に挙げておきます。

表20.1 ● Git関連操作で紹介したIntelliJ IDEAのショートカット

動作	Windows	macOS
アクションを検索	[Ctrl] + [Shift] + [A]	[Command] + [Shift] + [A]
IDE設定画面を表示	[Ctrl] + [Alt] + [S]	[Command] + [,]
プロジェクトツールウィンドウへ移動	[Alt] + [1]	[Command] + [1]
新規ファイル作成	[Alt] + [Insert]	[Command] + [N]
コミットウィンドウを表示	[Ctrl] + [K]	[Command] + [K]
Gitツールウィンドウを表示	[Alt] + [9]	[Command] + [9]

Webアプリケーション開発

この章では、これまでの章でJavaを使ったプログラミングの基礎と各種開発ツールの使い方を身につけた皆さんに、業務としてプログラミングの仕事に携わるための次の一歩としてWebアプリケーションの開発を体験していただきます。

21.1 Webアプリケーションとフレームワーク

　この本の前半ではSwingなどを使って動作する簡単なアプリケーションを作ってみました。これはローカルのマシン上で動作するアプリケーションでしたが、実際にプログラマーとして経験する機会が多いのはインターネットのWebサイトやWebサービスとして動作してブラウザから利用するアプリケーションの開発です。そのようなアプリケーションのことをWebアプリケーションと呼びます。

　Webアプリケーションの開発に着手する前に、まずWebアプリケーションの仕組みについて簡単に説明します。そして、JavaでWebアプリケーションを開発する際に必須となるWebアプリケーションフレームワークについて紹介します。

21.1.1 Webアプリケーションとは

　これまで作ってきたような、手元のマシンで単体で動くアプリケーションと、これから作ろうとしているWebアプリケーションは何が違うのでしょうか。一番大きな違いは、「Web」という名前が付いていることでもわかるようにネットワーク通信を利用してインターネット上にあるWebサーバーと連携して動作するという点です。Webアプリケーションのプログラム本体は、パソコンやスマートフォンなどの手元の端末ではなく、インターネット上のWebサーバーの上で動作します。そしてユーザーは、ブラウザ（Webブラウザ）を使ってそれらWebサーバー

上のアプリケーションの機能を利用します。

　検索エンジンやショッピングサイト、SNS、動画配信サービスなどは、いずれもWebアプリケーションの一種です。近年では、インターネットで公開されているWebサイトの大半がWebサーバー側でなんらかのプログラムが動作する仕組みになっているので、実は多くの人が生活の中でごく当たり前にWebアプリケーションを利用していることになります。

21.1.2 Webアプリケーションの仕組み

　Webアプリケーションの内部の構成は、ブラウザ側（クライアント側）で動作するユーザーインタフェース（User Interface：UI）と、サーバー側で動作するプログラム本体の2つのパートに分けられます（**図21.1**）。ブラウザ側のユーザーインタフェースは、HTMLやCSS（Cascading Style Sheets）、JavaScriptなどの技術を使って実現します。

　サーバー側では、インターネット上にWebサイトを公開するためのWebサーバーが稼働しています。Webアプリケーション本体はこのWebサーバー上で動作します。本格的に運用する場合は、役割によってサーバーを分けた構成にすることもあります。その場合、Javaのプログラムを動かすサーバーはWebサーバーと区別してアプリケーションサーバーと呼びます。サーバー側のプログラムは、データを格納するための専用のシステムであるデータベース（詳細については第22章で解説します）や、外部のサーバーと連携して動作することもあります。

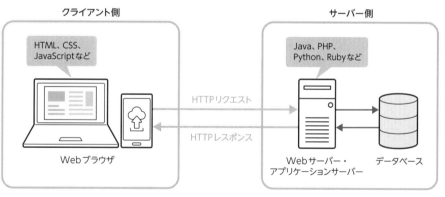

図21.1 ● Webアプリケーションの仕組み

　第12章の「12.3　Webの裏側を見てみる」でも解説しましたが、一般的に、WebブラウザとWebサーバーとの通信にはHTTP（HyperText Transfer Protocol）と呼ばれるプロトコルが使用されます。WebブラウザからWebサーバーに送られるデータをHTTPリクエスト、それに対してWebサーバーが返事として返すデータをHTTPレスポンスと呼びます。

　Javaを使ってWebアプリケーションを開発する場合、サーバー側で動作するプログラムの

部分はJavaで記述することになります。サーバー側のプログラムでは、まずブラウザからの
HTTPリクエストを受け取り、それに応じてデータの格納や取り出し、演算などを行い、結果
を表示するためのWebページのコンテンツを生成してからHTTPレスポンスとしてブラウザに
返すという一連の処理を実装することになります。

　ブラウザに表示するユーザーインタフェースにあたる部分は、この章の後半で紹介するよう
にHTMLやJavaScriptなどを使って作成することがほとんどですが、Javaで実装することもあ
ります。

21.1.3　アプリケーションフレームワークとは

　アプリケーションを開発する際に必要となる汎用的な機能や枠組みを提供するソフトウェア
のことをアプリケーションフレームワークと呼びます。「アプリケーション」の部分を省略して
単に「フレームワーク」と呼ばれることが多いので、以降はフレームワークと記載します。

　規模の大きなアプリケーションを開発する場合、すべてのプログラムを自分たちで書こうと
すると、非常に膨大な量のプログラムを書かなければなりません。そこには、本来そのアプリ
ケーションで提供したい機能の本質からは外れた、もっと基礎的な部分のプログラムも含まれ
ます。例えばWebアプリケーションであれば、Webサーバーとブラウザで通信するための仕組
みや、ユーザー認証の仕組み、サーバー内でデータを管理する仕組みなどが必要になります。

　これをすべてゼロから作るのは大変な労力が必要になります。セキュリティにもしっかり対
応しないといけません。しかし実際には、これらの仕組みは多くのアプリケーションで共通して
いるので、自分で作らずとも先人の作った便利なライブラリがたくさんあります。フレームワー
クは、そのような先人の知恵や成果物をまとめて、アプリケーションを開発する際の枠組みと
して利用できるようにしたものです。

21.1.4　フレームワークを利用するメリット

　アプリケーションの開発にフレームワークを利用すると何がうれしいのでしょうか。最大の
メリットは、作業効率を上げて開発期間を大幅に短縮できることです。多くのフレームワーク
は、単にライブラリを提供するだけではなく、再利用可能なクラスやAPI、アプリケーションの
雛形として利用できるテンプレート、標準的な設定ファイルなどの集合体になっています。多
くの人から使われることで品質的にも安定しています。これらを活用することで、コードを書
く量を大幅に減らし、短い時間で品質の高いアプリケーションを開発できるようになります。

　プロジェクトのメンバー同士で実装方法の統一性を保ちやすいというのも、フレームワーク
を利用する大きなメリットです。フレームワークを中心に置いて開発する場合、そのフレーム
ワークで提供される仕組みやソースコードのテンプレートの存在自体が共通化されたルールに

なるため、メンバー間での意識の統一がとりやすくなります。

21.1.5　Webアプリケーション開発に使える代表的なフレームワーク

この章の目的は、JavaでWebアプリケーションを開発できるようになることです。Javaは
Webアプリケーション開発の言語としても広く使われているため、世の中には、それに役立つ
便利なフレームワークがたくさん出回っています。その中でも広く使われている代表的なフレー
ムワークとしては、次のようなものが挙げられます。

- Java EE（Java Platform, Enterprise Edition）、Jakarta EE
- Spring Framework、Spring Boot
- JSF（JavaServer Faces、Jakarta Server Faces）
- Servlet、JSP（JavaServer Pages）
- Apache Struts

Java標準仕様のJava EEとJakarta EE

上記のフレームワークのうちJava EEとJakarta EEは、サーバーサイドで動作する大規模
なJavaアプリケーションを開発するための機能をまとめて標準化したものです。後述するJSF
やServlet、JSPなど多くの機能が含まれています。エンタープライズ分野向けの標準Javaプラッ
トフォームとして定められており、複数の企業や業界団体によってその仕様が策定されてい
ます。

Java EEおよびJakarta EEには、小規模なWebサイトから大規模な業務システムまで、あら
ゆる規模のアプリケーションに対応するためのライブラリやフレームワークが含まれています。
実際に動作する実装はOracle社やIBM社、Red Hat社などの企業やオープンソースプロジェ
クトからリリースされていますが、いずれも標準仕様に準拠して作られているため、相互に互
換性が保たれているというメリットがあります。

以前はJava EEの名前で開発されていましたが、Java EE 8のリリースを最後に仕様策定と開
発がオープンソースプロジェクト運営団体のEclipse財団に移管され、その際に名称が「Jakarta
EE」に変更されました。そのため、バージョン8以前はJava EE、それ以降はJakarta EEという
名前になっています。バージョン8のみJava EE 8とJakarta EE 8の両方が存在しますが、これ
は名前が違うだけで機能的には同じものです。

デファクトスタンダードのSpring FrameworkとSpring Boot

Spring Frameworkは、Javaアプリケーション開発向けのフレームワークです。単に
Springと呼ばれることもあります。Java EE・Jakarta EEと同様に、小規模なWebサイトから

大規模な業務システムまで幅広くサポートするフレームワークであり、Java EE・Jakarta EEの代替としてさまざまな分野で採用されています。

　Java EE・Jakarta EEの場合、まず標準仕様を決めてから、それに準拠した実装を提供するという手続きを踏んで開発されます。そのため現場の開発者にとっては使い勝手が悪かったり、機能に関する要求が出てから実際に現場で利用できるようになるまでのタイムラグがあるなどといった問題があります。それに対してSpringは、標準仕様に縛られることなくユーザーの要求を積極的に導入する形で開発が進められているため、現場で必要な機能が素早く提供されるという特徴があります。

　Spring Frameworkは、目的別に開発されたさまざまなフレームワークの集合体という形で提供されます。例えばWebアプリケーション開発のためのフレームワークや、セキュリティ機能のためのフレームワーク、データ保管のためのフレームワークなどといったものがあり、Spring Frameworkの本体にはその核となる機能が用意されています。Spring Frameworkの一部として提供されている代表的なフレームワークとしては次のようなものがあります。

- Spring Boot
- Spring Data
- Spring MVC
- Spring Security
- Spring Web
- Spring Web Services

　Spring Frameworkによるアプリケーション開発では、これらの中から複数のフレームワークを組み合わせて使用することになります。機能別にフレームワークが分かれていることで、自分のアプリケーションに必要な機能のものだけを選んで使えるというのがSpring Frameworkの特徴です。

　このようにSpring Frameworkは多数の機能を備えていますが、その機能を適切に選んで使い分けるのが難しいという問題があります。これを解決するために開発されたのがSpring Bootです。Spring Bootには、複数のフレームワークを組み合わせて使用するときに必要となる各種設定や依存関係の解決を、可能な限り自動で行う機能が備わっています。また、アプリケーションを動かすのに最低限必要なクラスがあらかじめ用意されており、指定されたメソッドを呼び出すだけで起動できるような仕組みになっています。アプリケーションの実行基盤となるWebサーバーを簡単に埋め込むことができる点も大きな特徴です。このように、Spring Bootを使えばSpring Frameworkがもっと便利に使えるようになります。

Webアプリケーションの UI 開発に便利な JSF

JSF は Java EE・Jakarta EE の一部として搭載されているフレームワークの 1 つで、Web アプリケーションのユーザーインタフェースを作成するための機能が提供されます。正式名称は、Java EE に付属するものは JavaServer Faces、Jakarta EE に付属するものは Jakarta Server Faces と呼びます。この章の 21.3 節で紹介する「モデル・ビュー・コントローラ」の構成を実現することができるフレームワークで、JavaScript を書かなくてもブラウザ上の動きを制御でき、Java EE・Jakarta EE と切り離して単独で使用することもできるため、Web アプリケーション開発の現場で広く採用されています。

Servlet と、JSP とは何か

Java による Web アプリケーションの開発方法を調べようとすると、必ず出てくる用語に Servlet と JSP があります。Servlet は、サーバー上で Web ページなどを動的に生成したり、クライアントとのデータの受け渡しを行ったりする際に使用するフレームワークです。JSP は、Web ページを動的に生成する際に HTML ファイルの中に Java のプログラムを埋め込むことができるようにするフレームワークで、Java EE に付属するものは JavaServer Pages、Jakarta EE に付属するものは Jakarta Server Pages の略です。

2000 年代前半くらいまでは、Java で Web アプリケーションを開発する際には、Java EE に準拠したアプリケーションサーバーを使うのではなく、サーブレットコンテナとよばれる Servlet 専用のサーバー上で Servlet と JSP を組み合わせて使うのが主流でした。しかし現在の Java アプリケーション開発では、Servlet や JSP が必要となるケースはまずありません。Servlet については、現在も Web サーバー側の基盤部分の仕組みとして利用しているフレームワークがありますが、各フレームワークがより使いやすいインタフェースを用意してくれているため、Servlet 自体を直接触る必要はないでしょう。JSP はほとんど利用されておらず、この章の 21.5 節で解説するテンプレートエンジンを使うのが主流となっています。

したがって、これから Java による Web アプリケーション開発にチャレンジしようという人が、あえて Servlet や JSP について勉強する必要は特にありません。

ひと昔前に主流だった Apache Struts

Apache Struts はオープンソースの Web アプリケーションフレームワークで、前述の Servlet と JSP をベースに開発されています。2000 年代中頃までは非常に多くのプロジェクトで採用されており、Java による Web アプリケーション開発のデファクトスタンダードになっていました。しかし、ソフトウェア技術の進歩とともに多くの欠点が指摘されるようになり、現在では新規の採用は推奨されていません。ただし古くからあるシステムでは、Struts で開発されたものがまだ現役で稼働している例も少なくないため、保守や移行の現場では触れる機会がある

かもしれません。

21.2 Spring Bootでタスク管理アプリケーションを作ってみる

　それでは、実際にJavaで簡単なWebアプリケーションを作ってみましょう。今回チャレンジするのは、Webサーバー上で動作するタスク管理アプリケーションの開発です。フレームワークにはSpring Bootを利用します。

21.2.1 タスク管理アプリケーションの概要

　この章で作るのは、ユーザーがWebサイト上で自分の「タスク（やること）」をメモして、一覧で確認できるようなアプリケーションです。練習なので複雑な機能は考えず、まずは単純にタスクの追加と、登録済みのタスクが一覧表示できることを目指します。アプリケーションの利用者と機能を整理するための図であるユースケース図を書いてみると、図21.2のような感じになります。ユースケース図はシステムの機能をユーザーの視点から整理するために使われる図です。システムの設計に利用される標準的な図式化の手法としてUML（Unified Modeling Language）というものがあり、ユースケース図はその一部として使われています。

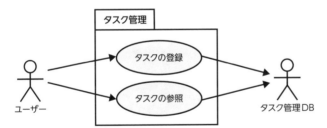

図21.2 ● タスク管理アプリケーションのユースケース図

　ユーザーが使う機能として、タスクを新規で登録する「タスクの登録」と、登録したタスクを確認する「タスクの参照」があります。登録されたタスクの情報はデータベースに格納することを目指します。なお、データベースに関する詳細は次章で解説します。

　ここにもう少し機能を追加するとしたら、登録したタスクの情報を更新する「タスクの編集」や、タスク情報を削除する「タスクの削除」あたりでしょうか。ユースケース図は**図21.3**のようになります。

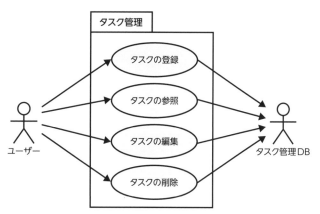

図21.3 ● 機能追加版タスク管理アプリケーションのユースケース図

　タスク情報の中身として記録しておきたい項目は、「タスク名」、「作業の終了期限」、「完了したかどうかの状態」です。これらの項目とは別に、個別のタスクを識別するためのIDも必要です。これらの項目を、タスク管理データベースに「タスクリスト」というテーブルを用意して格納することにします（**図21.4**）。

図21.4 ● データベースに格納する項目

　アプリケーションの全体像をイメージしやすいように、完成した画面の例も載せておきましょう（**図21.5**）。1つのページでタスクの登録と一覧表示ができる、シンプルなユーザーインタフェースを想定しています。タスクの編集や削除は、一覧表の中のボタンをクリックして行います。

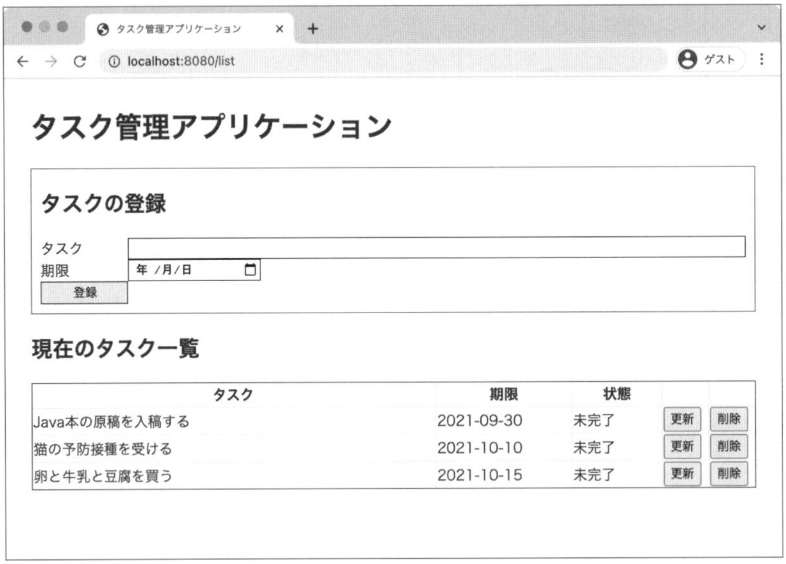

図21.5 ● タスク管理アプリケーションの完成図

　アプリケーションを作るとなると、ついいろいろな機能を付けたくなりますが、最初は最小限の機能に限定したシンプルなものにして、実際に動くものを完成させることを目指しましょう。そうして、アプリケーションを完成させるまでの一連の手順を肌で体験することが大切です。

21.2.2 Webアプリケーション用のプロジェクトを作る

　タスク管理アプリケーション開発の第一歩として、まずはIntelliJ IDEAでWebアプリケーション向けプロジェクトを用意しましょう。

Spring Initializrを使ってタスク管理アプリケーションの雛形を作る

　IntelliJ IDEA上で一からプロジェクトを作成することもできますが、Spring Bootを使う場合は、もっと簡単な方法としてSpring Initializrというサービスを使うことをお勧めします。

　Spring Initializrは Spring Bootアプリケーションの雛形を作成してくれるサービスです。これはSpringプロジェクトが公式に提供しており、誰でも無料で利用できます。Spring Bootを使ってアプリケーション開発を始めるには最もスタンダードな方法になっています。

　Spring Initializrのサイトにアクセスすると、**図21.6**のような画面が表示されます。

　■Spring Initializr
　URL https://start.spring.io/

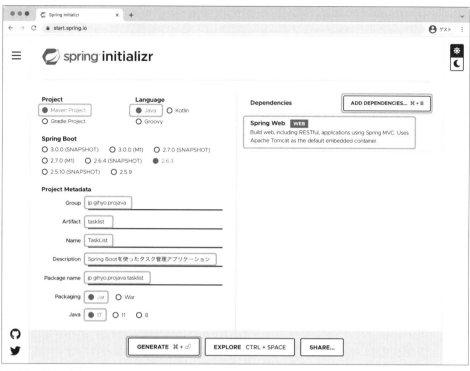

図21.6 ● Spring Initializr

Spring Initializrのページの項目を**表21.1**のように設定してください。

表21.1 ● タスク管理アプリケーション用の設定

設定項目	説明	設定値
Project	使用するビルドシステム	Maven Project
Language	使用するプログラミング言語	Java
Spring Boot	Spring Bootのバージョン	デフォルト
Group	グループ名	jp.gihyo.projava
Artifact	アーティファクト名	tasklist
Name	アプリケーション名	TaskList（Artifactに入力したものと同じ文字列が自動的に入るが、TとLを大文字にする）
Description	アプリケーションの概要	Spring Bootを使ったタスク管理アプリケーション
Package Name	Javaプログラムのパッケージ名	jp.gihyo.projava.tasklist
Packaging	アプリケーションのパッケージングの方法	Jar
Java	使用するJavaのバージョン	17
Dependencies	プロジェクトで使用する機能	ADD DEPENDENCIES…を押してSpring Webを追加

［Dependencies］には、アプリケーションで使用するライブラリを選択します。ライブラリは
あとからMavenの設定ファイルであるpom.xmlを編集すれば自由に追加・削除できますが、確
実に使用するものについては［ADD DEPENDENCIES...］ボタンをクリックして最初の段階で
選んでおくといいでしょう。今回はWebアプリケーションを作りたいので、そのために必要と
なる「Spring Web」を追加しておきます。

　設定できたら、下部にある［GENERATE］ボタンをクリックします。これでプロジェクトの
雛形が作成され、ZIPファイルとしてダウンロードできます。ZIPファイルがダウンロードでき
たら、それを適当なフォルダに解凍してください。

IntelliJ IDEAでプロジェクトを開く

　続いて、ダウンロードしたプロジェクトをIntelliJ IDEAで開きましょう。IntelliJ IDEAを起
動して、最初の［IntelliJ IDEAへようこそ（Welcome to IntelliJ IDEA）］画面で［開く（Open）］
ボタンをクリックします。そして、ZIPファイルを解凍して出てきたフォルダを選択します。

　このとき、図21.7のように「プロジェクトを信頼して開きますか？（Trust and Open Project
'[プロジェクト名]'?）」という警告が出た場合は、［プロジェクトを信頼（Trust Project）］ボタ
ンをクリックすれば次に進むことができます。これは提供元がわからないような怪しいプロジェ
クトを不用意に開かないようにするための警告なので、今回のように自分で作成したプロジェ
クトであれば信頼してしまって大丈夫です。［～のプロジェクトを信頼する（Trust projects in
～）］にチェックを入れておけば次回からは警告が出なくなります。

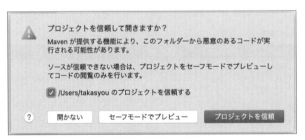

図21.7 ● IntelliJ IDEAの初回の警告

　初回の起動には少し時間がかかります。起動が完了したら、左のプロジェクトツリーを見て
みましょう（図21.8）。プロジェクトの定義ファイルやソースコードのディレクトリ、Maven用
の設定ファイルであるpom.xml、必要となる外部ライブラリなど、基本的な構成ファイルが揃っ
ていることが確認できます。

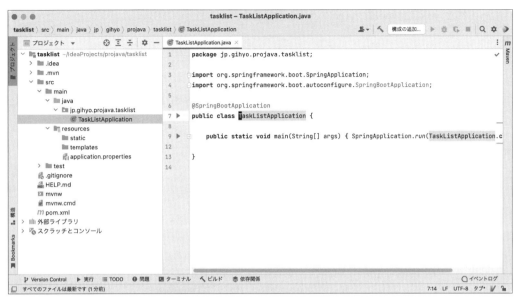

図21.8 ● IntelliJ IDEAでプロジェクトを開いた様子

■■■ mainメソッドを持つTaskListApplicationクラス

ソースコードは src/main/java ディレクトリの下にあります。初期状態では、jp.gihyo. projava.tasklist パッケージの下に、TaskListApplication というクラスのファイルが1つ だけ用意されています。これが、今回作るタスク管理アプリケーションの main メソッドを持っ たクラスになります。

■ TaskListApplication.java

```java
package jp.gihyo.projava.tasklist;

import org.springframework.boot.SpringApplication;
import org.springframework.boot.autoconfigure.SpringBootApplication;

@SpringBootApplication
public class TaskListApplication {

    public static void main(String[] args) {
        SpringApplication.run(TaskListApplication.class, args);
    }

}
```

TaskListApplication クラスは Spring Initializr によって自動的に作成されたものです。ア プリケーションの設定をプログラム上で変更したいなどの特別な理由がない限りは、自動生成

されたTaskListApplicationクラスを直接書き換える必要はありません。

pom.xmlの依存関係の記述を確認する

Spring Initializrでプロジェクトを作成するときにビルドシステムとしてMavenを選択したので、Maven用の設定ファイルであるpom.xmlも自動で生成されています。ここで重要なのは、依存関係の設定である次の部分です。

■pom.xml

```xml
<dependencies>
    <dependency>
        <groupId>org.springframework.boot</groupId>
        <artifactId>spring-boot-starter-web</artifactId>
    </dependency>

    <dependency>
        <groupId>org.springframework.boot</groupId>
        <artifactId>spring-boot-starter-test</artifactId>
        <scope>test</scope>
    </dependency>
</dependencies>
```

使用するライブラリとしてSpring Initializrで「Spring Web」を追加したので、pom.xmlにはその設定が反映されて、spring-boot-starter-webというモジュールへの依存関係が追加されています。これで、Webアプリケーションを作る際に必要となるさまざまなAPIが利用できるようになります。

Spring WebにはデフォルトでApache Tomcat（以下Tomcat）というWebアプリケーションサーバーが付属しています。Spring Webを有効にしたアプリケーションでは、別途Webアプリケーションサーバーを用意しなくても、Tomcatを使ってサーバー側のプログラムを動作させることができます。

そのほか、このpom.xmlにはspring-boot-starter-testという、JUnitなどのテストツールを統合したモジュールへの依存関係も記述されています。これによって、Spring Bootアプリケーションでは、別途ライブラリを追加しなくても第18章「JUnitとテストの自動化」で解説したようなJUnitを使ったテストを作成および実行することができます。ここではテストについての解説はしませんが、実際にアプリケーションを開発する際は、アプリケーション本体のコードと並行してテストケースも用意しながら作業を進めることが推奨されています。

JDKと実行構成の設定を行う

実際にプログラムを作成する前に、プロジェクトをビルドや実行をするためのJDKと実行構成の設定をしておきましょう。

　まずはこのプロジェクトで使用するJDKを設定します。IntelliJ IDEAの［ファイル（File）］メニューから［プロジェクト構造…（Project Structure…）］を選択し、［プロジェクト構造（Project Structure）］ダイアログを開きます（**図21.9**）。

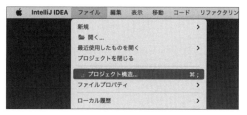

図21.9 ● ［ファイル］メニューの［プロジェクト構造…］を選択

　そして、［プロジェクト構造（Project Structure）］ダイアログの左側のメニューから［プロジェクト（Project）］を選択し、右側のパネルの［SDK］で使用するJDK（今回の例では「Oracle Open JDK 17」）を選択します（**図21.10**）。選択できたら、［OK］ボタンをクリックすれば設定が反映されます。

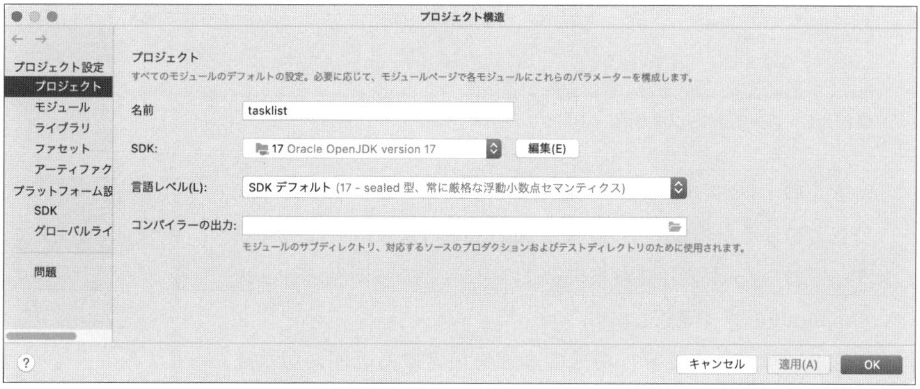

図21.10 ● ［プロジェクト構造］ダイアログ

　続いて、アプリケーションを実行するための実行構成を設定します。実行構成を追加するには、IntelliJ IDEAの右上にある［構成の追加（Add Configuration）…］ボタンをクリックします（**図21.11**）。

図21.11 ● 実行構成を追加する［構成の追加…］ボタン

すると、次のように［実行 / デバッグ構成（Run/Debug Configurations）］ダイアログが表示されます（図21.12）。

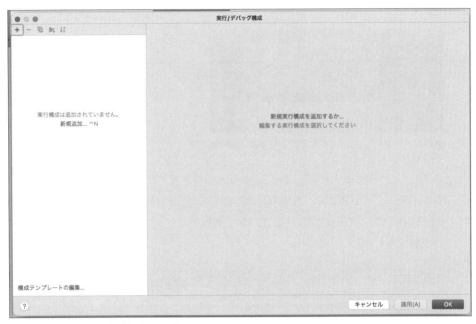

図21.12 ● ［実行/デバッグ構成］ダイアログ

　左上の［＋］アイコンをクリックします。これは新規で実行構成を作成するためのアイコンで、図21.13のように実行構成のタイプのリストが表示されます。この中から［アプリケーション（Application）］を選択します。

　図21.14のように実行構成の詳細を設定する画面に切り替わります。［名前（Name）］には好きな名前を、［ビルドと実行（Build and run）］のプルダウンリストでは使用するJavaの実行環境を選択します。この本の例では、名前に「Tomcat」を入力し、Javaの実行環境は［Java 17］を指定しています。

図21.13 ● 実行構成の新規追加

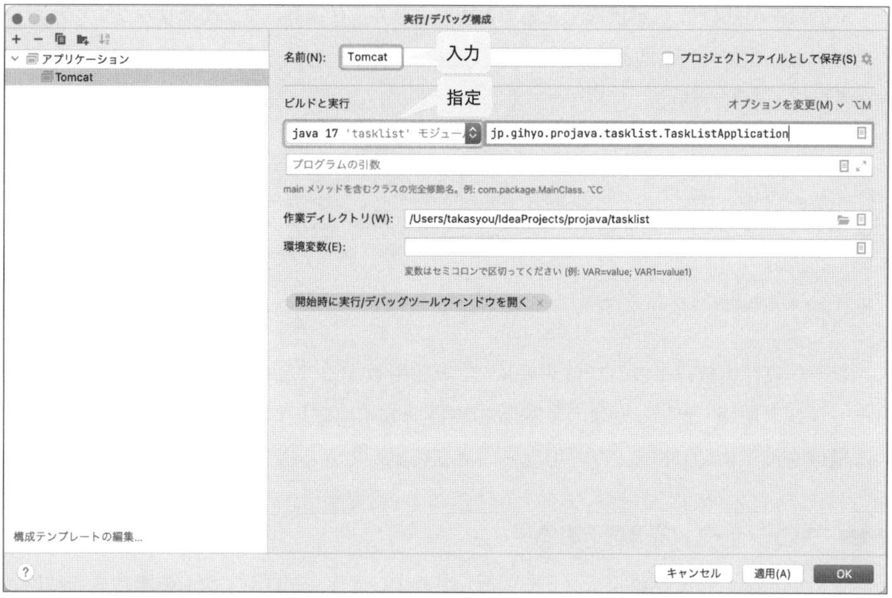

図21.14 ● 実行構成の詳細設定

実行環境の右側の入力フィールドには、タスク管理アプリケーションを実行する際に最初に
呼び出されるmainメソッドを持ったクラスを指定します。［ビルドと実行（Build and run）］の
メインクラス（Main class）欄右端のアイコン（🗐）をクリックするとクラスを選択する［メイ
ンクラスの選択（Choose Main Class）］ダイアログが表示されます（図21.15）。まず上部の［プ
ロジェクト（Project）］タブを選択し、プロジェクトのファイルツリーから［src］→［main］→
［java］→［jp.gihyo.projava.tasklist］とたどり、図21.15のようにTaskListApplicationクラス
を選択して［OK］ボタンをクリックしてください。

図21.15 ●［メインクラスの選択］ダイアログ

そのほかの部分は初期状態のままでかまいません。［OK］ボタンをクリックすると実行構成が作成され、先ほど［構成の追加（Add Configuration）］というボタンが表示されていた部分が、いま作成した実行構成の名前（この本の例では「Tomcat」）に変わっているはずです（**図21.16**）。

図21.16 ● 実行構成に「Tomcat」が追加された

なお、実行構成は1つのプロジェクトで複数用意することもできます。「ローカル環境」、「ステージング環境」といったように複数の実行構成を用意しておくことで、状況に応じて使用する構成を簡単に切り替えてアプリケーションを実行できるようになります。

プロジェクトを実行する

この時点で、一度プロジェクトを実行してみましょう。プロジェクトを実行するには、実行構成の右側にある実行アイコンをクリックするか、［Shift］＋［F10］（［Control］＋［R］）キーを押します。

図21.17 ● プロジェクトの実行アイコン

まずWebアプリケーションサーバーとしてTomcatが起動し、その上でWebアプリケーションが実行されます。成功すると、IntelliJ IDEAの実行ウィンドウに「Spring」のアスキーアートと、実行ログが表示されます（**図21.18**）。

Spring Webのデフォルト設定では、組み込みWebサーバーのTomcatが起動し、その上でいま作ったタスク管理アプリケーションが実行されます。ログをよく見ると、「Tomcat started on port(s): 8080 (http)」という記述があり、Tomcatが「8080」番ポートで起動していることがわかります。また、特に指定がない場合、Tomcatはlocalhost、すなわち現在作業しているマシンの上で起動します。したがって、この例ではlocalhostの8080番ポートで起動していることになります。この場合、Webブラウザからタスク管理アプリケーションにアクセスするためのURLは「http://localhost:8080/」です。この本の解説は、すべてこの例に則って8080番ポートでTomcatが実行されているものとして進めていきます。もし別のアプリケーションがすでに8080番ポートを使用している場合は、「Port 8080 was already in use.」といったエラーメッセージが出力されて起動に失敗します。その場合、src/main/resourcesフォルダの中にあるapplica tion.propertiesファイルを開いて、次の設定を追加することで、Tomcatが使用するポート番号を変更できます。

```properties
server.port = 8888
```

　この例の場合は8888番ポートが使用されます。「8888」の部分を変えれば、他のポート番号で起動することもできます。

図21.18 ● Spring Bootの実行画面

実行中のプロジェクトを再起動する

　プログラムや設定ファイルを修正した場合、それを実行中のプロジェクトに反映させるには、一度プロジェクトを再起動する必要があります。プロジェクトの再起動は、実行構成の右側に再生アイコンの代わりに現れた再実行アイコンをクリックするか（図21.19）、実行時と同じように［Shift］＋［F10］（［Control］＋［R］）キーを押します。

図21.19 ● プロジェクトの再実行アイコン

　もし図21.20のようなダイアログが表示されて、アプリケーションサーバーであるTomcatを停止するかどうか聞かれた場合には、［停止して再実行（Stop and Rerun）］ボタンをクリックしてください。なお、［今後このダイアログを表示しない（Do not show this dialog in the future）］のチェックボックスにチェックを入れておくと、次回以降はこの確認ダイアログは表示されなくなります。

図21.20 ● Tomcatの停止を確認するダイアログ

実行中のプロジェクトを停止する

　実行中のプロジェクトを停止したい場合には、再生アイコンの右のほうにある停止アイコンをクリックするか（**図21.21**）、［Ctrl］＋［F2］（［Command］＋［F2］）キーを押します。

図21.21 ● プロジェクトの停止アイコン

21.3　RestControllerでWebアプリケーションの仕組みを学ぶ

　Webアプリケーションの中身は「モデル」「ビュー」「コントローラ」と呼ばれる3つのパーツに分けて考えることができます。詳細については後ほど解説しますが、簡単に言うと、「モデル」はアプリケーションで使用するデータを保持する部分、「ビュー」はユーザーによって利用されるユーザーインタフェースの部分、「コントローラ」はユーザーインタフェースから送られてくるリクエストを処理する部分です。JavaによるWebアプリケーションは、この3つの部分をそれぞれ作って組み合わせるような構成になっています。このような構成および仕組みは、「モデル（Model）」「ビュー（View）」「コントローラ（Controller）」の頭文字を取ってMVCモデルと呼ばれることがあります。

21.3.1　@RestControllerアノテーションでコントローラを作成する

　ここでは、まずコントローラの部分を作ってみましょう。Webアプリケーションの場合には、ユーザーインタフェースはWebブラウザで表示するWebページにあたります。この章の21.1節で、Webページとサーバー側のプログラムとの間の通信には、HTTPのリクエストとレスポンスが使われるという話をしました。したがって、この場合のコントローラは、Webページか

ら送られてくるHTTPリクエストを処理する部分だと考えることができます。

　ここでは、コントローラのためのクラスを jp.gihyo.projava.tasklist パッケージに「Home RestController」という名前で作ります。HomeRestController の中身は、ひとまず次のようにします。

```Java
package jp.gihyo.projava.tasklist;

import org.springframework.web.bind.annotation.RequestMapping;
import org.springframework.web.bind.annotation.RestController;
import java.time.LocalDateTime;

@RestController
public class HomeRestController {
    @RequestMapping(value="/resthello")
    String hello() {
        return """
                Hello.
                It works!
                現在時刻は%s です。
                """.formatted(LocalDateTime.now());
    }
}
```

コントローラを作るための2種類のアノテーション

　Spring Bootには、コントローラを作るためのアノテーションがいくつか用意されています。よく使われるのは @Controller と @RestController の2つです。このいずれかのアノテーションをクラスに対して付けておくだけで、あとは Spring Boot が「このクラスはコントローラだ」と判断して、HTTPに関するさまざまな処理を自動で行ってくれるようになります。

　今回は @RestController アノテーションを使っています。@Controller と @RestController の違いについては後述しますが、通常、@RestController アノテーションはユーザーインタフェースとしてのHTMLを返さないWebアプリケーションを作る場合に使われます。

21.3.2 クライアントからのリクエストに応えるためのエンドポイントを作る

　HomeRestController クラスには hello というメソッドを1つだけ宣言しています。hello メソッドには、@RequestMapping というアノテーションを付けています。@RequestMapping アノテーションは、クライアントからのリクエストを処理するメソッドであることを表すアノテーションになります。つまり hello メソッドは、クライアントからなんらかのリクエストが送られてきた場合に呼び出されるメソッドだということです。

　@RequestMapping アノテーションには、value属性の値として "/resthello" という文字列を

指定しています。@RequestMappingのvalue属性は、URLのどのパスに対するリクエストがこのメソッドで処理されるのか指定するために使われます。例えばこのWebアプリケーションが「http://www.example.com/」というURLで公開されている場合、リクエストが「http://www.example.com/」に対して送られたのならば"/"に対応したメソッドが、「http://www.example.com/hello」に対して送られたのならば"/hello"に対応したメソッドが呼び出されることになります。

　アノテーションの宣言では、属性名の「value=」の部分を省略して次のように書くこともできます。

```java
@RequestMapping("/resthello")
```

これは、Javaのアノテーションには、value属性だけを指定する場合に限って属性名を省略できるという決まりがあるためで、こちらの省略形のほうがよく使われています。

　helloメソッドは、戻り値として現在時刻を含む文字列を返します。helloメソッドはコントローラとしてクライアントとの通信の窓口になっているので、この戻り値はSpring Bootによって HTTPレスポンスに変換されてそのままクライアントへ送られることになります。

　以上をまとめると、このWebアプリケーションは、クライアントが「http://www.example.com/resthello」にアクセスしたら現在時刻を含んだ文字列をクライアントに返す、というものになります。

　ちなみに、helloメソッドのようなクライアントとの窓口になるメソッドのことを、Webアプリケーションの**エンドポイント**と呼んだりします。今回はまだhelloメソッド1つだけしか用意していませんが、1つのコントローラにパスやパラメータが異なる複数のエンドポイントを用意することもできます。

　そのほかの注意点としては、helloメソッドはstaticメソッドではなくインスタンスメソッドとして宣言しなければならないことが挙げられます。helloメソッドに限らず、Spring Bootアプリケーションで使用するクラスのメソッドは、インスタンスメソッドとして宣言するのが基本です。これは、HomeRestControllerクラスを始めとするさまざまなクラスのインスタンス生成が、フレームワークの内部で自動的に行われる仕組みになっており、メソッド呼び出しは原則としてそれらのインスタンスに対して実行されるためです。

21.3.3　helloエンドポイントにアクセスしてみる

　それでは、キーボードショートカットの［Shift］＋［F10］（［Control］＋［R］）キーを押してプロジェクトを実行してみましょう。アプリケーションが正しく起動したら、Webブラウザを開いて、アドレスバーに「http://localhost:8080/resthello」と入力してアクセスしてみてくだ

さい。次のように「Hello. It works!」という文字列と現在の時刻が表示されていれば成功です。なお、ソースコード中で文字列の途中に入っている改行は、Webブラウザでは無視されて1行で表示されます。

図21.22 ● Webアプリケーションの実行

21.3.4　タスク管理アプリケーションをコマンドラインから起動する

IntelliJ IDEAを使っている場合は、実行ボタンをクリックするだけで今回作成したアプリケーションを起動することができます。しかしこれを実際のサーバー上で実行するときには、IntelliJ IDEAとは切り離して起動できる必要があります。こういった場合、アプリケーションをJARファイルにまとめて、それをサーバー上で実行するという手段があります。

実行可能なJARファイルの作成方法

Spring Bootには、作成したアプリケーションから実行可能なJARファイルを生成する機能が含まれています。JARファイルの生成そのものはMavenまたはGradleのビルドシステムを利用して行いますが、そのために必要な設定などはあらかじめ用意されているため、特別に追加の設定を行う必要はありません。

JARファイルを生成するには、まずIntelliJ IDEA画面の右のほうにある［Maven］というタブをクリックして、Mavenツールウィンドウを開きます。そして、図21.23のように［TaskList］→［ライフサイクル（Lifecycle）］とたどり、［package］を右クリックして、メニューの中から［Mavenビルドの実行（Run Maven Build)］を選択します。

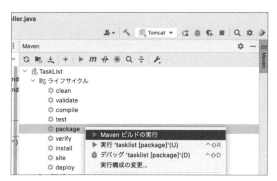

図21.23 ● Mavenビルドの実行

生成に成功すると、実行ウィンドウには「BUILD SUCCESS」と表示されます（図21.24）。

図21.24 ● ビルド成功

　プロジェクトウィンドウの target ディレクトリには、図21.25 のように tasklist-0.0.1-SNAPSHOT.jar という名前の JAR ファイルが生成されているはずです。なお、このファイル名は pom.xml に設定されている artifactId および version を元に自動的に決まります。この JAR ファイルにはタスク管理アプリケーションを実行するために必要となる Web サーバー（Tomcat）なども含まれており、java コマンドを使って実行することができます。

図21.25 ● JAR ファイルが作成されている

JAR ファイルからタスク管理アプリケーションを起動する

　試しに、この JAR ファイルからタスク管理アプリケーション起動してみましょう。もし IntelliJ IDEA でプロジェクトを実行したままの場合は、JAR ファイルから起動する前に停止しておく必要があります。これは、IntelliJ IDEA で起動した Tomcat が 8080 番ポートを使ったままだと、JAR ファイルから起動した Tomcat が同じポートを使うことができないためです。

　JAR ファイルから Java プログラムを実行するには、まずその JAR ファイルが置かれている場所のパスを知る必要があります。IntelliJ IDEA で JAR ファイル名を右クリックして、メニュー

から［パス／参照のコピー（Copy Path/Reference）…］を選択します（**図21.26**）。続いて表示される選択肢では［絶対パス（Absolute Path）］を選択してください（**図21.27**）。

図21.26 ● パス/参照のコピー

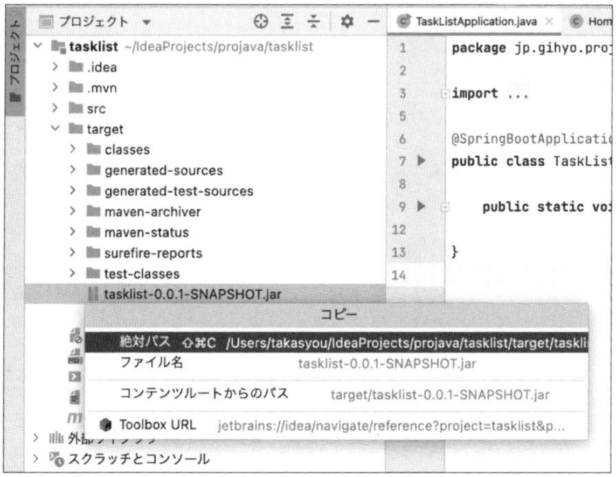

図21.27 ● 絶対パスの選択

　これで、クリップボードにJARファイルの絶対パスがコピーされました。

　続いて、Windowsであれば「コマンドプロンプト」、macOSであれば「ターミナル」を立ち上げます。そして、次のコマンドを実行してみましょう。＜ファイル名＞のところは、今クリップボードにコピーしたJARファイルの絶対パスを貼り付けてください。

構文　JARファイルの実行

```
java -jar <ファイル名>
```

IntelliJ IDEAで起動したときと同じようにログが表示されて、アプリケーションが起動して
ローカルホストの8080番ポートで待ち受けていることを確認できます。この状態でWebブラ
ウザから「`http://localhost:8080/resthello`」にアクセスすれば、「Hello. It works!」という
文字と現在時刻が表示されるはずです。

▬ JARファイルから起動したアプリケーションを停止する

JARファイルでアプリケーションを起動した場合、停止するには起動に使用したコマンドプ
ロンプトまたはターミナルでキーボードから［Ctrl］＋［C］を押してください。起動したままだと、
Tomcatが8080番ポートを使用したままの状態になってしまい、あとでIntelliJ IDEAでプロジェ
クトを実行した際にエラーになります。

21.4　モデルを使ってアプリケーションの内部情報を保持する

ひとまずWebサーバー上のプログラムとWebブラウザとの通信ができるようになったので、
次にタスク情報を保持するための「モデル」の部分を作っていきます。

21.4.1　タスクの情報を保持するためのモデルの作成

モデルは通常、保持したい情報をフィールド値に格納する形のクラスとして宣言しますが、
情報を格納するためのクラスになるので、Java 17以降ではレコードを使って宣言するのがいい
でしょう。

今回作成するタスク管理アプリケーションでは、個々のタスクの情報として**表21.2**に挙げ
ているような内容を保持することにします。

表21.2 ● タスク情報のモデルに保持させたいフィールド値

レコード名、コンポーネント名	型	内容
id	String	一意のID
task	String	タスク名
deadline	String	タスクの期限
done	boolean	完了したか否か

これをレコードとして宣言すると次のようになります。レコード名はTaskItemとしました。

```java
record TaskItem(String id, String task, String deadline, boolean done) {}
```

　TaskItemレコードは1つのタスクの情報を保持するためのものですが、タスク管理アプリケーションでは複数のタスクを登録できるようにしなければなりません。そこで、ArrayListクラスを利用して、次のように複数のTaskItemオブジェクトを格納するフィールドを用意します。

```java
private List<TaskItem> taskItems = new ArrayList<>();
```

　この2つの宣言をHomeRestControllerクラスの先頭部分に追加すると、次のようなコードになります。なお、taskItemsのようなフィールドについても、メソッドと同様の理由でstatic変数ではなくインスタンス変数として宣言することが原則となっています。

```java
@RestController
public class HomeRestController {

    record TaskItem(String id, String task, String deadline, boolean done) {}
    private List<TaskItem> taskItems = new ArrayList<>();

    // 省略
}
```

　これで、HomeRestControllerクラスに、タスク情報を保持するための入れ物が用意できました。

21.4.2　タスクを追加するエンドポイントの作成

　続いて、Webブラウザを使ってタスクを追加したり、登録されているタスクを一覧表示できるようにしてみましょう。まず、ブラウザからHTTPリクエストとしてタスク情報を受け取るためのエンドポイントをaddItemというメソッド名で宣言します。

```java
@GetMapping("/restadd")
String addItem(@RequestParam("task") String task,
               @RequestParam("deadline") String deadline) {
    String id = UUID.randomUUID().toString().substring(0, 8);
    TaskItem item = new TaskItem(id, task, deadline, false);
    taskItems.add(item);

    return "タスクを追加しました。";
}
```

　ここでもいくつかのアノテーションを使うことで、HTTP通信に関する部分の実装をSpring Webに任せています。まずメソッド自体には@GetMappingというアノテーションが付けられて

います。これは先ほどhelloメソッドで使った@RequestMappingアノテーションと同様に、ク
ライアントからのリクエストを処理するメソッドであることを表しています。@RequestMapping
アノテーションはHTTPのGETメソッドとPOSTメソッドの両方に対応していて、明示的にど
のメソッドのリクエストを受け付けるかどうか、指定することもできます。一方、@GetMapping
はGETメソッド専用のアノテーションになっています。属性値として"/restadd"を指定して
いますが、これはvalue属性の「value=」を省略したものです。

　詳しい説明は省略しますが、

```java
@GetMapping("/restadd")
```

は、

```java
@RequestMapping(value="/restadd", method=RequestMethod.GET)
```

というように記述したのと同じ意味になります。

　addItemメソッドはtaskとdeadlineという2つのString型の引数を受け取りますが、この
2つの引数には@RequestParamというアノテーションを指定しています。@RequestParamアノ
テーションが付けられた引数は、自動的にHTTPリクエストのパラメータと関連づけられるよ
うになります。アノテーションに指定した値が、HTTPリクエストのパラメータ名に対応します。

　つまりこの例の場合、/restaddエンドポイントに対してHTTPリクエストが送られると
addItemメソッドが呼び出されます。そしてそのHTTPリクエストのtaskパラメータの値と
deadlineパラメータの値が、それぞれaddItemメソッドが呼び出される際に第1引数、第2
引数として渡されるという仕組みです。

　メソッドの中身は、受け取った2つの引数を使って新しくTaskItemオブジェクトを作成し、
それをtaskItemsフィールドに追加するというものになっています。TaskItemのコンストラク
タには、ID、タスク名、期限、完了か否かのbooleanという4つの引数を渡す必要があります
が、このうちタスク名と期限は、それぞれ引数のtaskとdeadlineの値をそのまま使用します。

　IDは重複のない値にしたいので、java.util.UUIDクラスのrandomUUIDメソッドを使って生
成することにしました。UUIDクラスを使ったこの方法は、ランダムに一意の値を生成したい場
合の常套手段です。UUIDで生成される文字列は32文字ですが、今回はURLに埋め込まれる
値を紙面に記載する都合上、先頭の8文字だけを切り出して使っています。

　完了か否かの値は、初期状態では未完了なので必ずfalseを渡します。

　ここまでできたら、[Shift]＋[F10]（[Control]＋[R]）キーを押してプロジェクトを再実行し
てみましょう。そして、ブラウザからタスクを追加してみます。まだユーザーインタフェース
となるWebページを作っていませんが、GETメソッドを使ったHTTPリクエストであればURL

だけでも送ることができます。ブラウザのアドレスバーに次のようなURLを入力してリクエストを送信してみてください。

> http://localhost:8080/restadd?task=Java本の原稿を書く&deadline=2021-09-30

このURLの場合、「task=Java本の原稿を書く」の部分がtaskパラメータ、「deadline=2021-09-30」の部分がdeadlineパラメータになります。

次のように画面に「タスクを追加しました。」と表示されれば、リクエストは成功です（**図21.28**）。

図21.28 ● タスク追加画面

21.4.3　タスクを一覧表示するエンドポイントの作成

このままではどんなタスクが登録されているのかがわかりません。そこで、登録済みのタスクを一覧表示するエンドポイントも追加してみます。例としては次のリストのようになります。

```java
@GetMapping("/restlist")
String listItems() {
    String result = taskItems.stream()
            .map(TaskItem::toString)
            .collect(Collectors.joining(", "));
    return result;
}
```

addItemメソッドと同様に@GetMappingアノテーションを指定して、GETメソッドでリクエストを受け付けます。value属性には"/restlist"を設定しました。

タスク情報はtaskItemsフィールドに格納されているので、listItemsメソッドではtaskItemsの各要素をtoStringメソッドで文字列に変換し、それを結合して返すようになっています。

これらの変更点を反映させたHomeRestControllerクラスのソースコードは次のようになります。

```java
package jp.gihyo.projava.tasklist;
```

6

Webアプリケーション開発

21

Spring BootでWebアプリケーションを作ってみる

```java
import org.springframework.web.bind.annotation.GetMapping;
import org.springframework.web.bind.annotation.RequestMapping;
import org.springframework.web.bind.annotation.RequestParam;
import org.springframework.web.bind.annotation.RestController;
import java.time.LocalDateTime;
import java.util.ArrayList;
import java.util.List;
import java.util.UUID;
import java.util.stream.Collectors;

@RestController
public class HomeRestController {

    record TaskItem(String id, String task, String deadline, boolean done) {}
    private List<TaskItem> taskItems = new ArrayList<>();

    @RequestMapping(value="/resthello")
    String hello() {
        return """
                Hello.
                It works!
                現在時刻は%sです。
                """.formatted(LocalDateTime.now());
    }

    @GetMapping("/restadd")
    String addItem(@RequestParam("task") String task,
                   @RequestParam("deadline") String deadline) {
        String id = UUID.randomUUID().toString().substring(0, 8);
        TaskItem item = new TaskItem(id, task, deadline, false);
        taskItems.add(item);

        return "タスクを追加しました。";
    }

    @GetMapping("/restlist")
    String listItems() {
        String result = taskItems.stream()
                .map(TaskItem::toString)
                .collect(Collectors.joining(", "));
        return result;
    }
}
```

それでは、プロジェクトを再ビルドして実行してみましょう。Tomcatの起動に成功したら、先ほどと同じようにブラウザのアドレスバーからいくつかのタスクを登録してみてください。

■ **タスクの登録例**

```
http://localhost:8080/restadd?task=Java本の原稿を書く&deadline=2021-09-30
http://localhost:8080/restadd?task=編集部に進捗報告をする&deadline=2021-09-20
```

タスクを登録したら、今度はアドレスバーに「http://localhost:8080/restlist」と打ち込んでみましょう。このリクエストはHomeControllerのlistItemsメソッドに紐づけられているはずなので、図21.29のように、登録したタスクのオブジェクトが文字列として表示されれば成功です。

図21.29 ● タスクの一覧

21.5 ユーザーインタフェースの作成にテンプレートエンジンを活用する

ここまでの例では、タスク管理アプリケーションの「モデル」「ビュー」「コントローラ」のうち「モデル」と「コントローラ」の部分は作りましたが、ユーザーインタフェースの部分を担う「ビュー」については、単にテキストをそのまま表示するだけでした。これではWebアプリケーションとして成り立ちません。この節では、タスク管理アプリケーションを「ビュー」を持つように変更していきます。

Webアプリケーションにおけるユーザーインタフェースは、HTMLを使って記述されたWebページということになります。先ほどの例ではWebブラウザへのレスポンスとして文字列をそのまま返していましたが、ユーザーインタフェースとして成り立たせるためには、見た目を整えたHTML文書として返してあげる必要があるわけです。リクエストのパラメータについても、アドレスバーにURLの一部として打ち込むのではなく、HTMLのフォームから入力できるようにする必要があります。

21.5.1 @Controllerアノテーションでコントローラを作成する

HTTPレスポンスとして文字列をそのまま返す場合には、コントローラは@RestController

アノテーションを使って宣言しますが、今回のようにHTMLを返したい場合には、同じく
Spring Webに用意されている「@Controller」アノテーションを使うほうが適しています。

　そこで、今度は@Controllerアノテーションを使ったコントローラを作ってみましょう。ク
ラス名はHomeControllerにします。新しく「HomeController」という名前のクラスを作成し
て、次のコードを記述してみてください。これは、helloメソッドだけを持つコントローラの例
になっています。

```Java
package jp.gihyo.projava.tasklist;

import org.springframework.stereotype.Controller;
import org.springframework.web.bind.annotation.RequestMapping;
import org.springframework.web.bind.annotation.ResponseBody;
import java.time.LocalDateTime;

@Controller
public class HomeController {
    @RequestMapping(value="/hello")
    @ResponseBody
    String hello() {
        return """
                <html>
                    <head><title>Hello</title></head>
                    <body>
                        <h1>Hello</h1>
                        It works!<br>
                        現在時刻は%sです。
                    </body>
                </html>
                """.formatted(LocalDateTime.now());
    }
}
```

　helloメソッドは@RestControllerのときと同様に、@RequestMappingアノテーションで
"/hello"というパスに対するエンドポイントとして指定しており、戻り値として文字列を返し
ます。ただし、返す文字列の内容がHTMLになっている点が大きく異なります。@Controller
でコントローラを作成する場合、@RestControllerと違ってレスポンスとしてサーバー側のプ
ログラム内でWebコンテンツを生成して返すことになります。

　さらにhelloメソッドには、@ResponseBodyというアノテーションも付けられています。詳
しくは後述しますが、実は@Controllerを使った場合には各エンドポイントのメソッドは戻り
値として「ビューを表すオブジェクトの名称」を返すのがデフォルトの挙動になっています。
「ビューを表すオブジェクト」というのは、端的に言えばレスポンス本体のHTML文書を生成
してくれるオブジェクトのことです。helloメソッドの場合、自分自身でHTML文書をString

オブジェクトとして生成し、戻り値として返しています。@ResponseBodyアノテーションを付けることで、その戻り値のStringオブジェクト自体がレスポンス本体として扱われるようになります。

それでは、この状態で［Shift］＋［F10］（［Control］＋［R］）キーを押してプロジェクトを再実行してみましょう。起動できたら、Webブラウザから「http://localhost:8080/hello」にアクセスしてみてください。

Webブラウザの表示は次のようになるはずです（**図21.30**）。

図21.30 ● 実行画面

以上でタスク管理アプリケーションの基本的な部分ができあがりました。

21.5.2　テンプレートエンジン

ここまでの例で、Webブラウザからのタスクの追加と一覧表示ができるようになったわけですが、実は現時点のHomeControllerクラスには大きな問題があります。それは、Javaのソースコードの中にWebページ用のHTMLのコードが直接記述されてしまっているということです。これだと、Webページのデザインを少し変えたいだけでも、Javaプログラムのソースコードを修正しなければなりません。実際の開発現場では、Webページのデザインは開発者ではなくデザイナーが制作を担当するケースが多いのですが、このままではJavaを知らなければデザインを組めないことになってしまいます。

そこで、Javaプログラムで作る「コントローラ」の部分と、HTMLでデザインを構成する「ビュー」の部分を明確に分けておくことが推奨されています。そのために便利なのがテンプレートエンジンです。

現在のWebアプリケーション開発では、JavaのソースコードとHTMLのコードは別々のファイルに分けて構成するのが主流となっています。そのために広く利用されているのがテンプレートエンジンと呼ばれるツールです。これは、Webページのデザイン部分をHTMLテンプレートとして個別のファイルで作成しておき、HTTPリクエストを受け取ると、そのHTMLファイルにJavaのプログラムで生成されたデータを埋め込んでレスポンスとして返すというものです（図

21.31）。

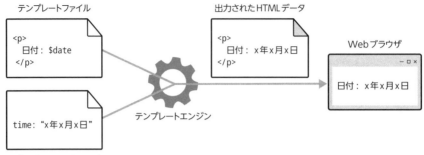

図21.31 ● テンプレートエンジンの動作イメージ

　タスク管理アプリケーションの場合には、フォームやテーブルのタグなどの部分はHTMLテンプレートとして用意します。そして`TaskItem`オブジェクトで管理されているタスク情報についてはプログラムで生成し、テンプレートと組み合わせてHTTPレスポンスとして返すような仕組みになります。

　Spring Frameworkと組み合わせて使えるテンプレートエンジンとしては次のようなものがあります。

- JSP（JavaServer Pages）
- Thymeleaf
- FreeMarker
- Groovy Markup Template Engine
- Jade4j

　特にSpring Bootと相性がよく、人気のあるのがThymeleafです。この本では、タスク管理アプリケーションのビュー部分を改良するためにThymeleafを導入してみます。

21.5.3　Thymeleafが使えるようにpom.xmlを修正する

　Mavenを利用している場合、`pom.xml`に依存関係の設定を追加するだけで、Thymeleafを
Spring Bootプロジェクトに導入できます。具体的には、`pom.xml`の`dependencies`タグの中に、
次のように`spring-boot-starter-thymeleaf`の依存関係を追加します。

```xml
<dependency>
    <groupId>org.springframework.boot</groupId>
    <artifactId>spring-boot-starter-thymeleaf</artifactId>
</dependency>
```

pom.xmlを編集したら、必ずキーボードショートカットの［Ctrl］＋［Shift］＋［O］（［Shift］＋［Command］＋［I］）キーを押してMavenモジュールの再ロードを行ってください。

21.5.4 Thymeleaf用のHTMLテンプレートを作る

これでThymeleafを利用する準備が整ったので、次にWebページの静的部分を構成するHTMLテンプレートを作成します。テンプレートファイルはプロジェクトの src/resources/templates ディレクトリ以下に配置します。例えば、hello メソッドで使用するためのテンプレートは次のようになります。これは src/resources/templates ディレクトリの直下に hello.html というファイル名で作成してください。

■hello.html

```html
<!DOCTYPE HTML>
<html xmlns:th="http://www.thymeleaf.org">
    <head>
        <meta charset="UTF-8">
        <title>Hello</title>
    </head>

    <body>
        <h1>Hello</h1>
        It works!<br>
        現在時刻は<span th:text="${time}"></span>です。
    </body>
</html>
```

通常のHTMLと異なるのは、まずhtmlタグの宣言部分です。

```html
<html xmlns:th="http://www.thymeleaf.org">
```

ここに付けられているxmlns:thの属性が、Thymeleafのテンプレートであることを示す宣言になります。

もう1つ通常のHTMLと大きく異なるのは、本文の中にあるspanタグの部分です。

```html
<span th:text="${time}"></span>
```

ここはサーバー上の現在時刻を表示したい部分なのですが、時刻の情報はプログラム内で生成するものなので、あらかじめHTMLファイルに書いておくことはできません。そこで、HTTPレスポンスを返す段階でテンプレートエンジンによって動的に中身を置き換える仕組みを使います。この例の場合、th:textと書かれている部分がThymeleafによって処理される箇

所になります。

　具体的には、spanタグの中身がth:text属性の値として指定されている文字列に置き換わ
ります。属性値の中では変数を使用することができ、変数は「${}」を使って表現します。この
例のように${time}とした場合には、spanタグの中身がtime変数の値になるということです。
そして、time変数に対しては、Javaのプログラムから値を設定することができるようになって
います。

21.5.5　HomeControllerのhelloメソッドを修正する

　続いて、HomeControllerクラスのhelloメソッドを、いま作成したhello.htmlを使うよう
に書き換えてみましょう。

```Java
@RequestMapping(value="/hello")
String hello(Model model) {
    model.addAttribute("time", LocalDateTime.now());
    return "hello";
}
```

　今回は、ビューを構成するHTMLはコントローラ自身ではなくテンプレートエンジンが作成
してくれます。そのためにエンドポイントのメソッドでは、HTTPレスポンスの本体そのもので
はなく、対応するビュー名を文字列で返すようにします。ビュー名は、設定ファイルなどで別
途指定していない場合には、HTMLテンプレートのファイル名から拡張子を除いたものを使い
ます。例えばhelloメソッドの場合はhello.htmlを使うので、そのファイル名から拡張子を
除いた "hello" をビュー名として返します。

　なお、今回はHTTPレスポンスを直接戻り値として返すわけではないので、@ResponseBody
アノテーションを付けていないことにも注意してください。

　引数として org.springframework.ui.Model クラスのオブジェクトを受け取ります。Model
クラスは、JavaプログラムとHTMLテンプレートの間で値を受け渡す役割を担います。引数に
渡されたModelオブジェクトに対しては、addAttributeメソッドを使って属性を設定できます。
属性はキーと値の組み合わせになっており、キーはHTMLテンプレート側で使用している変数
名に関連づけられます。

　この例では、hello.htmlに渡す属性として、キーに "time" を、値に現在時刻を設定してい
ます。こうすることで、hello.htmlの${time}の部分が、渡された現在時刻に置き換えられ
るというわけです。

　この状態で［Shift］+［F10］（［Control］+［R］）キーを押してプロジェクトを再実行し、ブラ
ウザで「http://localhost:8080/hello」にアクセスしてみましょう。図21.32のように時刻

が表示されればテンプレートエンジンによるビューの作成は成功です。

図21.32 ● テンプレートエンジンがうまく動いている

21.5.6 タスクの追加および一覧表示用のテンプレートを用意する

続いて、タスクの追加機能と一覧表示機能の部分をThymeleafを使って作ってみましょう。まずはHTMLテンプレートを用意します。ここでは、タスクを登録するための入力フォームと、登録済みのタスクを一覧表示するテーブルを1つのページにまとめ、次のようなテンプレートを作ります。ファイル名はhome.htmlとします。

■home.html

```html
<!DOCTYPE HTML>
<html xmlns:th="http://www.thymeleaf.org">
    <head>
        <meta charset="UTF-8">
        <title>タスク管理アプリケーション</title>
    </head>

<body>
    <h1>タスク管理アプリケーション</h1>

    <div class="task_form">
        <h2>タスクの登録</h2>

        <form action="/add">
            <label>タスク</label>
            <input name="task" type="text" />
            <label>期限</label>
            <input name="deadline" type="date" />
            <input type="submit" value="登録" />
        </form>
    </div>

    <div class="tasklist">
        <h2>現在のタスク一覧</h2>
        <table border="1" style="border-collapse:collapse;">
```

```
            <thead>
                <tr><th class="hidden">ID</th><th>タスク</th><th>期限</th><th>➡
状態</th></tr>
            </thead>
            <tbody>
                <tr th:each="task : ${taskList}">
                    <td class="hidden" th:text="${task.id}"></td>
                    <td th:text="${task.task}"></td>
                    <td width="100px" th:text="${task.deadline}"></td>
                    <td width="50px" th:text="${task.done} ? '完了': '未完了'➡
"></td>
                </tr>
            </tbody>
        </table>
    </div>

    </body>
</html>
```

※➡は行の折り返しを表します。

　入力フォームの部分は通常のHTMLで、タスク名と期限を入力できるようになっており、［登録］ボタンをクリックすると、サーバー側の「/add」のパスに対してGETメソッドで入力内容を送信するようになっています。

　タスクを一覧表示するテーブルの部分は、プログラム内で生成したタスクに関する情報が、テンプレートエンジンによって挿入される箇所になります。そのために、th:textとth:eachという2種類の属性を使用しています。

　th:eachは繰り返しを表す属性です。この例の場合、${tasklist}の部分にプログラムからListオブジェクトが渡されると、そのListに含まれている要素の数だけtrタグが生成されます。List中のそれぞれの要素のオブジェクトは、いったんtask変数に格納されます。ちょうど、Javaの拡張for文のような動きになります。

　th:textはhello.htmlに出てきたものと同じで、この場合はtdタグの中身が属性値に指定された文字列に置き換わります。属性値は${task.id}のような指定になっていますが、これはtaskオブジェクトのidフィールドの値を表しています。

　Thymeleafでは、値の部分に条件式を書くこともできます。home.htmlでは、表の中の完了済か否かを表示する部分で3項演算子を使っています。文法はJavaと同じで、条件がtrueであれば「:」の前の文字列が、falseであれば「:」の後ろの文字列が使われます。ここでは${task.done}の値をそのまま表示するのではなく、trueかfalseかを判定して「完了」か「未完了」のいずれかを表示するようになっています。

21.5.7 HomeControllerにタスクの一覧表示機能のエンドポイントを実装する

　HTMLテンプレートができたので、HomeControllerクラス側でこのテンプレートに対応するエンドポイントを作成しましょう。まず@RestControllerのときと同様に、タスクを表すTaskItemレコードと、それを格納するためのtaskItemsフィールドを宣言します。

```Java
record TaskItem(String id, String task, String deadline, boolean done) {}
private List<TaskItem> taskItems = new ArrayList<>();
```

　次のlistItemsメソッドはタスクを一覧表示するエンドポイントで、"/list"のパスに紐づけられています。

```Java
@GetMapping("/list")
String listItems(Model model) {
    model.addAttribute("taskList", taskItems);
    return "home";
}
```

　helloメソッドと同様に引数としてModelオブジェクトを受け取り、そのModelオブジェクトに、キーが"taskList"、値がtaskItemsフィールドの値という属性を追加しています。使用するHTMLテンプレートのファイル名はhome.htmlなので戻り値は"home"になります。属性のキーとして設定した"taskList"が、taskItemsをHTMLテンプレートに渡すためのキーです。すなわち、home.html側では${taskList}の部分が、taskItemsの中身であるListオブジェクトに置き換わるということです。なお、属性のキーとして使用する文字列は、Javaプログラム側の変数名と同じである必要はないので、この例では「taskList」と「taskItems」のようにあえて別のものにしてあります。

　この時点で［Shift］＋［F10］（［Control］＋［R］）キーを押してプロジェクトを再実行し、ブラウザで「http://localhost:8080/list」にアクセスすると、図21.33のように表示されるはずです。入力フォームは表示されますが、まだタスクを1つも登録していないのでテーブルの中身は空です。

図21.33 ● タスク管理アプリケーションの画面

21.5.8 **HomeControllerにタスクの追加機能のエンドポイントを実装する**

このまま［登録］ボタンを押してタスクを登録しようとしても、HomeControllerクラスには
タスクを登録するためのエンドポイントが作られていないのでエラーになってしまいます。タ
スク登録のためのエンドポイントの例を次に示します。

```Java
@GetMapping("/add")
String addItem(@RequestParam("task") String task,
               @RequestParam("deadline") String deadline) {
    String id = UUID.randomUUID().toString().substring(0, 8);
    TaskItem item = new TaskItem(id, task, deadline, false);
    taskItems.add(item);

    return "redirect:/list";
}
```

addItemメソッドは"/add"のパスに紐づけられています。これはhome.htmlの入力フォーム
のリクエスト先として指定しているパスと同じものになります。

メソッドの実装は@RestControllerアノテーションのときとほぼ同じですが、戻り値が大き
く異なることに注意してください。listItemsメソッドのときはHTMLテンプレートの名称を
返していましたが、addItemメソッドでは"redirect:/list"という文字列を返しています。

この例のように戻り値を"redirect:○○○"とした場合には、表示するWebページを指定
のパスにリダイレクトするという意味になります。○○○の部分にはリダイレクト先のパスを指
定します。この例ではパスの部分を"/list"としているので、listItemsメソッドのエンドポ
イントにリダイレクトされることを意味しているわけです。

それでは、またアプリケーションを再起動して「http://localhost:8080/list」にアクセス
してみましょう。入力フォームに適当なタスク情報を記入して［登録］ボタンをクリックします。
下部の表に登録したタスクが表示されれば成功です（図21.34）。

図21.34 ● 登録したタスクが表示される

　もし登録したタスクが正しく表示されない場合は、HTMLテンプレートとの連携に使用している属性のキーを間違えていないか確認してみましょう。よくある間違いは、Javaプログラムで設定した属性のキー（"taskList"）と、HTMLテンプレート側で使用している変数名（${taskList}）が一致していないことです。その場合、データが正しく受け渡しできないためにタスク一覧が表示されません。

21.5.9　CSSを使ってテンプレートを装飾する

　以上で、Webブラウザからタスクを登録し、それを一覧表示するという一連の動作が実装できました。しかしこのままでは少々見た目が味気ないので、HTMLテンプレートを少し加工してWebページの見栄えを整えてみようと思います。

　Webページにおいてコンテンツの色やサイズ、配置などのデザインを整えるためにはCSSと呼ばれる機能を利用します。CSSを利用することで、HTMLのそれぞれの要素に対して個別に細かなデザインを指定できるようになります。

　CSSはHTML本体とは別のファイルに記述できるようになっています。Spring Bootアプリケーションの場合、CSSファイルや画像ファイルなどブラウザから直接アクセスするファイルは、プロジェクトの/src/main/resources/staticフォルダの下に配置する必要があります。

　今回は、home.htmlで使用するための次のようなCSSファイルを「home.css」という名前で作成し、/src/main/resources/staticフォルダの直下に配置しました。なお、CSSの文法についてはこの本で取り扱わないので、詳細については専門の解説書などを参考にしてください。

■home.css

```css
/* 共通項目 */
body {
    margin: 30px;
    color: #283655;
}
```

```css
input {
    border: 1px solid;
}
.hidden {
    display: none;
}

/* タスク入力フォーム */
.task_form {
    padding: 0px 10px 10px 10px;
    border: 1px solid #4D648D;
 }
.task_form form {
    display: grid;
    grid-template-columns: 100px 1fr;
}
.task_form input[type="date"], select {
    width: 150px;
}

/* タスク一覧 */
.tasklist table {
    width: 100%;
    border: 1px solid;
    border-collapse: collapse;
}

/* タスク更新ダイアログ（第18章のサンプルで使用） */
#updateDialog {
    display: none;
    background-color: #FFFFFF;
    border: 2px double;
    width: 500px;
    position: fixed;
    top: 120px;
    z-index: 9999;
}
```

続いてhome.htmlのほうも、いま作成したhome.cssを使うように少し書き換えます。次のように、headタグの中にlinkタグの記述を追加してください（❶：追加した部分を太字で表記しています）。

HTML

```html
<head>
    <meta charset="UTF-8">
    <title>タスク管理アプリケーション</title>
    <link th:href="@{/home.css}" rel="stylesheet"> ──────── ❶
</head>
```

　home.htmlを修正したら、[Shift] + [F10]（[Control] + [R]）キーを押してプロジェクトを再実行します。CSSを追加したことで、「http://localhost:8080/list」にアクセスした際の見た目は次のように変わったはずです（**図21.35**）。見た目が変わらない場合はhome.cssのファイル名が間違っていないか、またhome.cssをstaticフォルダではなくresourcesフォルダに配置していないか、などを確認してください。

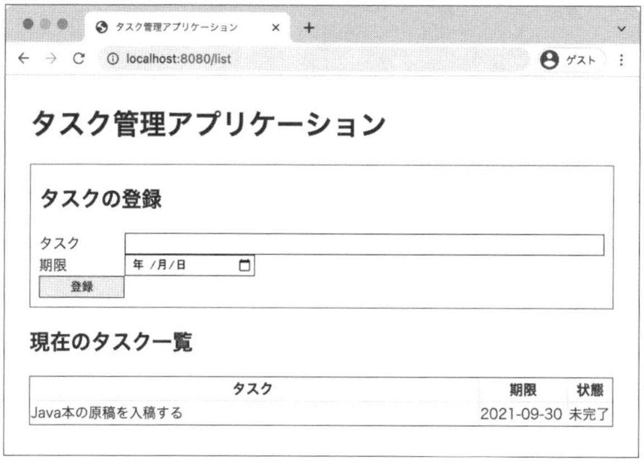

図21.35 ● CSSを使って見た目を整えたタスク管理アプリケーション

　デザインを変更するにあたって、Javaのプログラムは一切書き換えていません。これが、テンプレートエンジンを用いて、アプリケーション本体のプログラムとユーザーインタフェース部分の実装を、明確に切り分けたことによる効果です。このような切り分けを行うことで、プログラム部分はプログラマーが、ユーザーインタフェース部分はデザイナーが担当するというような共同作業が行いやすいというメリットが生まれます。

第22章

Webアプリケーションに
データベースを組み込む

この章では、前章で作成したWebアプリケーション（タスク管理アプリケーション）を拡張して、タスク情報の記録にデータベースを使用するよう変更します。データベースを利用することで、アプリケーションを終了しても登録したデータを保持し続けることができるようになります。実用的なWebアプリケーションの開発にはデータベースは不可欠な要素です。

22.1　データベースとは

　前章で、Webブラウザからデータを受け取ってWebサーバー側のプログラムで処理をするというWebアプリケーションの基本的な形ができました。しかし今のままではせっかく登録したタスクの情報がJVMのメモリ内にしか記録されていないため、一度アプリケーションを再起動するとすべて消えてしまうという問題があります。アプリケーションが終了してもデータが消えないようにするためには、なんらかの方法でアプリケーションの外部に対象のデータを保存しておく必要があります。そのために広く利用されているのがデータベースです。

　データベースとは、大量のデータを集めてあとから使いやすい構造で整理した情報のかたまりを表す用語です。ほとんどの場合はコンピュータシステム上で電子的に管理されるものを指しますが、広い意味では紙の住所録のようなものもデータベースの一種と言えます。

　コンピュータシステム上でデータベースを管理するソフトウェアをDBMS（Database Management System：データベース管理システム）と呼びます。また、データとDBMS、そしてそれらに関連するアプリケーションの集まりをまとめてデータベースシステムと呼びます。多くの場合、データベースシステムのことも単に「データベース」と呼んでいます。この本でも、データベースシステムのことを指して「データベース」と記述します。

22.1.1　DBMSの種類

DBMSにはさまざまな種類があり、それぞれデータを格納するための内部構造やデータの管理の仕方が大きく異なっています。詳しい説明は省略しますが、主なDBMSの種類としては次のようなものを挙げることができます。

- リレーショナルデータベース
- ドキュメントデータベース
- グラフデータベース
- オブジェクト指向データベース

DBMSのタイプによってそれぞれメリット／デメリットがあり、得意とする分野が異なるため、一概にどれが優れているとは言えません。アプリケーションで採用する際には、その目的や動作する環境などに応じて最適なものを選ぶことが重要です。

22.1.2　リレーショナルデータベースとは

DBMSの中でも、現在広く利用されているのはリレーショナルデータベース（Relational DBMS：RDBMS）です。リレーショナルデータベースでは、データをレコード（行）とカラム（列）からなるテーブル（表）の形で格納します。データは「顧客情報」や「商品情報」、「売上情報」などのように特定のテーマごとに分類してテーブルに格納します。そして、異なるテーブル同士の関連性を明確にすることで、複数の種類のデータを組み合わせて利用できるようにします。

図22.1は、リレーショナルデータベースに格納するデータのイメージです。このデータベースでは、「社員の情報」と「担当する地域の情報」、「所属する部署の情報」という3種類の情報が管理されています。「社員テーブル」には、社員名の他に部署コードと地域コードが記録されています。この部署コードと地域コードは、それぞれ「部署テーブル」と「地域テーブル」と関連づけられており、部署の情報や地域の情報を調べるために使うことができます。

例えば、「社員ID」が0001の社員の名前は「社員テーブル」を参照すれば調べることができます。それでは「山本裕介」さんの所属する部署名を知りたい場合にはどうすればいいでしょうか。まず「社員テーブル」で「山本裕介」を探せばその部署コードが001であることがわかるので、「部署テーブル」を参照して001のコードの行を調べれば「開発部」に所属するとわかるわけです。

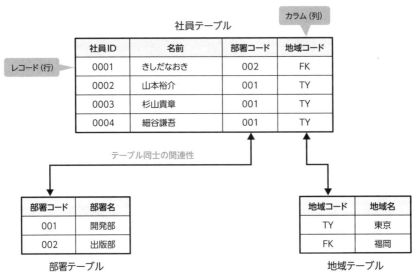

図22.1 ● リレーショナルデータベースのイメージ図

22.1.3　リレーショナルデータベースにアクセスするための言語「SQL」

　データベース上で実際にデータの操作を行うために多くのリレーショナルデータベースが採用している手段にSQL（Structured Query Language：構造化クエリ言語）があります。SQLはプログラミング言語に記述の仕方が似たデータベース管理のための言語で、決められた文法に従って命令を記述して実行することで、データの追加や変更、削除、検索などといったさまざまな処理を行うことができます。データの操作だけでなく、テーブルの作成や削除、アクセス権限の設定などといった操作もSQLで行うことができます。

　SQLには標準仕様が定められており、ほとんどのリレーショナルデータベースがその標準仕様に準拠したSQLの実行環境を提供しています。したがって、一度SQLを覚えてしまえばデータベース製品の種類に関係なく活用できるというメリットがあります。

22.1.4　Javaによるデータベース接続とJDBC

　JavaのプログラムからRDBMSにアクセスしてデータの読み書きを行うためには、JDBC（Java DataBase Connectivity）と呼ばれるAPIを利用します。JDBCはJavaの基本機能として提供されているAPIで、その関連するクラスやインタフェースはjava.sqlパッケージに実装されています。

　JDBCは特定のRDBMSに依存しないように設計されているため、接続する対象のRDBMSが変わったとしてもJava側のコードを変更することなくそのまま利用できるというメリットがあ

ります。RDBMS側にはJDBCドライバと呼ばれるJDBCのための専用ライブラリが必要になりますが、現在よく使われているほとんどのRDBMSではJDBCドライバが提供されているため、Javaアプリケーションと組み合わせて利用するときに困ることはほとんどありません。

さらに、主要なWebアプリケーションフレームワークはデータベース接続のためのより使いやすいAPIを提供してくれるため、実際の業務ではJDBCのAPIを直接呼び出すようなこともあまりありません。例えばSpring Frameworkの場合には、Spring JDBCという専用のライブラリが提供されています。

22.2　SQLでH2データベースを操作する

それでは実際に、前章で作成したタスク管理アプリケーションを、データベースを利用してタスク情報を保存するように拡張してみましょう。

前述のように、Javaアプリケーションで利用できるDBMSにはさまざまなものがありますが、この章ではH2 Database Engine（以下、H2）というRDBMSを利用します。

22.2.1　H2とは

H2はオープンソースで開発されているRDBMSの1つで、プログラム本体のサイズが小さく、軽量に動作するという特徴を持っています。H2は単一のJARファイルで構成されており、OSにインストールしなくても使うことができるため、Webアプリケーションに組み込んで使うのに便利なRDBMSです。大量のデータを扱うような大規模なアプリケーションでの利用には不向きですが、簡単なWebアプリケーションであれば十分実用に堪えられます。

■H2 Database Engine
https://www.h2database.com/html/main.html

22.2.2　pom.xmlへの依存関係の追加

H2は単独でダウンロードして使用することもできますが、Mavenリポジトリでも公開されているので、今回のようにSpring Bootアプリケーションであればpom.xmlに依存関係の設定を追加するだけで利用できるようになります。

具体的には、pom.xmlのdependenciesタグの中に次のような記述を追加してください。これで、タスク管理アプリケーションの内部にH2のデータベースが組み込まれるようになります。

■pom.xmlのdependenciesタグにH2依存関係を追加

```xml
<dependency>
    <groupId>com.h2database</groupId>
    <artifactId>h2</artifactId>
    <scope>runtime</scope>
</dependency>
```

また、今回はJDBCとしてSpring JDBCを利用するので、pom.xmlにはSpring JDBCのための依存関係の設定を追加しておきます[HINT]。H2の設定と同様に、pom.xmlのdependenciesタグに次の記述を追加してください。

■pom.xmlのdependenciesタグにSpring JDBC依存関係を追加

```xml
<dependency>
    <groupId>org.springframework.boot</groupId>
    <artifactId>spring-boot-starter-jdbc</artifactId>
</dependency>
```

> **HINT**　このように使用したいJDBCに関する依存関係の設定をpom.xmlに記述しておけば、後述するH2コンソールを利用する際に、必要なデータベースファイルをアプリケーションの起動時に自動で作成してくれるようになります。

pom.xmlを編集したら、[Ctrl] + [Shift] + [O]（[Shift] + [Command] + [I]）キーを押してMavenモジュールを再ロードしてください。

22.2.3　application.propertiesへの設定の追加

続いて、application.propertiesファイルにJDBCドライバやデータベースへのアクセスに関する設定を追加しましょう。application.propertiesファイルは、Spring Bootアプリケーションで使用する環境変数などの設定を記述するためのファイルで、src/main/resourcesフォルダの中に用意されています。初期状態では何も書かれていませんが、ここに次のような記述を追加してください。

■application.propertiesファイルに設定を追加

```properties
spring.datasource.driver-class-name=org.h2.Driver
spring.datasource.url=jdbc:h2:~/taskdb ————————————————❶
spring.datasource.username=gihyo
spring.datasource.password=gihyodb

spring.sql.init.mode=always　※バージョン2.4.x以前では「spring.datasource.initialization-mode=always」
```

```
spring.h2.console.enabled=true
```

　application.properties ファイルの設定は、「設定項目名＝設定値」という形式で記述します。先頭に「#」を付けるとその行はコメント行になります。上の例で設定している項目は、それぞれ次のような意味を持っています（表22.1）。

表22.1 ● application.properties ファイルの設定項目

項目名	意味	H2での設定値
spring.datasource.driver-class-name	JDBCドライバのクラス名	org.h2.Driver
spring.datasource.url	データベースのパス	「jdbc:h2:」＋ファイルのパス
spring.datasource.username	データベース接続のユーザー名	任意のユーザー名
spring.datasource.password	データベース接続のパスワード	任意のパスワード
spring.sql.init.mode※	SQLファイルを利用したデータベース初期化を行うかどうか	always（常に行う）、embedded（組み込みデータベースのときのみ行う）、never（行わない）
spring.h2.console.enabled	H2コンソールを有効にするか否か	true（有効にする）、false（有効にしない）

※バージョン2.4.x以前では「spring.datasource.initialization-mode」

　先ほど説明したように、JDBCドライバはRDBMSごとにそれぞれ専用のものが用意されているので、そのクラス名をパッケージ名付きで指定する必要があります。H2の場合は、この例のように「org.h2.Driver」になります。

　H2には、データベース本体を単一のファイルに保存するモードと、ファイルには保存せずにメモリ上にのみ記録するモードの2つのモードが用意されています。今回は前者のモードを使用します。その場合、spring.datasource.url の設定値の後半にはデータベースを保存するファイルのパスを指定します。上の例（❶）のように ~/taskdb とした場合、自分のホームディレクトリの「taskdb」というファイルがデータベース本体のファイルになります。前項「22.2.2 pom.xmlへの依存関係の追加」でpom.xmlに行ったようにSpring JDBCの場合には、対象のファイルが存在しないときはアプリケーションの起動時に自動的に新規作成してくれます。

　データベースを新規作成する場合には、ユーザー名とパスワードは好きな文字列を指定してください。一度作成された以降は、その値がデータベースにアクセスするためのユーザー名とパスワードになります。

　spring.h2.console.enabled は、次項で使用するH2コンソールを有効にするための設定です。spring.sql.init.mode※については後ほど説明します。

※バージョン2.4.x以前では「spring.datasource.initialization-mode」

22.2.4 H2コンソールを使ったデータベース接続

H2にはH2コンソールと呼ばれる、データベースを直接管理するためのWebアプリケーションが付属しています。Spring Bootアプリケーションに組み込む形でH2を起動する場合、application.propertiesでspring.h2.console.enabledの値をtrueに設定しておくことでH2コンソールが有効になります。これでH2コンソールはSpring Bootアプリケーションの一部として実行され、Webブラウザを使って専用のURLにアクセスすることでH2を利用できるようになります。

それではアプリケーションを起動してみましょう。［Shift］＋［F10］（［Control］＋［R］）キーを押してください。

H2コンソールにアクセスするためのURLは、Webアプリケーションのベース URLに「h2-console」というパスをつなげたものになります。例えば対象のWebアプリケーションが「http://localhost:8080」というURLで実行されている場合は、「http://localhost:8080/h2-console/」にアクセスすれば、図22.2のようなH2コンソールの接続画面が表示されます。

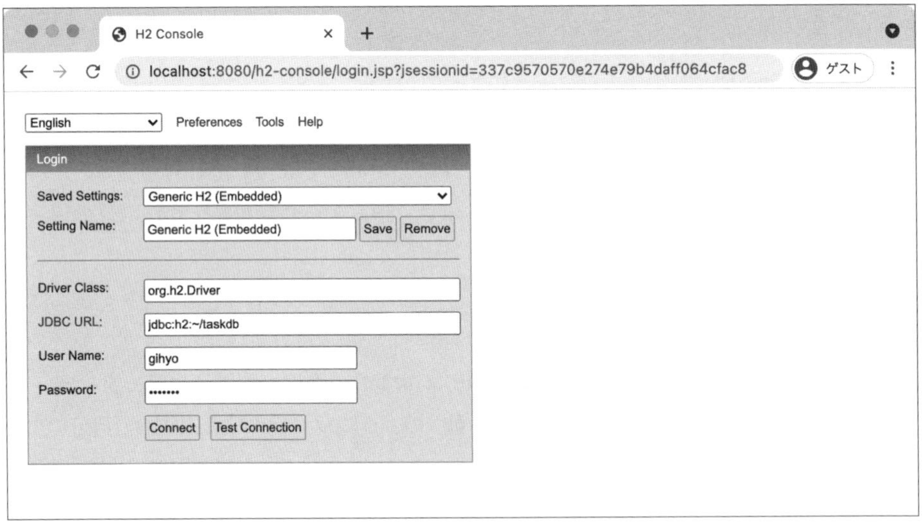

図22.2 ● H2コンソールのログイン画面

データベースに接続するには、［Saved Settings］の部分は［Generic H2 (Embedded)］を選択し、［Driver Class］、［JDBC URL］、［User Name］、［Password］の部分には、それぞれ先ほどapplidation.propertiesに記録した設定値と同じものを入力します。［Setting Name］は自動で設定されるはずです。

入力を終えてから［Connect］ボタンをクリックすればデータベースに接続できます。もしデータベースファイルがまだ作られていない場合には、初回の接続時に自動で作成されます。

　接続に成功すると、**図22.3**のような画面が表示されます。左側にテーブルの一覧が、右側にSQL文を入力および実行するためのテキスト欄が用意されています。

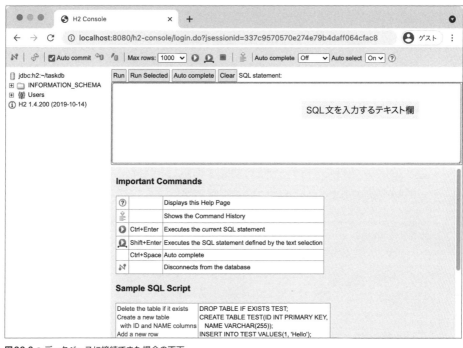

図22.3 ● データベースに接続できた場合の画面

　この画面で、右のテキスト欄にSQLを入力して［Ctrl］＋［Enter］（［Control］＋［Return］）を押すか上部の［Run］ボタンをクリックすれば、入力したSQLがデータベースに送られて実行されます。

22.2.5 テーブルを作成するCREATE文

　試しに次のSQL文を入力して実行してみましょう。

```SQL
CREATE TABLE mytable (
    id VARCHAR(3) PRIMARY KEY,
    message VARCHAR(256)
);
```

　これは、「mytable」という名前のテーブルを作成するためのSQL文です。1行目のCREATE TABLEがテーブルを作成するための命令にあたり、続くmytableがテーブル名になります。なお、SQL文はアルファベットの大文字と小文字を区別しません【MEMO】。

MEMO　この本の例では、SQLの文法上のキーワードを大文字で、テーブル名や列名のような自分で任意に決める単語を小文字で記述しています。

　続く「(」と最終行の「)」の中には、カラムの名前とデータ型を宣言します。この例の場合、「id」と「message」という2つのカラムが宣言されており、データ型は可変長文字列を表すVARCHARとなっています。VARCHARのカッコ内の数字は格納できる文字列の最大サイズです。PRIMARY KEYは主キーを表します。主キーはデータを特定するために使われて、値が省略できず、かつデータに重複が許されないカラムです。

　SQL文の終わりは、最終行末尾のセミコロン（;）で表しています。

　このSQL文の実行に成功すると実行結果が下部に表示され、左のテーブル一覧にmytableテーブルが追加されたことを確認できます（図22.4）。

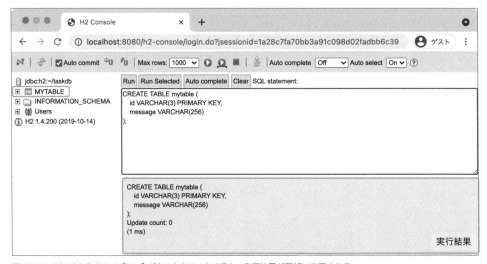

図22.4 ● SQL文を入力して [Run] ボタンをクリックすると、実行結果が下部に表示される

22.2.6　テーブルにレコードを追加するINSERT文

　テーブルに実際にデータを格納するSQL文は、INSERT INTOという命令を使って次のように記述します。この場合、mytableテーブルに対して、idの値が'001'、messageの値が'おはようございます'というレコードが追加されます（**図22.5**）。ここで言っている「レコード」はデータベースのテーブルのレコード（行）のことで、Javaのrecordのことではないので注意してください。

```sql
INSERT INTO mytable
    VALUES ('001', 'おはようございます');
```

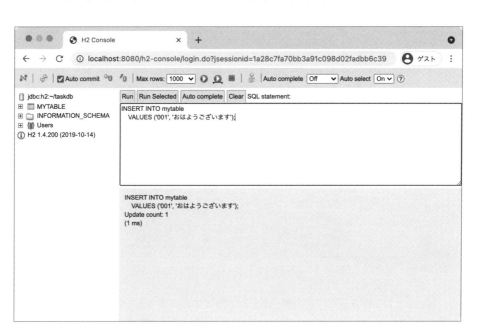

図22.5 ● テーブルにレコードを追加する

　複数のSQL文をまとめて入力して実行することもできます。その場合は、各SQL文の末尾にセミコロン（;）を付けるのを忘れないでください。例えば次のように入力して実行した場合、mytableテーブルに3行分のレコードが追加されます（**図22.6**）。

```sql
INSERT INTO mytable
    VALUES ('002', 'こんにちは');
INSERT INTO mytable
    VALUES ('003', 'こんばんは');
INSERT INTO mytable
    VALUES ('004', 'おやすみなさい');
```

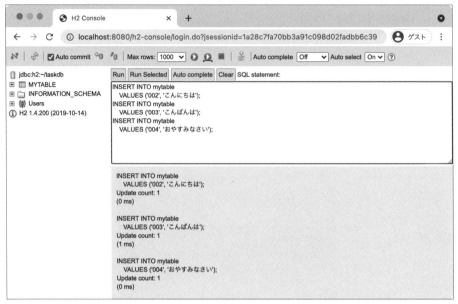

図22.6 ● テーブルに3件のレコードを追加する

次のように VALUE 句に複数の値をまとめて指定する方法もあります。

```sql
INSERT INTO mytable
    VALUES
        ('002', 'こんにちは'),
        ('003', 'こんばんは'),
        ('004', 'おやすみなさい');
```

22.2.7 テーブルに格納されたデータを取得するSELECT文

mytable テーブルの中身を確認するには、次の SQL 文を実行します。成功すれば、下部に実行結果が表示されます（**図22.7**）。

```sql
SELECT *
    FROM mytable;
```

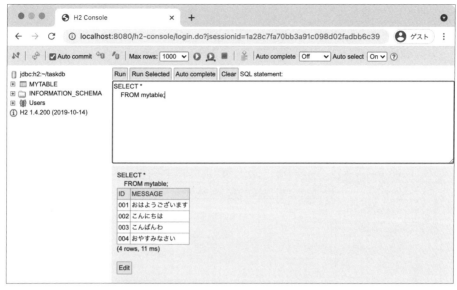

図22.7 ● テーブルのレコード一覧を表示する

22.2.8　すでに登録されているレコードを更新するUPDATE文

　すでに登録されているレコードを更新するにはUPDATEという命令を使います。次のSQL文は、UPDATEを使って idが '001' のレコードの登録内容を書き換える例です（図22.8）。

```
UPDATE mytable
    SET message = 'Good Morning'
    WHERE id = '001';
```

`SQL`

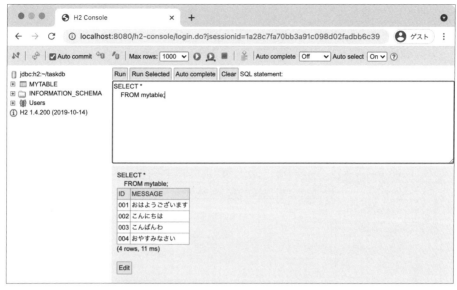

図22.8 ● idの値が「001」のレコードを更新する

UPDATEの直後に更新したい対象のテーブル名を、SETの後ろに更新したいカラム名と値を
セットで指定します。指定されていないカラムについては更新されません。そして、WHEREの後
ろに、更新対象のレコードを特定するための条件を指定します。

　更新後に再度SELECT文でテーブルを見てみると、次のようにidが「001」のレコードの内
容が変更されていることを確認できます（図22.9）。

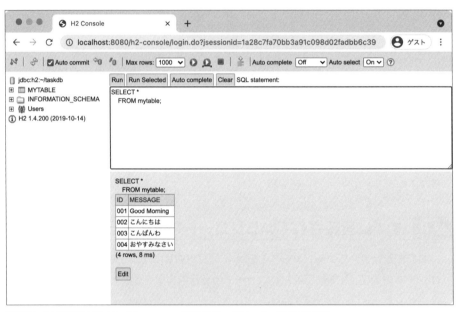

図22.9 ● idが「001」のレコードのmessageの値が「Good Morning」に変更された

22.2.9 テーブルに登録されているレコードを削除する

　登録済みのレコードを削除したい場合には、次のようにDELETEという命令を使用します（図
22.10）。

```sql
DELETE FROM mytable
    WHERE id = '001';
```

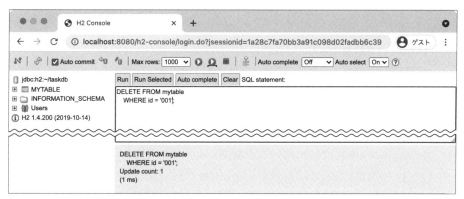

図22.10 ● idが「001」のレコードを削除する

　`DELETE FROM`の後ろに対象のテーブル名を、`WHERE`の後ろに削除対象となるレコードの条件を指定します。この場合、`tasklist`テーブルから`id`の値が`'001'`に一致するレコードが削除されます。`SELECT`文でレコード一覧を表示してみると、`id`が「001」のレコードが削除されていることを確認できます（図22.11）。

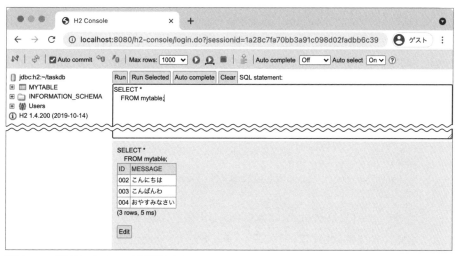

図22.11 ● idが「001」のレコードが削除された

　なお、今回は試しにSQL文を実行してみるためにH2コンソールを使いましたが、H2コンソールはあくまでも開発時のテストやメンテナンスなどの目的で使用するためのものなので、本番環境で稼働させる際には、`application.properties`の`spring.h2.console.enabled`の値を`false`に設定して無効化しておくことをお勧めします。

22.2.10　タスク管理アプリケーションで使用するSQL文の例

　今回はタスク情報を保存するためにデータベースを使いたいので、タスク管理アプリケーションで実際に使用するSQL文の例も紹介しておきます。これらのSQL文は、実際のアプリケーション内ではJavaのプログラムから実行されます。

タスク情報格納用のテーブルを作成するCREATE文

　まずはテーブルの作成ですが、タスク情報は「ID」「タスクの内容」「期限」「完了済か否か」という4つの要素を持っているので、この4つをカラムとして持つテーブルを作成します。そのためのSQL文は、CREATE TABLEを使用して次のように記述します。

```sql
CREATE TABLE tasklist (
    id VARCHAR(8) PRIMARY KEY,
    task VARCHAR(256),
    deadline VARCHAR(10),
    done BOOLEAN
);
```

　これで、id、task、deadline、doneという4つのカラムを持ったtasklistテーブルが作成されます。データ型はJava側のフィールドの型に合わせておくといいでしょう。H2の場合には、VARCHARがJavaのString型に、BOOLEANがJavaのboolean型に対応しています。

タスク情報を追加するINSERT文

　タスク情報を新規で登録するSQL文は、INSERT INTOを使用して次のように記述できます。

```sql
INSERT INTO tasklist
    VALUES('00001', 'Java本の原稿を書く', '2021-09-30', FALSE);
```

　この場合、tasklistテーブルに対して、IDの値が'00001'、タスクの内容が「Java本の原稿を書く」、期限が「2021年9月30日」、そして完了の状態がFALSEというデータが登録されます。

タスク情報を一覧表示するSELECT文

　tasklistテーブルに格納されているすべてのタスクの情報を一覧で取得するSQL文は、SELECT文を使って次のように記述します。

```sql
SELECT *
    FROM tasklist;
```

もっと複雑なSELECT文を使えば、取得するデータを特定の条件で絞り込んだりすることもできます。

タスク情報を更新するUPDATE文

すでに登録されているタスク情報を更新するにはUPDATE文を使用します。次のSQL文は、IDの値が`'00001'`のレコードの登録内容を書き換える例です。

```SQL
UPDATE tasklist
    SET task = 'Java本の原稿を編集部に送る',
        deadline = 2021-10-03
    WHERE id = '00001'",
```

タスク情報を削除するDELETE文

最後に、登録済みのタスク情報を削除するSQL文は、DELETE文を使って次のように記述できます。

```SQL
DELETE FROM tasklist
    WHERE id = '00001'";
```

この場合、`tasklist`テーブルから、IDの値が`'00001'`に一致するレコードが削除されます。

22.3 Spring BootアプリケーションでSpring JDBCを使用する

タスク管理アプリケーションの一部としてDBMSであるH2が動作し、SQL文が実行できることも確認できたので、いよいよタスク管理アプリケーションにデータベースを利用する機能を付け加えていきましょう。

Spring FrameworkにはJDBCを使ってデータベース接続を行うためのいくつかの方法が用意されていますが、今回は「Spring JDBC」と呼ばれるライブラリを使用します。

22.3.1 Spring JDBCとは

Spring JDBCはSpring Frameworkに標準で用意されているライブラリの1つです。JDBCの標準仕様に準拠していることに加えて、アプリケーションのプログラムからより簡単にJDBCを利用するための便利なクラスやインタフェースが提供されています。

22.3.2　pom.xmlへの依存関係の追加

Spring Bootアプリケーションで Spring JDBCを使うには、他のライブラリと同様に pom.xml に依存関係の設定を追加する必要があります。ただし、この本の手順どおりに作業を進めてきた場合は、H2の設定を行った際に Spring JDBCの設定も追加してあるはずです。もしまだ追加していない場合には、pom.xml に次の依存関係の設定を追加してください。

```XML
<dependency>
    <groupId>org.springframework.boot</groupId>
    <artifactId>spring-boot-starter-jdbc</artifactId>
</dependency>
```

pom.xml を編集したら、［Ctrl］＋［Shift］＋［O］（［Shift］＋［Command］＋［I］）キーを押してMaven モジュールの再ロードを行ってください。

22.3.3　テーブル初期化用のスクリプトを用意する

Spring JDBCでは、アプリケーションの起動時にあらかじめ用意された SQL文を自動で実行するように設定できます。起動時の SQL実行を有効にするには、application.properties ファイルで、spring.sql.init.mode※プロパティの値を always または embedded に設定する必要があります。今回は組み込みデータベースではないので always を設定してあります。

起動時に実行する SQL文は、プロジェクトの /src/main/resources フォルダに「schema.sql」や「data.sql」という名前のファイルを用意し、そこに記述します。schema.sql ファイルはテーブル作成などを行う SQL文の記述に使用し、data.sql はレコード追加などを行うSQL文の記述に使用します。

今回は、schema.sql ファイルを作成して、初回の起動時にタスク情報を格納するためのtasklist テーブルを作成するように設定してみます。テーブルを作成する SQL文は次のように記述します。

■schema.sqlでテーブルを作成する

```SQL
CREATE TABLE IF NOT EXISTS tasklist (  ─────────────── ❶
    id   VARCHAR(8)  PRIMARY KEY,
    task VARCHAR(256),
    deadline VARCHAR(10),
    done BOOLEAN
);
```

この SQL文で使用している IF NOT EXISTS は、同じ名前のテーブルがまだ存在しない場合にのみ新規で作成することを指定しています（❶）。この SQL文はアプリケーションの起動時に

※バージョン 2.4.x以前では「spring.datasource.initialization-mode」

毎回実行されますが、IF NOT EXISTSを付けているため、すでにtasklistテーブルが存在する場合には重複してテーブルの作成は行いません。したがって、実質的に初回の起動時のみ実行される命令ということになります。

22.3.4 データベース操作用のクラスを作成する

RDBMSの設定ができたので、続いてプログラムからデータベースのテーブルにアクセスする部分を作っていきましょう。今回は、データベースへのアクセスを担当するクラスを新たに用意し、コントローラからはそのクラスを介してデータの読み書きを行うような構成にします。このようにコントローラ本体のクラスとデータベースアクセスのためのクラスを切り分けることで、各クラスの役割分担が明確になり、全体の見通しが立ちやすくなるというメリットがあります。

このようなデータベースにアクセスするための窓口となるオブジェクトのことをDAO（Data Access Object）と呼びます。今回は「TaskListDao」という名前で次のようなクラスを作成します。

■TaskListDaoクラス

```java
package jp.gihyo.projava.tasklist;

import jp.gihyo.projava.tasklist.HomeController.TaskItem;

import org.springframework.beans.factory.annotation.Autowired;
import org.springframework.jdbc.core.JdbcTemplate;
import org.springframework.jdbc.core.namedparam.BeanPropertySqlParameterSource;
import org.springframework.jdbc.core.namedparam.SqlParameterSource;
import org.springframework.jdbc.core.simple.SimpleJdbcInsert;
import org.springframework.stereotype.Service;

import java.util.List;
import java.util.Map;

@Service
public class TaskListDao {
    private final JdbcTemplate jdbcTemplate;

    @Autowired
    TaskListDao(JdbcTemplate jdbcTemplate) {
        this.jdbcTemplate = jdbcTemplate;
    }

    public void add(TaskItem taskItem) {
        SqlParameterSource param = new BeanPropertySqlParameterSource(taskItem);
        SimpleJdbcInsert insert =
                new SimpleJdbcInsert(jdbcTemplate)
```

```
                    .withTableName("tasklist");
        insert.execute(param);
    }

    public List<TaskItem> findAll() {
        String query = "SELECT * FROM tasklist";

        List<Map<String,Object>> result = jdbcTemplate.queryForList(query);
        List<TaskItem> taskItems = result.stream()
                .map((Map<String, Object> row) -> new TaskItem(
                        row.get("id").toString(),
                        row.get("task").toString(),
                        row.get("deadline").toString(),
                        (Boolean)row.get("done")))
                .toList();

        return taskItems;
    }
}
```

TaskListDao クラスのフィールドとコンストラクタの宣言

　TaskListDao クラスには、JdbcTemplate クラスのフィールドが1つあります。JdbcTemplate は Spring JDBC に用意されているクラスの1つで、データベースを活用するためのさまざまな機能を提供しています。この変数は final になっているので、一度値をセットしたら変更できません。

```
private final JdbcTemplate jdbcTemplate;
```

コンストラクタでは、このフィールド値の初期化を行います。

```
@Autowired
TaskListDao(JdbcTemplate jdbcTemplate) {
    this.jdbcTemplate = jdbcTemplate;
}
```

　コンストラクタには @Autowired というアノテーションが指定してあります。@Autowired アノテーションを付けることで、Spring Boot アプリケーションは TaskListDao クラスのコンストラクタを呼び出す際に引数として適切なオブジェクトを作成して渡してくれるようになります。したがって、自前で JdbcTemplate の初期設定をして TaskListDao のコンストラクタに渡す必要はありません。Spring が持っているこのような仕組みのことを DI（Dependency Injection：依存性の注入）と呼びます。

　JdbcTemplate は実際にデータベースへのアクセスを担当するクラスであるため、データベースの接続先や接続方法などの情報を保持している必要があります。これらの情報は application.properties などの設定ファイルに記述されています。@Autowired アノテーションを使うことで、それらの設定内容を反映した JdbcTemplate オブジェクトを自動で作成してくれるようになるというわけです。

　TaskListDao クラスには add と findAll という 2 つのメソッドがあります。まず add メソッドから見ていくことにしましょう。

DI ／ DIコンテナとは

　Javaを使ったアプリケーション開発の現場では、よくDIやDIコンテナといった用語を耳にする機会があるかと思います。DIは「Dependency Injection」の略で、日本語に直訳すると「依存性の注入」という意味になります。

　ここで言う「依存性」とは、「あるオブジェクトAが成立するために別のオブジェクトBが不可欠である」というような関係のことを指します。このとき、「AはBに依存している」という呼び方もできます。例えばTaskListDaoオブジェクトが動作するにはデータベースアクセスの機能を担うJdbcTemplateオブジェクトが不可欠であるため、「TaskListDaoはJdbcTemplateに依存している」と言えます。

　DIは、この依存性の情報をプログラム内ではなく外部の設定ファイルなどを使って定義する仕組みです。TaskListDaoクラスの例では、JdbcTemplateオブジェクトの初期化はTaskListDaoクラス内では行っておらず、どこか別の場所で初期化したオブジェクトをコンストラクタに渡してもらう方式になっています。そして、実際にどのJdbcTemplateオブジェクトを利用するのかは、@Autowiredアノテーションを付けることで自動的に決まるようにしています。このようにすることで、TaskListDaoオブジェクトとJdbcTemplateオブジェクトの結び付きをゆるくすることができます。この方法が、1つのJdbcTemplateオブジェクトをTaskListDao以外のクラスでも利用できるようになるなどといった、さまざまなメリットにつながります。

　DIを実現するには、DIの対象となるオブジェクトを生成し、保持しておくための仕組みが必要です。そのような仕組みを持つフレームワークのことを総称して「DIコンテナ」と呼びます。もともとSpring FrameworkはJavaでDIを実現するために開発されたフレームワークであるため、基盤技術としてDIコンテナ機能を備えています。JdbcTemplateオブジェクトの初期化はTaskListDaoをはじめとするタスク管理アプリケーションのコード内では行っておらず、代わりにDIコンテナがJdbcTemplateオブジェクトを初期化および保持してくれるようになっています。そしてTaskListDaoクラス側では、@Autowiredアノテーションによって、DIコンテナから適切なJdbcTemplateオブジェクトを取得して利用しているわけです。

テーブルにタスク情報を追加するaddメソッド

addメソッドは、引数に渡されたTaskItemオブジェクトの情報をデータベースのtasklistテーブルに登録するメソッドです。

```
public void add(TaskItem taskItem) {
    SqlParameterSource param = new BeanPropertySqlParameterSource(taskItem);
    SimpleJdbcInsert insert =
            new SimpleJdbcInsert(jdbcTemplate)
                    .withTableName("tasklist");
    insert.execute(param);
}
```

　Spring JDBCには、テーブルへのデータの追加を行うSimpleJdbcInsertというクラスが用意されています。このクラスを使えば、INSERTを使ったSQLを発行する代わりに、executeメソッドを呼び出すだけでデータの追加を行うことができます。

　SimpleJdbcInsertクラスを使う手順は少し複雑です。まず、SqlParameterSourceクラスのオブジェクトを用意します。BeanPropertySqlParameterSourceはSqlParameterSourceの実装クラスで、コンストラクタにはテーブルに追加したいデータを表すクラスのオブジェクトを渡します。この例の場合はTaskItemオブジェクトをコンストラクタに渡します。

　SimpleJdbcInsertのコンストラクタには、対象となるデータベースに紐づいているJdbcTemplateオブジェクトを渡します。さらに、withTableNameメソッドを呼び出してデータを追加する対象のテーブル名を設定します。

　ここまで準備できたら、いま作ったSqlParameterSourceオブジェクトをexecuteメソッドに渡せば、内部で自動的にSQLを発行してテーブルにデータを追加してくれます。

　この方法のメリットは、追加したいデータが格納されているTaskItemのオブジェクトをそのままの形で利用できるという点です。一からINSERT文を組み立てる場合にはtaskItemからIDやタスクなどの情報を1つずつ取り出す必要がありますが、SimpleJdbcInsertを使えばtaskItemをそのままBeanPropertySqlParameterSourceのコンストラクタに渡すだけであとは自動で適切に処理してくれます。ただしこの場合、TaskListクラスのフィールドの数や型と、tasktableテーブルの列の数やデータ型は、お互いに一致していなければなりません。

テーブルのタスク情報をすべて取得するfindAllメソッド

　findAllメソッドは、tasklistテーブルから現在登録されているタスク情報をすべて取得して、Listオブジェクトに格納して返すメソッドになります。

```
public List<TaskItem> findAll() {
    String query = "SELECT * FROM tasklist";
```

```
    List<Map<String,Object>> result = jdbcTemplate.queryForList(query);
    List<TaskItem> taskItems = result.stream()
            .map((Map<String, Object> row) -> new TaskItem(
                    row.get("id").toString(),
                    row.get("task").toString(),
                    row.get("deadline").toString(),
                    (Boolean) row.get("done")))
            .toList();

    return taskItems;
}
```

　findAllメソッドでは、メソッド内でSELECT文を組み立てて実行しています。JdbcTemplate
クラスにはSELECT文を組み立てるのに使用できるメソッドがいくつかあり、queryForListメ
ソッドはその1つです。これは、SQL文をStringとして引数に渡すと、その検索結果をList
で返してくれるというものです。

　戻り値となるListの要素は、列名をキー、その中身のデータを値とするMapオブジェクト
です。そこでfindAllメソッドの例では、queryForListメソッドの戻り値から要素を1つずつ
取り出し、それぞれTaskItemオブジェクトを作成してからListに格納し直しています。

22.3.5　HomeControllerクラスを修正する

　続いて、いま作成したTaskListDaoクラスを使ってHomeControllerクラスをデータベース
と連携するように書き換えていきましょう。

▬▬ TaskListDaoのためのフィールドとコンストラクタの追加

　まず、TaskListDaoクラスのフィールドと、それを初期化するためのコンストラクタを追加
します。次の記述をHomeControllerクラスのフィールド宣言に追加してください。

```
private final TaskListDao dao;
```
`Java`

　ここでも、コンストラクタには次のように@Autowiredアノテーションを指定します。こう
することで、適切に初期化されたTaskListDaoオブジェクトが自動でセットされるようになり
ます。

```
@Autowired
HomeController(TaskListDao dao) {
    this.dao = dao;
}
```
`Java`

addItemメソッドをデータベースを使用するように修正

addItemメソッドは、これまではフィールドのListオブジェクトにタスク情報を記録していましたが、今回はデータベースに記録するように変更します。これは、次のようにTaskListDaoのaddメソッドを呼び出すように書き換えるだけです。

```Java
@GetMapping("/add")
String addItem(@RequestParam("task") String task,
               @RequestParam("deadline") String deadline) {
    String id = UUID.randomUUID().toString().substring(0, 8);
    TaskItem item = new TaskItem(id, task, deadline, false);
    dao.add(item);

    return "redirect:/list";
}
```

listItemsメソッドをデータベースを使用するように修正

listItemsメソッドのほうも同様に修正していきましょう。TaskListDaoクラスのfindAllメソッドを呼び出して、データベースからタスク情報を取得するように書き換えます。findAllメソッドはTaskItemを要素に持つListオブジェクトを返してくれるので、そのままHTMLテンプレート用のtaskList属性にセットすることができます。

```Java
@GetMapping("/list")
String listItems(Model model) {
    List<TaskItem> taskItems = dao.findAll();
    model.addAttribute("taskList", taskItems);
    return "home";
}
```

ここまでできたら、[Shift]＋[F10]（[Control]＋[R]）キーを押してアプリケーションを再起動し、「http://localhost:8080/list」にアクセスしてみましょう。最初はテーブルが新規作成された状態なので、次のように一覧の表は空になっているはずです（図22.12）。

図22.12 ● 初期状態ではタスク一覧は空になっている

　ここでフォームからタスク情報を登録すれば、**図22.13**のように表にそのタスクが表示されるようになります。

図22.13 ● 登録したタスク情報が一覧に表示された

　この状態で、もう一度［Shift］＋［F10］（［Control］＋［R］）キーを押してアプリケーションを再起動してみましょう。前の章の例では、アプリケーションを終了させると登録したタスク情報はすべて消えてしまっていました。しかし今度はデータベースに保存されているため、再起動後も登録したタスク情報が残っていることが確認できるはずです。

22.3.6　タスク情報の削除機能を追加する

　以上で、データベースと連携させたタスクの追加と一覧表示の機能が完成しました。ここではもう少し発展させて、登録済みのタスク情報の削除や更新ができるようにしてみましょう。

まずはタスクの削除機能を作ってみます。

TaskListDaoクラスにタスク情報を削除するメソッドを追加

最初に、データベースとのインタフェースになっているTaskListDaoクラスに、指定したレコードを削除するdeleteメソッドを追加します。

```Java
public int delete(String id) {
    int number = jdbcTemplate.update("DELETE FROM tasklist WHERE id = ?", id);
    return number;
}
```

deleteメソッドは、引数に削除対象となるタスク情報のIDを受け取り、そのIDのレコードを削除するためのDELETE文を発行します。JdbcTemplateを使ってレコードの削除や更新を行うにはupdateメソッドを使用します。updateメソッドの第1引数には、削除や更新を行うためのSQL文を文字列として渡します。このとき、SQL文中には列の値の代わりに「?」を記述します。そして、第2引数以降で「?」の部分に当てはまる実際の値を渡します。

例えば

```
DELETE FROM tasklist WHERE id = '0001'
```

のようなSQL文を実行したい場合には、updateメソッドの呼び出しは

```
update("DELETE FROM tasklist WHERE id = ?", "0001")
```

という記述になります。今回の例では、削除したい対象レコードのIDは変数idに格納されているので、updateメソッドの呼び出しは次のようになります。

```
update("DELETE FROM tasklist WHERE id = ?", id)
```

更新されたレコードの行数がupdateメソッドの戻り値として返ってくるので、ここではその値をそのままdeleteメソッドの戻り値にしています。

コントローラにタスク情報を削除するエンドポイントを追加

コントローラには、Webサイトからのリクエストに対応するためのエンドポイントとなるメソッドが必要です。そこで、HomeControllerクラスにdeleteItemメソッドを次のように追加します。

```java
@GetMapping("/delete")
String deleteItem(@RequestParam("id") String id) {
    dao.delete(id);
    return "redirect:/list";
}
```

deleteItemメソッドは、パラメータとして渡されたタスクのIDを引数にして、TaskListDao
クラスのdeleteメソッドを呼び出します。タスク情報が削除できたら、addメソッドのときと
同様に「/list」にリダイレクトします。

タスク情報の削除リクエストを送れるようにHTMLテンプレートを修正

Webページ側では、削除のリクエストを送ることができるようにしなければいけません。そ
こでhome.htmlのtableタグの中身を次のように書き換えて、タスク一覧の各行に［削除］ボ
タンを追加しましょう。［削除］ボタンがクリックされると、削除対象のタスクのIDをパラメー
タとして「/delete」エンドポイントにリクエストが送られます。

```html
<table border="1">
    <thead>
        <tr>
            <th class="hidden">ID</th>
            <th>タスク</th>
            <th width="150px">期限</th>
            <th width="100px">状態</th>
            <th></th>
        </tr>
    </thead>
    <tbody>
        <tr th:each="task : ${taskList}">
            <td class="hidden" th:text="${task.id}"></td>
            <td th:text="${task.task}"></td>
            <td width="100px" th:text="${task.deadline}"></td>
            <td width="50px" th:text="${task.done} ? '完了': '未完了'"></td>
            <td width="50px">
                <form action="/delete">
                    <button type="submit" id="delete_button">削除</button>
                    <input type="hidden" name="id" th:value="${task.id}" />
                </form>
            </td>
        </tr>
    </tbody>
</table>
```

ここまでできたら［Shift］＋［F10］（［Control］＋［R］）キーを押してアプリケーションを再起
動しましょう。home.htmlのテンプレートを変更したことで、タスク管理アプリケーションの

ユーザーインタフェースには次のように［削除］ボタンが追加されました（図22.14）。

図22.14 ● タスクの削除機能を追加した例

削除したいタスクの［削除］ボタンをクリックすると、サーバー側にリクエストが送られて、対象のタスク情報が削除されます。

22.3.7　タスク情報の更新機能を追加する

続いて、すでに登録されているタスク情報を更新できるようにしてみましょう。

■■■ TaskListDaoクラスにタスク情報を更新するメソッドを追加

削除機能のときと同じように、まずはTaskListDaoクラスに、指定したレコードの登録内容を更新するためのupdateメソッドを追加します。

```Java
public int update(TaskItem taskItem) {
    int number = jdbcTemplate.update(
            "UPDATE tasklist SET task = ?, deadline = ?, done = ? WHERE id = ?",
            taskItem.task(),
            taskItem.deadline(),
            taskItem.done(),
            taskItem.id());
    return number;
}
```

updateメソッドは、引数に更新したいタスク情報をTaskItemオブジェクトとして受け取ります。そして、deleteメソッドと同様にその内容を使ってSQLのUPDATE文を作成し、JdbcTemplateのupdateメソッドを使ってデータベースに発行します。戻り値は、updateメ

ソッドから返された更新されたレコードの行数です。

　ちなみに、JdbcTemplate の update メソッドに渡す SQL 文の中では、この例のように「?」を複数回使うこともできます。その場合、実際の値は第2引数以降で「?」の数に合わせて順番に渡します。これはちょうど、String.format メソッドの %d などと同様の使い方になっています。

コントローラにタスク情報を更新するエンドポイントを追加

　HomeController クラスには、Web サイトから更新のリクエストを受け取るエンドポイントとして updateItem メソッドを追加します。

```Java
@GetMapping("/update")
String updateItem(@RequestParam("id") String id,
                  @RequestParam("task") String task,
                  @RequestParam("deadline") String deadline,
                  @RequestParam("done") boolean done) {
    TaskItem taskItem = new TaskItem(id, task, deadline, done);
    dao.update(taskItem);
    return "redirect:/list";
}
```

　ここでは、受け取ったパラメータをもとにして TaskItem のオブジェクトを作成し、それを引数として TaskListDao の update メソッドを呼び出しています。addItem メソッドではタスクの ID は自動で新規に生成していましたが、今回は既存のタスク情報を更新したいので、ID も含めた4項目の値をすべてパラメータで受け取るようになっています。更新が完了したら「/list」にリダイレクトします。

タスク情報の更新リクエストを送れるように HTML テンプレートを修正

　Web ページ側ですが、削除機能は単に対象タスクの ID だけを送ればよかったのに対して、今回はタスクの内容や期限、完了の状態を入力できるようにしなければなりません。そこで home.html には、まず body タグ内の最後（</body> の直前）にタスク情報を更新するための次のような div 要素を追加します。

```HTML
<div id="updateDialog">
    <div class="task_form">
        <h2>タスクの更新</h2>
        <form action="/update">
            <input id="update_id" name="id" type="hidden" />
            <label>タスク</label>
            <input id="update_task" name="task" type="text" />
            <label>期限</label>
```

```html
                        <input id="update_deadline" name="deadline" type="date" />
                        <label>状態</label>
                        <select id="update_status" name="done">
                            <option value="false">未完了</option>
                            <option value="true">完了</option>
                        </select>
                        <div>
                            <button type="submit">更新</button>
                            <button type="reset"
                                    onclick="getElementById('updateDialog').style.display=➋
'none';">
                                    キャンセル</button>
                        </div>
                    </form>
                </div>
            </div>
```

※➋は行の折り返しを表します。

　この一番外側のdivタグにはupdateDialogというIDを付けてあります。この部分は初期状態では非表示に設定してあり、ユーザーがタスク情報を更新しようとしたときにだけ表示されるダイアログのような機能を持たせようと思います。ID:updateDialogのdiv要素の中には、タスク情報を入力するためのフォームが用意されており、［更新］ボタンをクリックすることで、入力された情報をパラメータとしてサーバーの「/update」エンドポイントにリクエストを送信します。

　続いて、tableタグの中身を次のように書き換えて、タスク一覧のテーブルに更新用ダイアログを表示する［更新］ボタンを追加しましょう。ユーザーが［更新］ボタンをクリックしたら、ID:updateDialogの部分を表示させるようにします。

`HTML`

```html
<table border="1">
    <thead>
        <tr>
            <th class="hidden">ID</th>
            <th>タスク</th>
            <th width="150px">期限</th>
            <th width="100px">状態</th>
            <th></th>
            <th></th>
        </tr>
    </thead>
    <tbody>
        <tr th:each="task : ${taskList}">
            <td class="hidden" th:text="${task.id}"></td>
            <td th:text="${task.task}"></td>
            <td width="100px" th:text="${task.deadline}"></td>
            <td width="50px" th:text="${task.done} ? '完了': '未完了'"></td>
            <td width="50px">
```

```
                    <button type="submit" id="update_button" onclick="
                        let row = this.parentElement.parentElement;
                        getElementById('update_id').value=row.cells[0].firstChild.data;
                        getElementById('update_task').value=
                            row.cells[1].firstChild.data;
                        getElementById('update_deadline').value=row.cells[2].firstCh⮐
ild.data;
                        getElementById('update_status').selectedIndex=(row.cells[3].⮐
firstChild.data=='完了')?1:0;
                        var dialog = getElementById('updateDialog');
                        dialog.style.left = ((window.innerWidth - 500) / 2) + 'px';
                        dialog.style.display = 'block';
                    ">更新</button>
                </td>
                <td width="50px">
                    <form action="/delete">
                        <button type="submit" id="delete_button">削除</button>
                        <input type="hidden" name="id" th:value="${task.id}" />
                    </form>
                </td>
            </tr>
        </tbody>
    </table>
```

※ ⮐ は行の折り返しを表します。

　[更新] ボタンのonclick属性には、クリックされた際に実行する処理がJavaScriptで記述してあります。JavaScriptに関する詳しい解説は省略しますが、ここではダイアログを表示する際に、選択したタスクの情報をダイアログ内のフォームに渡すような処理を行っています。そして、最後にID:updateDialogのdiv要素の表示・非表示の設定を切り替えて、表示状態にしています。

　[Shift] + [F10]（[Control] + [R]）キーを押してアプリケーションを再起動し、実際の動きを確認してみましょう。タスク一覧には、次のように各行に [更新] ボタンが追加されました（図22.15）。

6

Webアプリケーション開発

22

Webアプリケーションにデータベースを組み込む

図22.15 ● タスクの更新機能を追加した例

　ここで更新したいタスクの［更新］ボタンをクリックすれば、**図22.16**のようにタスク情報の更新用のフォームが表示されます。最初は、更新前の既存の情報が入力されているはずです。

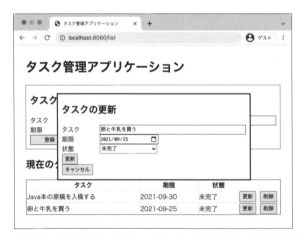

図22.16 ● ［更新］ボタンをクリックすると、入力用のダイアログが表示される

　ここでフォームのタスク情報を書き換えて［更新］ボタンをクリックすると（**図22.17**）、サーバー側にリクエストが送られ、データベースに反映されます。更新が完了したらWebページがリロードされて、タスク一覧に反映されていることが確認できるはずです（**図22.18**）。

図22.17 ● タスク情報を書き換えて［更新］ボタンをクリック

図22.18 ● 書き換えた内容がタスク一覧に反映されている

　以上で、Webブラウザから送られてきたリクエストをサーバー側で処理して、必要に応じて
データをデータベースに格納し、処理結果をレスポンスとして返してWebページ上に表示す
るという一連の処理を作ることができました。この基本的な流れが理解できれば、さまざまな
Webアプリケーションの開発につなげることができます。

　とはいえ、普段利用しているような本格的なWebアプリケーションを作る際にはまだ考えな
ければならないことがたくさんあります。一般的に使われているパスワードなどを使った認証
機能や、表示内容の非同期な更新などの機能については、Spring FrameworkやSpring Bootに
便利なライブラリが含まれているため、比較的簡単に実装することができます。

　この本の内容を一通り身につけることができたら、それらのライブラリを活用してより実践
なWebアプリケーションの開発にチャレンジしてみましょう。

おわりに

　ここまでで Java でのプログラミングの基本やツールの使い方、Web アプリケーションの作り方を学びました。

　しかしもちろん、この本に書いてあることが Java のすべてではありません。実際に運用できるアプリケーションを作るために知っておく必要があることもあります。

　この本で説明できなかったことをざっと挙げると次のようなものがあります。

Java

　ジェネリクスや型のキャストなど、型の扱いについては深く説明していませんが、Java を正しく扱うためには必要になります。また、プログラムを同時に動かすマルチスレッドや、通信プログラムを効率よく実行する非同期通信、利用者にあわせて日本語や英語に切り替えたり、表示する時刻を調整する国際化なども大切です。

　Java がどのようにメモリ管理をするかといったガベージコレクションや、実行時の最適化である JIT など、JVM の動作についても知っておく必要があるでしょう。

アルゴリズムと計算量

　この本で、処理の難しさに段階があることを説明しましたが、プログラミングの工夫でより簡単な処理に書き換えれることもあります。同じ処理でも複数の実装方法があるのですが、このとき実装の方針をいろいろ知っておく必要があります。これはアルゴリズムとして資料がまとまっています。また、アルゴリズムの性質をあらわす計算量も把握できる必要があります。

Webアプリケーション

　Spring Boot を使った簡単な Web アプリケーションについて説明しましたが、実際の Web サイトではユーザー認証の処理が必要になり、ログイン状態を管理するセッションも扱える必要があります。また、他のプログラムからのアクセスを考慮した Web API という考え方も必要になります。

　データベースとして RDBMS を取り上げましたが、RDBMS についてももう少し詳しく勉強する必要があり、さらには NoSQL と呼ばれる RDBMS ではないデータベースも知っておく必要があります。

　そして、データベースへの負荷をキャッシュによって軽減したり、データベースに障害があって接続できない場合などの障害時処理もプログラムに組み込む必要があります。

ツール

　この本では、開発の助けになるツールを紹介しました。そして、Webアプリケーションの開発が終わって実際の運用が始まると、運用の助けになるツールも必要になります。

　ロギングを行ってプログラムの動作状況を記録し、監視ツールを導入してCPUやメモリの使用状況の監視できるようにしておく必要があります。

　また、作成したアプリケーションはクラウドサーバーで動かすことになるので、Amazon Web ServicesやGoogle Cloud Platform、Microsoft Azureといったクラウドサービスの使い方を知る必要もあるでしょう。そのとき、開発用マシンとクラウドサーバーで同じ構成でアプリケーションを動かすために、Dockerを始めとしたコンテナについても使えるようになる必要があります。

　このように、プログラミングに於いても幅広い事柄を勉強する必要があります。

　もちろん、プログラミングだけではなく、ソフトウェア作成プロジェクトをうまく進行させるためのプロジェクトマネジメントや、実際に作るものはどのようなものかを分析してどのような形で作るか設計する分析設計手法、コンピュータやネットワークが実際にどのように動いているか知ること、そして理論的な基盤になっている論理学や集合論などの離散数学も確実な理解の助けになります。

　勉強することが多くて気が遠くなるかもしれませんが、学校や資格の勉強と違って期限も試験日もなく、5年かけても10年かけてもかまわず、やればやるだけ確実に前に進むので、ゆっくり勉強していってください。

索引

■著者紹介

きしだ なおき

担当：第1章、第3章〜第15章

九州芸術工科大学 芸術工学部 音響設計学科を8年で退学後、フリーランスでの活動を経て、2015年から大手IT企業に勤務。著書に、『みんなのJava OpenJDKから始まる大変革期！』（共著、技術評論社）、『創るJava』（マイナビ出版）など。

山本 裕介（やまもと ゆうすけ）

担当：第2章、第16章〜第20章

Twitter4J、BusinessCalendar4JなどのオープンソースJavaライブラリの開発者。2019年にJavaチャンピオンに任命されている。BEA SystemsやFast Search & Transfer、Red Hatなど、外資系のソフトウェアベンダの経験を経て、Twitterでは日本で1人目のエンジニア職に就く。現在はJetBrainsの総代理店である株式会社サムライズムの代表取締役社長。著書に『IntelliJ IDEAハンズオン』『Twitter APIポケットリファレンス』（ともに技術評論社）。

杉山 貴章（すぎやま たかあき）

担当：第21章、第22章

有限会社オングスにて、Javaを中心としたソフトウェア開発や、プログラミング関連書籍の執筆、IT系の解説記事やニュース記事の執筆などを手がける。また、専門学校の講師としてプログラミングやソフトウェア開発の基礎などを教えている。著書・共著書に、『Javaアルゴリズム＋データ構造完全制覇』（共著、技術評論社）、『正規表現書き方ドリル』（技術評論社）など多数。

● 装丁： bookwall
● 本文デザイン＆DTP： 有限会社風工舎
● 編集： 川月現大（風工舎）
● 担当： 細谷謙吾

■ お問い合わせについて

　本書に関するご質問は記載内容についてのみとさせていただきます。本書の内容以外のご質問には、一切応じられませんので、あらかじめご了承ください。なお、お電話でのご質問は受け付けておりませんので、書面またはFAX、弊社Webサイトのお問い合わせフォームをご利用ください。

〒162-0846　東京都新宿区市谷左内町21-13
株式会社技術評論社
「プロになるJava」係
FAX： 03-3513-6173
URL： https://gihyo.jp/book/2022/978-4-297-12685-8

　ご質問の際に記載いただいた個人情報は回答以外の目的に使用することはありません。使用後は速やかに個人情報を廃棄します。

プロになるJava（ジャバ）
──仕事で必要なプログラミングの知識がゼロから身につく最高の指南書（しごと　ひつよう　ちしき　み　さいこう　しなんしょ）

2022年 4月 1日　初版　第1刷発行
2024年 8月28日　初版　第5刷発行

著　者　　きしだ なおき、山本 裕介（やまもと ゆうすけ）、杉山 貴章（すぎやま たかあき）
発行者　　片岡　巌
発行所　　株式会社技術評論社
　　　　　東京都新宿区市谷左内町21-13
　　　　　電話　03-3513-6150　販売促進部
　　　　　　　　03-3513-6177　第5編集部
印刷／製本　TOPPANクロレ株式会社

ISBN 978-4-297-12685-8　　C3055
Printed in Japan